工程制图

（第3版）

黄 玲 主 编

吴粉祥 邱 明 副主编

何 勇 主 审

电子工业出版社

Publishing House of Electronics Industry

北京 · BEIJING

内 容 简 介

本书根据教育部高等学校工程图学教学指导委员会制订的"高等学校工程图学课程教学基本要求"及近年来发布的《机械制图》、《技术制图》等国家标准编写而成，是南京理工大学国家级精品课程"工程制图"的配套教材。

本书共 11 章，主要内容有：制图基本知识、投影基础、基本体及组合体的投影、轴测图、机件常用表达方法、标准件与常用件、零件图、装配图、计算机绘图基础，其中计算机绘图基础着重介绍了 AutoCAD 绘图软件。附录包括螺纹和螺纹连接、键连接和销连接、滚动轴承、极限与配合、零件工艺结构要素等内容。

本书可作为高等院校理工科机械类、近机类专业画法几何、机械制图、工程图形学及机械设计基础系列课程的教材，也可供工程技术人员参考。

图书在版编目（CIP）数据

工程制图/黄玲主编. —3 版. —北京：电子工业出版社，2017.8

普通高等教育机械类"十三五"规划系列教材

ISBN 978-7-121-32401-7

Ⅰ. ①工… Ⅱ. ①黄… Ⅲ. ①工程制图－高等学校－教材 Ⅳ. ①TB23

中国版本图书馆 CIP 数据核字（2017）第 183535 号

策划编辑：李 洁

责任编辑：李 洁

印　　刷：天津千鹤文化传播有限公司

装　　订：天津千鹤文化传播有限公司

出版发行：电子工业出版社

　　　　　北京市海淀区万寿路 173 信箱　邮编　100036

开　　本：787×1 092　1/16　印张：19.25　字数：493 千字

版　　次：2010 年 7 月第 1 版

　　　　　2017 年 8 月第 3 版

印　　次：2024 年 9 月第 14 次印刷

定　　价：49.80 元

PREFACE 前言

本书根据教育部高等学校工程图学教学指导委员会制订的"高等学校工程图学课程教学基本要求"及近年来发布的《机械制图》、《技术制图》等国家标准编写而成，是南京理工大学国家级精品资源共享课"工程制图"的配套教材，同时也是江苏省教育厅立项重点教材。

本教材蕴含了南京理工大学教学一线教师在工程制图教学中长期积累的丰富经验，是在考虑近年来的教学研究与改革成果并参考教材使用反馈意见，在第 2 版的基础上修订而成的，力求适应新形势下对工程图学教学的新要求，实现 21 世纪人才培养目标。本书主要做了以下几个方面的修订：

（1）对投影基础部分的内容进行了补充，除了原有的点、线、面的内容，增加了线与面、面与面之间的位置关系以及换面法的内容。

（2）对于一些重点和难点，增加了新的图例。

（3）对第 2 版中部分文字和图线的错误进行了修订。

（4）为适应当前教学的需要，对计算机绘图部分内容进行了修改，采用了现今较流行的 AutoCAD 绘图软件 2015 版本，介绍用该软件绘制二维图形的方法及应用。

本书包括制图基本知识、投影基础、基本体及组合体的投影、轴测图、机件常用表达方法、标准件与常用件、零件图、装配图、计算机绘图基础及附录等内容，每部分均有相应的知识点和内容小结，循序渐进，使学生可掌握完整的图学基本理论和机械制图的基础知识，可作为高等学校机械类、近机类等专业画法几何、机械制图、工程图形学及机械设计基础系列课程的教材，也可供工程技术人员参考。

全书各章均采用了国家标准——《技术制图》《机械制图》的最新版本。

负责本版修订的人员有南京理工大学黄玲（前言、第 2，3，4，6，7 和 10 章）、吴粉祥（第 1，9 章）、邱明（第 5、8 章）、张鹤词（第 11 章）和祖莉（附录），全书由黄玲统稿。

本修订版由南京理工大学何勇教授审阅，并提出了许多宝贵意见，对此表示衷心的感谢。

由于时间仓促，编者水平有限，书中错误在所难免，敬请读者批评指正。

编 者

2017 年 5 月

<<<<< CONTENTS

第 1 章

制图的基础知识

1.1 制图标准介绍

　　准确地表达机器或零部件的结构形状、尺寸、材料和技术要求的图纸称为图样，如图 1-1 所示的图样实例是一个典型的回转轴零件图。

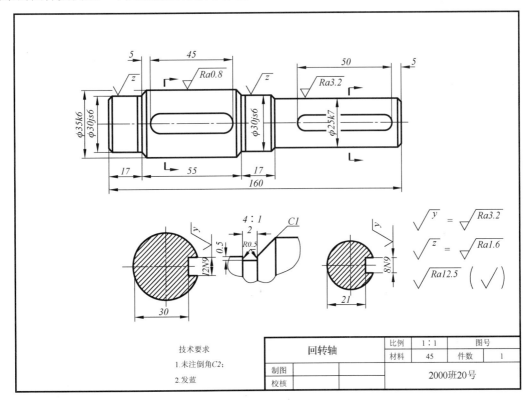

图 1-1　图样实例

在现代工业生产中，各种机器设备、仪器、仪表等的加工制造，都要先画出图样，以表达设计意图，然后根据图样所表达的结构形状与要求进行加工制造；在工程设计中，人们通过图样来表达设计思想，图样不仅是指导生产的重要技术文件，而且是进行技术交流的重要工具，每一个工程技术人员都必须掌握"工程界的技术语言"图样。

为了适应生产需要与技术交流，图样的格式和表达方式必须有统一的规定，为此，我国于1959年首次颁布了国家标准《机械制图》，随着生产技术和经济建设的不断进步和对外技术交流的需要，先后几次颁布了修订的《机械制图》国家标准，之后又颁布了技术制图国家标准。每一个工程技术人员都必须严格遵守国家标准规定。

本节简单介绍新的国家标准中有关图纸幅面及格式、比例、字体、图线和尺寸注法等有关规定，其他标准将在以后各章节中介绍。

1.1.1　图纸幅面与格式（GB/T14689—1993）

1．图纸幅面

绘制图样时，应优先选用表 1-1 中规定的基本幅面，必要时允许加长幅面。加长幅面的尺寸由基本幅面尺寸的短边成整数倍增加后得出，具体尺寸参看国家标准规定。

表 1-1　图纸幅面代号和尺寸（mm）

幅面代号	A0	A1	A2	A3	A4
$B \times L$	841×1189	594×841	420×594	297×420	210×297
a	25				
c	10			5	
e	20			10	

2．图框格式

在图纸上，必须用粗实线画出图框线，用来限制绘图区域，其格式分为留装订边（见图 1-2）和不留装订边（见图 1-3）两种，但同一产品的图样只能采用同一种格式。

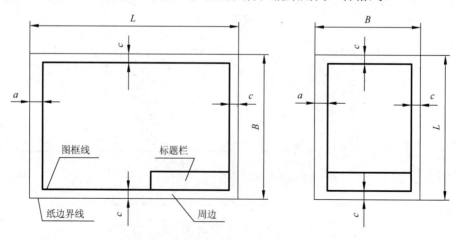

图 1-2　留装订边的格式

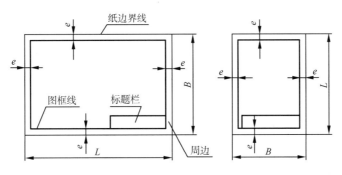

图 1-3　不留装订边的格式

3．标题栏（GB/T10609.1—1989）

每张图样中都必须画出标题栏。国家标准 GB/T10609.1—1989 对标题栏的格式与尺寸作了规定，如图 1-4 所示。

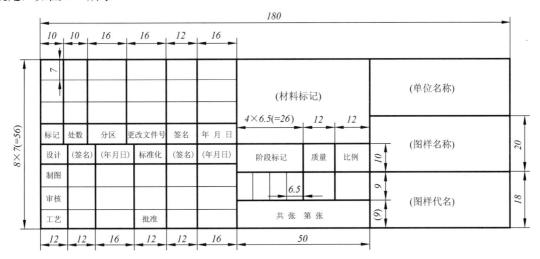

图 1-4　国家标准规定的标题栏格式

根据视图布置的需要，图纸可以横放（长边位于水平方向）或竖放（短边位于水平方向），标题栏应位于图框右下角，如图 1-2、图 1-3 所示。

此外，标题栏的线型、字体（签字除外）和年、月、日的填写格式均应符合相应国家标准的规定。

在学生制图作业中，建议采用图 1-5 所示的简化标题栏，其中图样名称用 5 号字，其他用 3.5 号字。图 1-5 中 A 栏的格式和内容如图 1-6 所示。

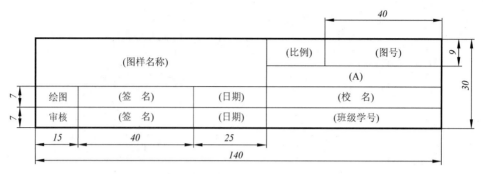

图 1-5　学生练习用简化的标题栏格式

图 1-6　图 1-5 中（A）栏的格式和内容

1.1.2　比例（GB/T14690—1993）

图样中图形与其实物相应要素的线性尺寸之比，称为比例。

比例的种类如下所述。

（1）原值比例：比值为 1 的比例，称为原值比例，即 1：1。

（2）放大比例：比值大于 1 的比例，称为放大比例，如 2：1 等。

（3）缩小比例：比值小于 1 的比例，称为缩小比例，如 1：2 等。

绘制图样时，应从表 1-2 中左半部分规定的系列中选取适当的比例，必要时也允许选用此表右半部分的比例。

表 1-2　比例

种　类	优先选用比例			允许选用比例				
原值比例	1：1							
放大比例	5：1	2：1		4：1	2.5：1			
	$5 \times 10^n ：1$	$2 \times 10^n ：1$	$1 \times 10^n ：1$	$4 \times 10^n ：1$	$2.5 \times 10^n ：1$			
缩小比例	1：2	1：5		1：1.5	1：2.5	1：3	1：4	1：6
	$1：2 \times 10^n$	$1：5 \times 10^n$	$1：1 \times 10^n$	$1：1.5 \times 10^n$	$1：2.5 \times 10^n$			
				$1：3 \times 10^n$	$1：4 \times 10^n$	$1：6 \times 10^n$		

注：n 为正整数。

绘制同一机件的各个图形一般应采用相同的比例，并在标题栏的"比例"栏中填写，如"1：1"、"2：1"等，当某个图形需要不同的比例时，必须按规定另行标注。

图 1-7 所示为同一图形按不同比例所画的图形。

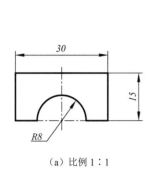
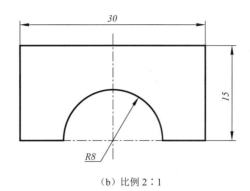

（a）比例 1∶1　　　　　　　　　　　　　（b）比例 2∶1

图 1-7　用不同比例绘制的图形

1.1.3　字体（GB/T14691—1993）

图样中书写字体的基本要求如下：

（1）书写字体必须做到字体端正、笔画清楚、排列整齐、间隔均匀。

（2）字体高度（用 h 表示）的公称尺寸系列为 1.8、2.5、3.5、5、7、10、14、20，单位为 mm。该数系的公比为 $1∶\sqrt{2}$（≈1∶1.4），如果需要书写更大的字，其字体高度应按 $\sqrt{2}$ 比率递增，字体高度代表字体的号数。

（3）汉字应写成长仿宋体字，并应采用中华人民共和国国务院正式推行的《汉字简化方案》中规定的简化字。

汉字的高度 h 应不小于 3.5mm，字宽一般为 $h/\sqrt{2}$。

长仿宋体字的书写要领是横平竖直、注意起落、结构均匀、填满方格。

汉字是由若干笔画、字首和偏旁等组成。图 1-8 所示为长仿宋体字的一些基本笔画和写法示例。

（a）长仿宋体的基本笔画及写法

字体工整　笔画清楚
间隔均匀　排列整齐

横平竖直　注意起落　结构均匀　填满方格

（b）长仿宋体的汉字示例

图 1-8　长仿宋体

（4）字母和数字分为 A 型和 B 型，字体的笔画宽度用 d 表示。A 型字体的笔画宽度 $d=h/14$，B 型字体的笔画宽度 $d=h/10$。在同一图样上，只允许选用一种字体。

（5）字母和数字可写成斜体或直体。斜体字字头向右倾斜，与水平基准线成 75°。

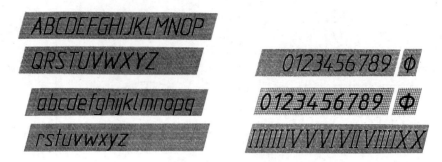

图 1-9　斜体字母和数字示例

（6）用做指数、分数、极限偏差、注脚等的数字和字母，一般采用小一号的字体，如图 1-10 所示。

$$10 \qquad D_1 \qquad \phi 20^{+0.010}_{-0.023} \qquad \frac{3}{5} \qquad \phi 25\frac{H6}{m5} \qquad \frac{II}{2:1}$$

图 1-10　字体综合运用示例

1.1.4　图线（GB 4457.4—2002）

国家标准规定图线的基本线型有 15 种，所有线型的图线宽度（d）应按图样的类型、图的大小和复杂程度在数系 0.13、0.18、0.25、0.35、0.5、0.7、1.0、1.4、2mm 中选取，此数系的公比为 $1:\sqrt{2}$（$\approx 1:1.4$）。

机械图样通常采用表 1-3 中列出的 8 种图线；按线宽分为粗线和细线两种，宽度比为 2∶1。在作业中，粗线宽度（d）一般取 0.7mm 或 0.5mm 为宜。

绘制图样时，应采用表 1-3 中规定的各种图线。

表 1-3　图线的名称、形式、宽度及其用途

图 线 名 称	图 线 形 式	图 线 宽 度	图线应用举例（图 1-11）
粗实线	——	d	可见轮廓线，可见过渡线
细实线	——	约 $d/2$	尺寸线、尺寸界线、剖面线、可见过渡线及指引线等
细虚线	- - -	约 $d/2$	不可见轮廓线，不可见过渡线
波浪线	～～	约 $d/2$	断裂处的边界线等
双折线	—/\—	约 $d/2$	断裂处的边界线
细点画线	—·—·—	约 $d/2$	轴线、对称中心线等
粗点画线	—·—·—	d	限定范围表示线
细双点画线	—··—··—	约 $d/2$	极限位置的轮廓线、相邻辅助零件的轮廓线等

注：表中虚线、细点画线、双点画线的线段长度和间隔的数值供参考。

图 1-11 所示为各种图线的应用示例。

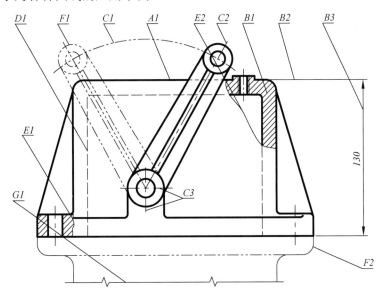

A1—粗实线；B1、B2、B3—细实线；C1、C2、C3—细点画线；

D1—虚线；E1、E2—波浪线；F1、F2—双线点画线；G1—双折线

图 1-11　各种图线的应用示例

图线的画法有如下要求：

（1）同一图样中，同类图线的宽度应基本一致。虚线、点画线及双点画线的线段长短、间隔应各自大致相等。

（2）两条平行线之间的距离应不小于粗实线的两倍宽度，其最小距离不得小于 0.7mm。

（3）虚线及点画线与其他图线相交时，都应以线段相交，不应在空隙或短画处相交；当虚线是粗实线的延长线时，粗实线应画到分界点，而虚线应留有空隙；当虚线圆弧和虚线直线相切时，虚线圆弧的线段应画到切点，而虚线直线需留有空隙，如图 1-12 所示。

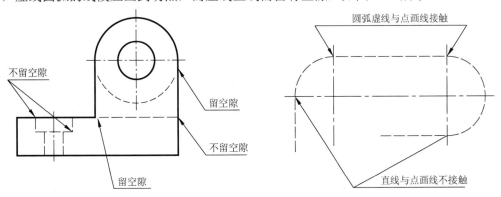

图 1-12　虚线连接处的画法

（4）绘制圆的对称中心线（细点画线）时，圆心应为线段的交点。点画线和双点画线的首末两端应是线段而不是短画，同时其两端应超出图形的轮廓线 2～5mm，在较小的图形上绘制点画线或双点画线有困难时，可用细实线代替，如图 1-13 所示。

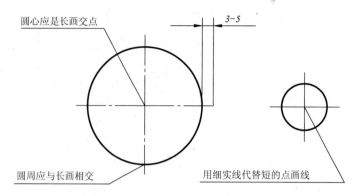

图 1-13　圆的对称线中心的画法

（5）当两种以上不同类型的图线重合时，应遵循以下的优先顺序：

① 可见轮廓线（粗实线）；

② 不可见轮廓线（虚线）；

③ 轴线、对称中心线、剖切线等（细点画线）；

④ 假想轮廓线（双点画线）；

⑤ 尺寸界线和分界线（细实线）。

1.1.5　尺寸注法（GB 4458.4—2003）

1. 尺寸标注的基本规则

（1）机件的真实大小，应以图样上所注的尺寸数值为依据，与图形的大小及绘图的准确度无关；

（2）图样中的尺寸，以毫米为单位时，不需标注单位符号（或名称），如采用其他单位，则应注明相应的单位符号；

（3）图中所注尺寸为零件完工后的尺寸，否则应另加说明；

（4）每个尺寸一般只标注一次，并应标注在最能清晰反映该结构特征的视图上。

2. 尺寸组成

一个完整的尺寸由尺寸界线、尺寸线、尺寸数字和尺寸线终端（箭头或斜线）组成，如图 1-14 所示。

（1）尺寸界线。尺寸界线为细实线，并应由轮廓线、轴线或对称线处引出。也可利用这些线代替，并超出尺寸线约 3mm。尺寸界线一般与尺寸线垂直，必要时允许倾斜，在光滑过渡处标注尺寸时，应用细实线将轮廓线延长，从交点处引出尺寸界线，如图 1-15 所示。

（2）尺寸线。尺寸线为细实线。尺寸线不能由其他图线替代，也不能与其他图线重合或画在其延长线上。标注线性尺寸时，尺寸线必须与所标注线段平行。

（3）尺寸线终端。尺寸线的终端如图 1-16 所示。机械图样的尺寸线终端一般用箭头，也可用 45°斜线，同一图样中应采用一种尺寸线终端形式。斜线用细实线绘制，其高度与尺寸数字的高度相等。

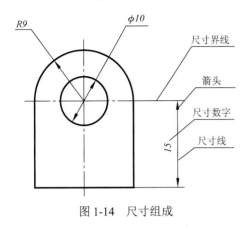

图 1-14　尺寸组成

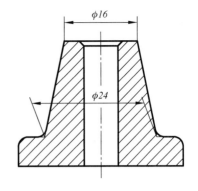

图 1-15　光滑过渡处尺寸界线的画法

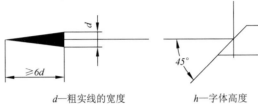

d—粗实线的宽度　　　　h—字体高度

图 1-16　尺寸线终端

（4）尺寸数字。尺寸数字一般注写在尺寸线的上方，也可注写在尺寸线的中断处。尺寸数字应按国家标准要求写，即水平方向字头向上，铅垂方向字头向左，倾斜方向字头保持向上的趋势，如图 1-17 所示。应尽量避免在图示 30°范围内标注尺寸，当无法避免时，可按图 1-17 的形式标注。尺寸数字不可被任何图线所通过，否则必须将图线断开，如图 1-18 所示。

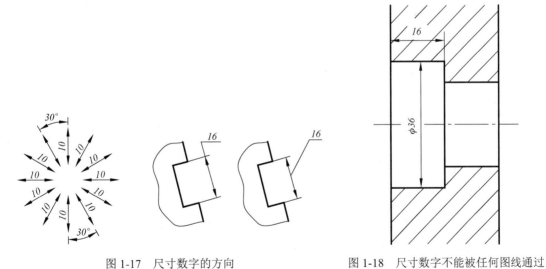

图 1-17　尺寸数字的方向　　　　　　　图 1-18　尺寸数字不能被任何图线通过

3．常用尺寸标注方法

（1）线性尺寸。

线性尺寸数字一般标注在尺寸线的上方。可以将数字标注在尺寸线中间，但此时必须将尺寸线断开。当尺寸线垂直时一般将数字标注在尺寸线左边，且字头向左。对于非水平方向的尺寸，其数字可水平地标注在尺寸线的中断处。

（2）直径和半径的标注。

大于180°的圆弧和整圆应标注直径。标注圆的直径时尺寸线应通过圆心，以圆周为尺寸界线，尺寸终端画成箭头，尺寸数字前加注直径符号"ϕ"，如图1-19（a）所示。当图形中的圆弧只画出略大于半圆时，尺寸线应稍微超过圆心，此时仅在尺寸线的一端画出箭头，如图1-19（b）、（c）所示。

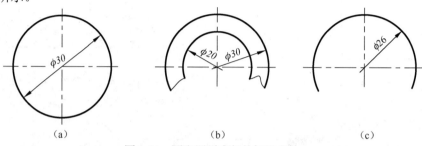

图1-19　圆和圆弧直径的标注方法

小于或等于180°的圆弧，应标注半径。尺寸线的一端应画到圆心，另一端画成箭头，并在尺寸数字前加注符号"R"，如图1-20所示。

（3）球的尺寸标注。

标注球面的直径或半径时，应在符号"ϕ"或"R"前加注符号"S"，如图1-21所示。

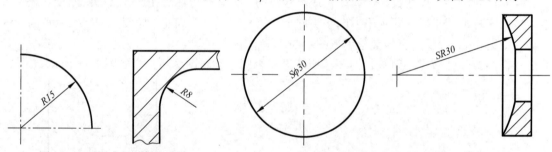

图1-20　圆弧半径的标注方法　　　　　图1-21　球面直径和半径的标注方法

（4）角度、弧长和弦长的标注方法。

标注角度时，尺寸线画成圆弧，圆心是角的顶点，尺寸界线沿径向引出。角度的数字一律写成水平方向，一般写在尺寸线的中断处，如图1-22（a）所示，必要时可以注写在尺寸线的上方和外面，也可引出标注，如图1-22（b）所示。

标注弦长的尺寸界线应平行于该弦的垂直平分线，弦长的标注如图1-22（c）所示。

标注弧长的尺寸界线应平行于该弧所对圆心角的角平分线，弧长的标注如图1-24（d）所示。

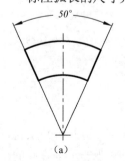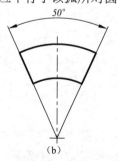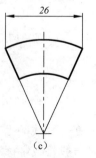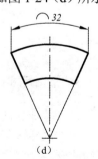

　　（a）　　　　　　　　（b）　　　　　　　　（c）　　　　　　　　（d）

图1-22　角度、弦长、弧长的标注方法

（5）大尺寸标注方法。

当圆弧的半径过大或在图纸范围内无法注出其圆心位置时，可按图 1-23（a）的形式标注。如不需要标出其圆心位置时，可按图 1-23（b）的形式标注。

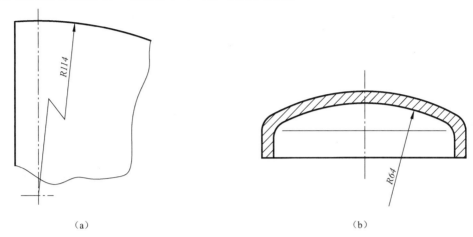

（a）　　　　　　　　　　　　　　（b）

图 1-23　圆弧半径较大时的标注方法

（6）小尺寸标注方法。

在没有足够的位置画箭头或注写数字时，可按图 1-24 的形式标注，此时，允许用圆点或斜线代替箭头。

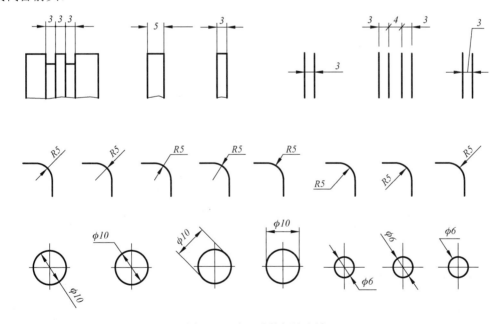

图 1-24　小尺寸的标注方法

（7）对称图形的标注方法。

当对称图形仅画出一半时，尺寸线应略超过对称中心线或断裂处的边界线，此时，仅在尺寸线的一端画箭头，如图 1-25 所示。

（8）正方形结构的标注方法。

标注断面为正方形结构的尺寸时，可在正方形边长尺寸数字前加注符号"□"，或用"*B×B*"

的形式注出，*B* 为正方形的对边距离，如图 1-26 所示。

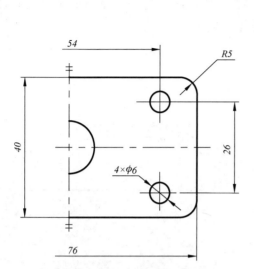

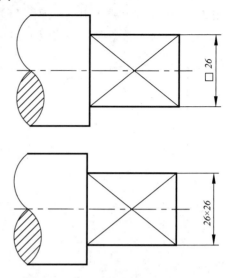

图 1-25　对称图形的尺寸标注方法　　　　　　图 1-26　正方形结构的尺寸标注方法

（9）板状零件的厚度标注方法。

标注板状零件的厚度时，可在尺寸数字前加注符号"*t*"。如图 1-27 所示。

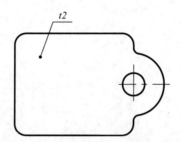

图 1-27　板状零件厚度的简化标注

4．平面图形尺寸标注示例

平面图形尺寸标注如图 1-28 所示，图中尺寸数字加括号的尺寸为参考尺寸。

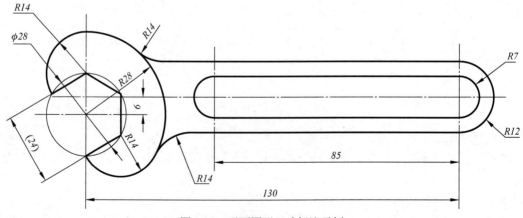

图 1-28　平面图形尺寸标注示例

1.2 绘图工具和仪器的使用

要提高绘图的准确性和效率，必须要正确使用各种绘图工具和仪器。常用的绘图工具和仪器有图板、丁字尺、三角板、比例尺、圆规、分规、直线笔、曲线板等，效率高的还有各种绘图机和计算机。

下面介绍常用绘图工具和仪器的用法。

1.2.1 图板、丁字尺

图板是用来摆放图纸的，图纸一般用透明胶带纸固定在图板上。丁字尺是用来画水平线的，如图 1-29 所示，或与三角板配合画垂直线，如图 1-30 所示。丁字尺由尺头和尺身两部分组成，尺头内侧边与尺身工作边垂直。

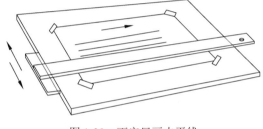

图 1-29 丁字尺画水平线

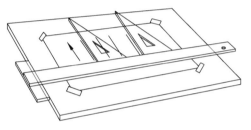

图 1-30 丁字尺与三角板配合画垂直线

1.2.2 三角板

三角板分 45°和 30°、60°两块，一副三角板配合丁字尺可绘制各种特殊角度的斜线，如图 1-31 所示。

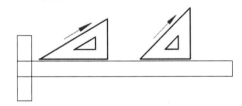

（a）画 30°、45° 斜线

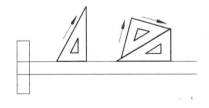

（b）画 60°、75°、15° 斜线

图 1-31 用三角板与丁字尺配合画各种角度的斜线

1.2.3 比例尺

比例尺又叫三棱尺，在它的三个棱面上有六种不同比例的刻度，如图 1-32 所示。

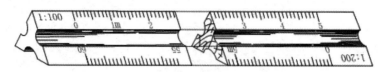

图 1-32　比例尺

比例尺只用来量取尺寸，不可用来画线，如图 1-33 所示。

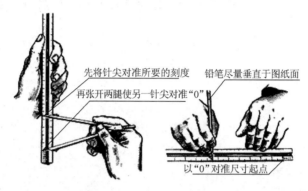

先将针尖对准所要的刻度　　　　铅笔尽量垂直于图纸面

再张开两腿使另一针尖对准"0"

以"0"对准尺寸起点

（a）用分规截取长度　　　　　（b）直接在图上截取长度

图 1-33　用比例尺量取尺寸

1.2.4　铅笔

铅笔是重要的绘图工具。根据铅笔的软硬程度，铅笔分为 2B、B、HB、H、2H 等型号。绘图时，建议型号 B 或 2B 用于画粗实线；型号 HB 用于写字、加深尺寸等；型号 H 或 2H 用于打底稿。

削铅笔时，加深粗实线用的铅笔芯磨成矩形，其余的磨成圆锥形，如图 1-34 所示。

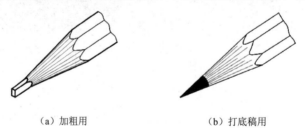

（a）加粗用　　　　　　　　（b）打底稿用

图 1-34　铅笔的削法

1.2.5　圆规和分规

1. 圆规

用圆规可以绘制圆或圆弧。画图时，圆规的针脚和铅芯尽量与纸面垂直，如图 1-35 所示。

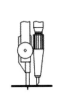

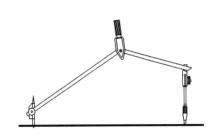

（a）圆规的调整　　　　　　（b）画小圆　　　　　　　　（c）画大圆或圆弧

图1-35　圆规的用法

2．分规

分规主要用来量取线段长度（见图1-36）或等分已知线段（见图1-37）。

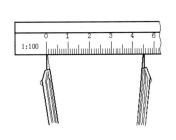

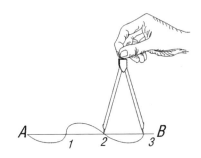

（a）在直尺上量取尺寸　　（b）将尺寸转移到纸上

图1-36　用分规量取尺寸

图1-37　用分规等分线段

1.2.6　曲线板

曲线板主要用来绘制非圆曲线。使用时，先确定曲线上若干点，然后选择曲线板上曲率合适部分，逐段贴合，勾描成光滑的曲线，在两端连接处，要有一小段重合，以保证各段曲线光滑过渡。

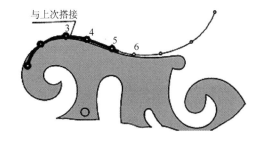

（a）徒手用细线将各点连成曲线　　　　　　（b）选择曲线板上曲率合适的部分，分段描绘

图1-38　曲线板的用法

1.2.7 鸭嘴笔

鸭嘴笔是用来上墨或描图的工具，其使用方法如图1-39所示。

上墨是在图纸上按铅笔底图直接画墨线。

描图是用半透明的描图纸蒙在图纸上，在描图纸上画墨线。这种画在描图纸上的墨线图，可用来复制蓝图。

 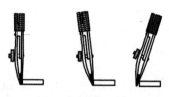

（a）正确的使用方法　　　　　　　　　　　　　　（b）错误的使用方法

图 1-39　鸭嘴笔的用法

1.3 几何作图

在绘制机件的图样时，经常遇到正多边形、圆弧连接、非圆曲线以及锥度和斜度等几何作图问题。现介绍其中常用的作图方法。

1.3.1 正多边形的画法

1. 正六边形

方法一：利用外接圆直径 D，用圆的半径六等分圆周，然后将等分点依次连线，画正六边形，如图1-40所示。

方法二：用丁字尺和三角板画正六边形，如图1-41所示。

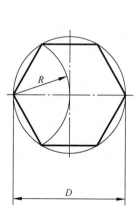 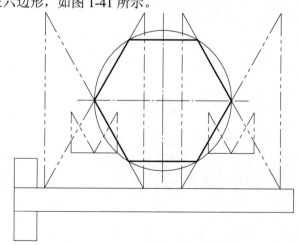

图 1-40　用圆规画正六边形　　　　　　　　图 1-41　用丁字尺和三角板画正六边形

2．正五边形

已知正五边形的外接圆，其作图方法分以下三步：

（1）平分半径 *ob* 得 *e* 点，如图 1-42（a）所示。

（2）以 *e* 为圆心，*ce* 为半径，作圆弧交 *oa* 于 *f* 点，直线段 *cf* 即正五边形的边长，如图 1-42（b）所示。

（3）以 *cf* 为边长，用分规依次在圆周上截取正五边形的顶点后连线，如图 1-42（c）所示。

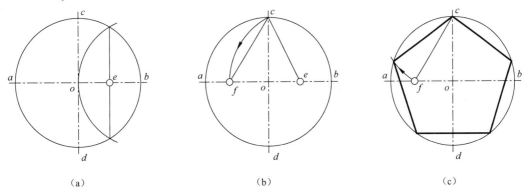

（a）　　　　　　　　　　（b）　　　　　　　　　　（c）

图 1-42　已知外接圆作内接正五边形的方法

1.3.2　斜度与锥度

1．定义及符号

斜度：一直线（或平面）对另一直线（或平面）的倾斜程度，称为斜度。例如，在图 1-43（a）中，直线 *AC* 对直线 *AB* 的斜度$=T/L=(T-t)/l=\tan\alpha$，故斜度的大小即两直线间夹角的正切值。

锥度：正圆锥底圆直径与其高度之比，称为锥度。正圆台的锥度则为两底圆直径之差与其高度之比。例如，在图 1-43（b）中，正圆锥与圆台的锥度$=D/L=(D-d)/l=2\tan(\alpha/2)$，故锥度的大小即半锥角正切值的两倍。

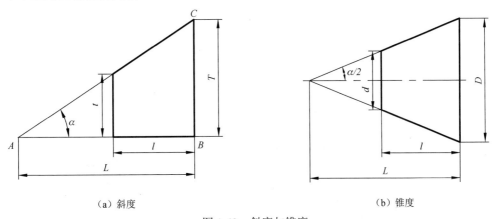

（a）斜度　　　　　　　　　　（b）锥度

图 1-43　斜度与锥度

2．标注法

斜度与锥度用符号和比值标注。斜度与锥度的符号如图 1-44 所示，图中符号的线宽为 $h/10$，h 为字体的高度。

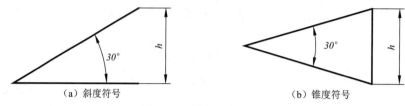

（a）斜度符号   （b）锥度符号

图 1-44 斜度与锥度符号

标注斜度和锥度时，符号的方向应与斜度、锥度的方向一致。斜度与锥度的大小用 $1:n$ 表示。必要时，可在标注锥度的同时，在括号中注出其角度值。图 1-45 为斜度与锥度的标注示例。

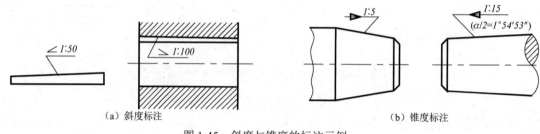

（a）斜度标注   （b）锥度标注

图 1-45 斜度与锥度的标注示例

3．画法

斜度的画法如图 1-46 所示，锥度的画法如图 1-47 所示。

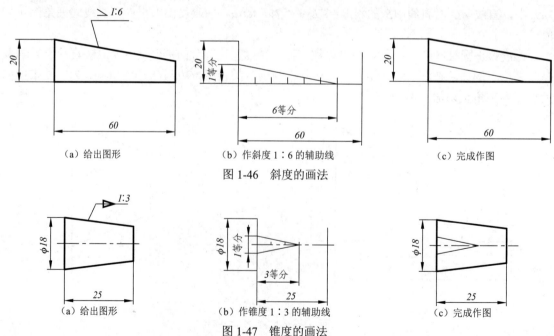

（a）给出图形   （b）作斜度 1∶6 的辅助线   （c）完成作图

图 1-46 斜度的画法

（a）给出图形   （b）作锥度 1∶3 的辅助线   （c）完成作图

图 1-47 锥度的画法

1.3.3 圆弧连接

用已知半径的圆弧光滑连接（相切）两已知线段（直线或圆弧），称为圆弧连接，其中起连接作用的圆弧称为连接弧。这种光滑连接在几何中即相切，切点就是连接点。画连接弧前，必须求出它的圆心和切点。

（1）用圆弧连接两已知直线，其作图步骤如图 1-48 所示。

① 求连接弧的圆心。作两辅助直线分别与 AC 及 BC 平行，并使两平行线之间的距离都等于 R，两辅助直线的交点 O 就是所求连接圆弧的圆心，如图 1-48 所示。

② 求连接弧的切点。从 O 分别向两已知直线作垂线，得点 M、N，即切点，如图 1-48 所示。

③ 作连接弧。以 O 为圆心，以 OM 或 ON 为半径作弧，与 AC 及 BC 切于两点 M、N，完成连接，如图 1-48 所示。

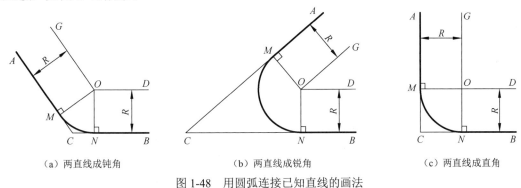

（a）两直线成钝角　　　　　（b）两直线成锐角　　　　　（c）两直线成直角

图 1-48　用圆弧连接已知直线的画法

（2）用圆弧连接已知圆弧和已知直线，其作图步骤如图 1-49 所示。

① 求连接弧的圆心。作辅助直线平行于已知直线，距离等于 R。以 O_1 为圆心，以 R_1+R 为半径作圆弧，交辅助直线于点 O，该点即连接圆弧的圆心，如图 1-49（a）所示。

② 求连接弧的切点。从点 O 向已知直线作垂线，得点 K_1，连接 OO_1 与已知圆弧交于点 K_2。K_1、K_2 即所求切点，如图 1-49（b）所示。

③ 作连接弧。以点 O 为圆心，以 OK_1 或 OK_2 为半径作弧，完成圆弧连接，如图 1-49（c）所示。

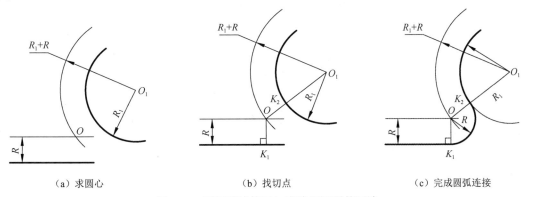

（a）求圆心　　　　　　（b）找切点　　　　　　（c）完成圆弧连接

图 1-49　用圆弧连接已知直线和圆弧的画法

（3）用圆弧连接两已知圆弧。

与已知圆弧相切的圆弧，其圆心的轨迹为已知圆弧的同心圆，该圆的半径随相切情况而定：当两圆外切时为两圆半径之和；内切时为两圆半径之差。切点在两圆心连线的延长线与已知圆弧的交点处。其作图方法分别如图1-50和图1-51所示。

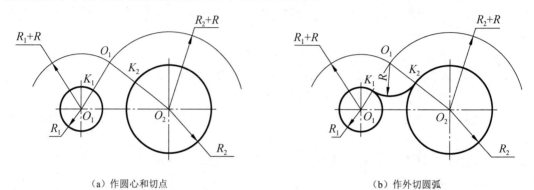

（a）作圆心和切点	（b）作外切圆弧

图1-50　作外切连接圆弧

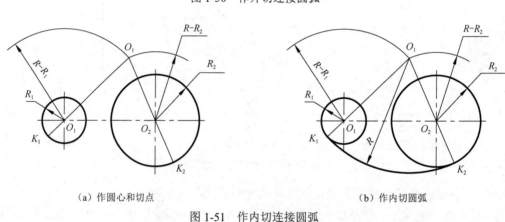

（a）作圆心和切点	（b）作内切圆弧

图1-51　作内切连接圆弧

1.3.4　椭圆的近似画法

椭圆有各种不同的画法，为了作图方便，这里只介绍根据长、短轴用圆规画椭圆的近似画法——"四心圆弧法"，具体作图方法如图1-52所示。

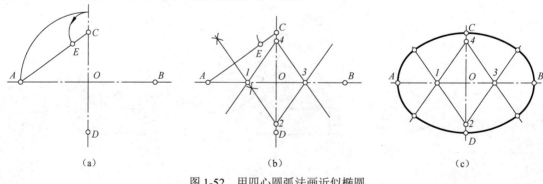

（a）	（b）	（c）

图1-52　用四心圆弧法画近似椭圆

（1）画长、短轴 *AB*、*CD*，连接 *AC*，并取 *CE=OA-OC*。

（2）作 *AE* 的中垂线，与长、短轴交于 *1*、*2* 两点，在轴上取 *1*、*2* 的对称点 *3*、*4*，得四个圆心。

（3）分别以 *2*、*4* 两点为圆心，以 *2C*（或 *4D*）为半径，画两个大圆弧，分别以 *1*、*3* 两点为圆心，以 *1A*（或 *3B*）为半径，画两个小圆弧，四个切点在有关圆心的连线上。

1.4 平面图形分析和画图步骤

绘制图样时，机件的轮廓形状一般是由直线、圆或其他曲线组成的平面图形。在绘制平面图形时，需要根据尺寸标注，画出各个部分，因此，要对平面图形进行尺寸分析和线段分析，以确定画图顺序并正确地标注尺寸。

1.4.1 平面图形的尺寸分析

尺寸是确定平面图形形状和大小的必要因素，按其作用可分为定位尺寸和定形尺寸两种。

（1）定形尺寸。确定图形中各几何元素形状大小的尺寸，如图 1-53 中的尺寸$\phi20$ 是确定小圆的形状和大小的，尺寸 100、70、*R18* 是确定带圆角矩形的形状和大小的，所以它们都是定形尺寸。

（2）定位尺寸。确定图形中各几何元素相对位置的尺寸。图 1-53 中尺寸 25、40 是确定小圆位置的，故为定位尺寸。

（3）尺寸基准。测量尺寸的起点称为基准。可做基准的几何元素有对称图形的对称线、圆的中心线、水平线或垂直线等。在图 1-53 中，矩形的左边为长度方向的基准，矩形的下边为高度方向的基准。

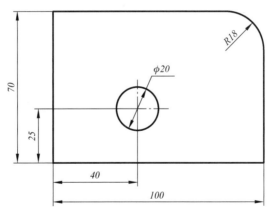

图 1-53 平面图形的尺寸分析

1.4.2 平面图形的线段分析

平面图形中的线段按所标注的尺寸情况，可分为三类。

（1）已知线段。根据图形所标注的尺寸，可以直接画出的圆、圆弧或直线，即有全部的定形尺寸和定位尺寸的线段。在图 1-54 中，圆 $\phi 8$、圆弧 $R9$ 和 $R12$，直线 L_1 和 L_2 都是已知线段。

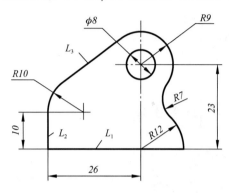

图 1-54　平面图形的线段分析

（2）中间线段。除图形中所注的尺寸外，还需要根据一个连接关系才能画出的圆弧或直线，即缺少一个定位尺寸的线段。图 1-54 中的圆弧 $R10$ 就是中间线段。

（3）连接线段。需要根据两个连接关系才能画出的圆弧或直线，在图 1-54 中，圆弧 $R7$ 和直线 L_3 是连接线段。

1.4.3　平面图形的画图步骤

通过平面图形的线段分析，可以得到如下结论：绘制平面图形时，首先画出基准线，随后画出各已知线段，再依次画出各中间线段，最后画出各连接线段，如图 1-55 所示。

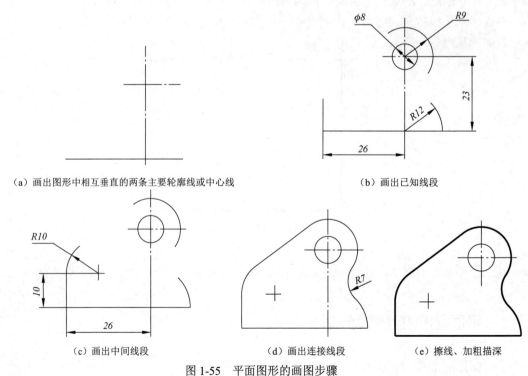

（a）画出图形中相互垂直的两条主要轮廓线或中心线　　　　　　　　　（b）画出已知线段

（c）画出中间线段　　　　　　（d）画出连接线段　　　　　　（e）擦线、加粗描深

图 1-55　平面图形的画图步骤

1.4.4 平面图形的尺寸标注法

以上是对注有尺寸的平面图形，通过尺寸分析和线段分析用来确定的画图步骤，但在实际工作中，也常有要求对空白平面图形标注尺寸的情况。

平面图形中的尺寸，要能完整无误地确定图形的形状和大小，故尺寸数值必须正确；尺寸数量必须不遗漏、不多余。

标注平面图形尺寸时，应先分析平面图形的结构，选择合适的尺寸基准，并确定图形中各线段的性质，即哪些是已知线段，哪些是中间线段，哪些是连接线段，然后按已知线段、中间线段和连接线段的顺序，逐个标注尺寸。图 1-56 是尺寸标注法举例。

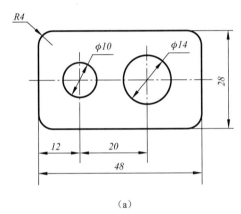
(a)

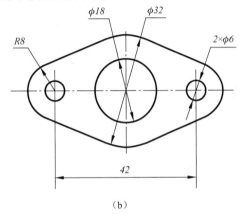
(b)

图 1-56 平面图形的尺寸标注

小 结

（1）绘制机械图样时，必须严格遵守《机械制图》和《技术制图》国家标准。

（2）本章简单介绍了有关图幅、比例、字体、图线及尺寸标注的国家标准。

（3）本章介绍了常用绘图仪器的使用方法。

（4）本章介绍了常见几何图形的绘制方法。

（5）本章介绍了平面图形的分析方法。

第 2 章

投影基础

2.1 投影法及其分类

2.1.1 投影法

物体在光线的照射下，会在地面或者墙上产生影子，形成投影现象。通过对物体、光线以及影子之间的几何关系和规律的研究，人们总结出了科学的投影理论，形成了在平面上表达空间物体形状的方法。

如图 2-1 所示，投射线通过物体向选定的平面进行投射，并在该面上得到图形的方法称为投影法。该平面称作投影面，所得到的图形称作投影，投射线、被投射的物体以及投影面是形成投影的三个必备条件，也称投影三要素。

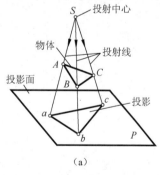
（a）
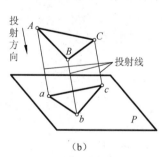
（b）
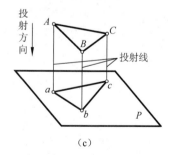
（c）

图 2-1 投影法及其分类

2.1.2 投影法的分类

根据投射线是交于一点还是互相平行，投影法可分为中心投影法和平行投影法。

（1）中心投影法。

投射线从一点出发的投影方法称为中心投影法，如图 2-1（a）所示，S 点称为投影中心，用中心投影法画出的投影图称为中心投影图。

中心投影图具有立体感，但不能反映物体的真实大小，一般用来绘制建筑物外观的透视图。

（2）平行投影法。

投射线互相平行的投影方法称为平行投影法，用平行投影法画出的投影图称为平行投影图，如图 2-1（b）、（c）所示，其中投射线与投影面倾斜的投影方法称为斜投影法，如图 2-1（b）所示，投射线与投影面垂直的投影方法称为正投影法，如图 2-1（c）所示，用正投影法投影得到的图形称为正投影图。

2.1.3 正投影法的基本性质

1. 平行性

空间平行的两直线，它们的投影仍相互平行，且两平行线段的长度之比等于它们的投影之比。如图 2-2（a）所示，AB // CD，又 Aa // Cc，故 $ABba$ 和 $CDdc$ 为相互平行的两平面，从而可得 ab // cd。如在 $ABba$、$CDdc$ 平面内，过 AB、CD 的端点 B、D，分别作 BA_1 // ba，DC_1 // dc，则 $\triangle ABA_1 \backsim \triangle CDC_1$，故 $AB:CD=A_1B:C_1D$。因 $A_1B=ab$，$C_1D=cd$，故 $AB:CD=ab:cd$。

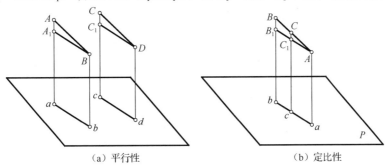

（a）平行性　　　　　　　　　　　（b）定比性

图 2-2　正投影法的基本特性（一）

2. 定比性

点在直线上，则点的投影必在直线的投影上，且点分割直线长度之比等于点的投影分割直线的投影长度之比。如图 2-2（b）所示，过 A 作 AB_1 // ab，与 Cc 相交于 C_1，则 $AC_1=ac$，$C_1B_1=cb$。在 $\triangle ABB_1$ 中，CC_1 // BB_1，有 $AC:CB=AC_1:C_1B_1$，从而可得 $AC:CB=ac:cb$。

3. 实形性

当平面或直线平行于投影面时，其投影反映平面的实形或直线的实长，如图 2-3（a）所示，当 $\triangle ABC$ 平行于投影面时，它的投影 $\triangle a'b'c' \cong \triangle ABC$，推而广之，如任意平面图形与投影面平行，则它的投影反映实形。

4. 积聚性

当平面或直线垂直于投影面时，其投影积聚成为直线或点，如图 2-3（b）所示。

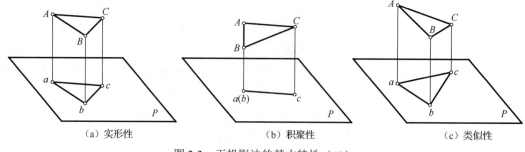

（a）实形性　　　　　　　　　（b）积聚性　　　　　　　　　（c）类似性

图 2-3　正投影法的基本特性（二）

5．类似性

当平面或直线倾斜于投影面时，其平面图形的投影成为一个与其不全等的类似形，直线投影成为比实长短的直线，如图 2-3（c）所示。类似形应具有如下特性：同一直线上成比例的线段投影后比例不变，平面多边形的边数、平行关系、凹凸形状、直线曲线投影后不变。

2.2　点的投影

物体是由点、线、面组成的，因此点、线、面是形成物体的基本几何元素。点是空间最基本的几何元素，任何物体都可以看成点的集合。用正投影法将空间点 A 向投影面 P 投射，在 P 面上得到点 a，即空间点 A 在 P 面上的投影，空间点在单一投影面上的投影是唯一的，如图 2-4（a）所示。但已知点的单一投影不能唯一确定空间点的位置，如图 2-4（b）所示，需多面投影才能确定空间点的位置。

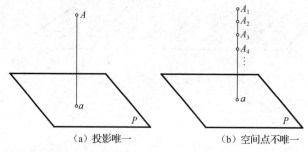

（a）投影唯一　　　　　　　　（b）空间点不唯一

图 2-4　点的单面投影

2.2.1　三面投影体系

要唯一确定几何元素的空间位置及形状大小，乃至物体的形状和大小，必须采用多面投影的办法。国家标准《技术制图投影法》规定，用相互垂直的三个平面作为投影面，在空间便组成了三面投影体系，如图 2-5（a）所示，其中，正立放置的投影面称为正投影面，用 V 表示；水平放置的投影面称为水平投影面，用 H 表示；侧立放置的投影面称为侧投影面，用 W 表示；三个投影面的交线称为投影轴，分别用 OX、OY、OZ 表示，三根投影轴垂直交于一点，称为原点。它们将空间划分为八个部分，每个部分为一个分角，顺序如图 2-5（a）所示。将物体置于第一分角内，使其处于观察者与投影面之间得到正投影的方法称为第一角画法。我国国家标准规定工程图样采用第一角画法，如图2-5（b）所示，本书重点讨论第一角画法。

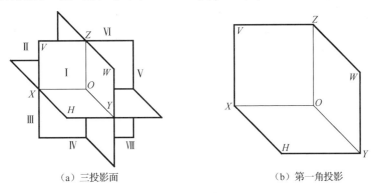

（a）三投影面　　　　　　　　（b）第一角投影

图2-5　三面投影体系

2.2.2　点在三面投影体系中的投影

1. 点的三面投影的形成

对于空间位于 H 面上方、V 面前方、W 面左侧的一点 A，如图2-6（a）所示，用正投影法分别向 H、V、W 面投射，就得到点 A 在三个投影面上的投影 a、a'、a''，分别称为点 A 的水平投影、正面投影和侧面投影。

一般将空间点用大写字母表示，如 A，B，C，I，II，III，…，点的投影用其对应的小写字母表示，如空间点 A 的水平投影、正面投影和侧面投影分别用 a、a'、a''表示，点 I 的水平投影、正面投影和侧面投影分别用 1、$1'$、$1''$表示。

为了将点的三个投影画在一个平面上，规定 V 面不动，如图2-6（a）所示，将 H 面绕 OX 轴向下旋转 $90°$，将 W 面绕 OZ 轴向右旋转 $90°$，使 H、V、W 三投影面共面，得到点的三面投影图，画图时，则不必画出投影面的边框，如图2-6（c）所示。

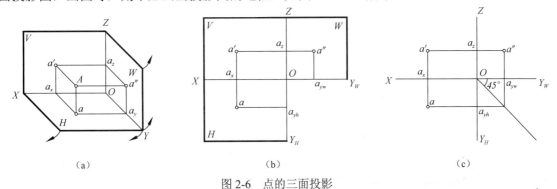

（a）　　　　　　　　　（b）　　　　　　　　　（c）

图2-6　点的三面投影

2. 点的三面投影规律

根据长方体的性质，可以得出点在三面投影体系中的投影规律。

（1）点的正面投影与水平投影的连线垂直于 OX 轴，即 $a'a \perp OX$；点的正面投影与侧面投

影的连线垂直于 OZ 轴，即 $a'a''\perp OZ$；同时 $aa_{yh}\perp OY_H$，$a''a_{yw}\perp OY_W$。

（2）点的水平投影到 OX 的距离等于点的侧面投影到 OZ 轴的距离，即 $aa_x = a''a_z$。

若已知两个点的投影，根据点的投影规律，可以求出点的第三个投影。

为了作图方便，可过点 O 作 $45°$ 辅助线（或圆弧），aa_{yh}、$a''a_{yw}$ 的延长线与辅助线应交于同一点，如图 2-6（c）所示。

若已知点的两个投影，根据点的投影规律，可以求出点的第三个投影。

例 2-1　如图 2-7（a）所示，已知点 A 的正面投影 a' 和水平投影 a，求其侧面投影 a''。

解：过 a' 作水平线交 OZ 轴于 a_z，再在水平线上量取 $a''a_z = aa_x$，得到 a''，如图 2-7（b）所示。亦可如图 2-7（c）所示，采用作 $45°$ 斜线的方法求出 a''。

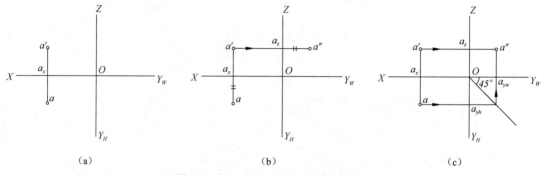

图 2-7　根据点的两个投影求第三投影

3．点的投影与坐标之间的关系

如图 2-8（a）所示，在三面投影体系中，三根投影轴及三个投影面可以构成一个空间直角坐标系，空间点 A 的位置可以用三个坐标值（x_A、y_A、z_A）表示，则点 A 的投影与坐标之间的关系为：

$a'a_z = aa_{yh} = x_A = Aa''$（点 A 到 W 面的距离）

$aa_x = a''a_z = y_A = Aa'$（点 A 到 V 面的距离）

$a'a_x = a''a_{yw} = z_A = Aa$（点 A 到 H 面的距离）

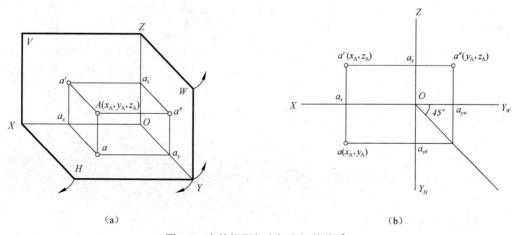

图 2-8　点的投影与坐标之间的关系

4．两点的相对位置与重影点

两点的相对位置是指空间两点的上下、左右、前后位置关系，这种位置关系可以通过两点同面投影的相对位置或坐标大小来判断，即 x 坐标大的在左，y 坐标大的在前，z 坐标大的在上。

如图 2-9 所示，由于 $x_a > x_b$，故 A 点在 B 点的左侧；同理，根据 $y_a < y_b$，$z_a > z_b$，可判断 A 点在 B 点的上方、后方。

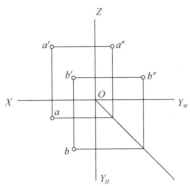

图 2-9　两点的相对位置

若空间两点在某一投影面上的投影重合，则称此两点为对该投影面的重影点。

如图 2-10 所示，点 A、B 为对水平投影面的重影点，从上往下看，A 点挡住了 B 点，故 a 可见，b 不可见，规定不可见的投影加括号表示；同理，C、D 为对正投影面的重影点，c' 可见，d' 不可见，故 d' 加括号表示。

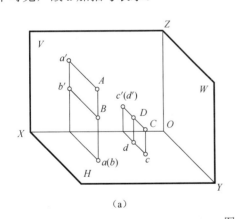

（a）

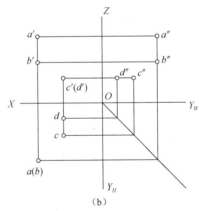

（b）

图 2-10　重影点

2.3　直线的投影

2.3.1　直线的投影及其投影特性

一般情况下，直线的投影仍然是直线，如图 2-11 中的直线 AB。特殊情况下，若直线垂直于投影面，直线的投影可积聚为一点，如图 2-11 中的直线 CD。

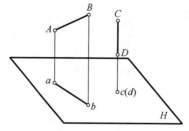

图 2-11　直线的投影

　　直线的投影可由直线上两点的同面投影连接得到。如图 2-12 所示，分别作出直线上两点 A、B 的三面投影，将其同面投影相连，即得到直线 AB 的三面投影图。

　　空间直线在三面投影体系中，根据其相对于投影面的相对位置，可以分为三种：投影面平行线、投影面垂直线和一般位置直线，投影面平行线和投影面垂直线又称为特殊位置直线。直线与水平投影面、正投影面、侧投影面的夹角，分别称为直线对该投影面的倾角，分别用 α、β、γ 表示，如图 2-12 所示。下面介绍各种位置直线的投影特性。

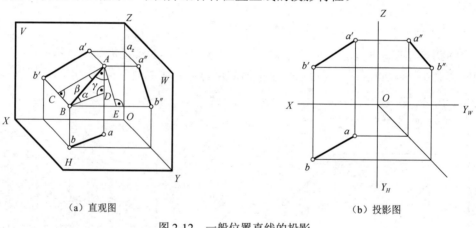

（a）直观图　　　　　　　　　　　　　　　　（b）投影图

图 2-12　一般位置直线的投影

1．一般位置直线

　　一般位置直线是与三个投影面都倾斜的直线，如图 2-12（a）为一般位置直线 AB 的直观图，2-12（b）为该直线 AB 的投影图，AB 与 H、V、W 三个投影面所成的夹角分别为 α、β、γ，则 $ab=AB\cos\alpha$，$a'b'=AB\cos\beta$，$a''b''=AB\cos\gamma$。因为 α、β、γ 都不等于零，所以一般位置直线在三个投影面上的投影都小于实长，它的投影特性如下：

　　（1）三个投影面上的投影都倾斜于投影轴，其投影长度都小于空间直线的实长。

　　（2）三个投影与投影轴的夹角不反映空间直线与投影面之间的倾角。

2．投影面平行线

　　平行于某一投影面的直线称为投影面平行线，它与一个投影面平行，与另外两个投影面倾斜。其中，与 H 面平行的直线称为水平线，与 V 面平行的直线称为正平线，与 W 面平行的直线称为侧平线。它们的投影特性见表 2-1。

表 2-1　投影面平行线的投影特性

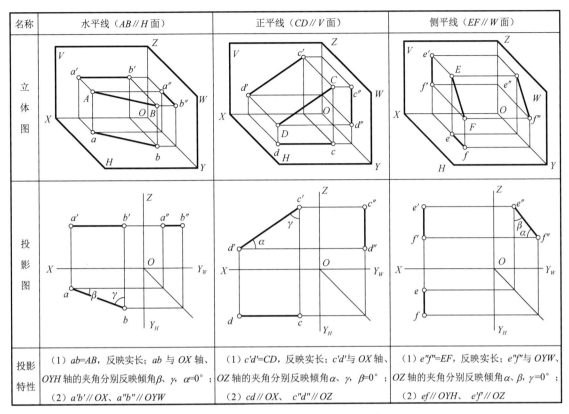

名称	水平线（*AB*//*H*面）	正平线（*CD*//*V*面）	侧平线（*EF*//*W*面）
立体图			
投影图			
投影特性	（1）*ab*=*AB*，反映实长；*ab* 与 *OX* 轴、*OYH* 轴的夹角分别反映倾角 β、γ，α=0°； （2）*a'b'*//*OX*、*a"b"*//*OYW*	（1）*c'd'*=*CD*，反映实长；*c'd'*与 *OX* 轴、*OZ* 轴的夹角分别反映倾角 α、γ，β=0°； （2）*cd*//*OX*、*c"d"*//*OZ*	（1）*e"f"*=*EF*，反映实长；*e"f"*与 *OYW*、*OZ* 轴的夹角分别反映倾角 α、β，γ=0°； （2）*ef*//*OYH*、*e'f'*//*OZ*

由表 2-1 中三种投影面平行线的投影情况，可以归纳出投影面平行线的投影特性如下：

（1）在所平行的投影面上的投影反映线段实长，该投影与两投影轴的夹角分别反映直线与相应投影面的倾角。

（2）在另外两个投影面上的投影分别平行于相应的投影轴，且长度小于空间线段的实长。

3．投影面垂直线

与投影面垂直的直线称为投影面垂直线，它与一个投影面垂直，与另外两个投影面平行。其中，垂直于 *H* 面的直线称为铅垂线，垂直于 *V* 面的直线称为正垂线，垂直于 *W* 面的直线称为侧垂线。它们的投影特性见表 2-2。

表 2-2　投影面垂直线的投影特性

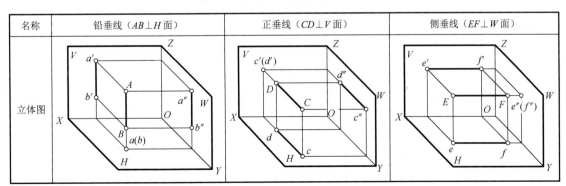

名称	铅垂线（*AB*⊥*H*面）	正垂线（*CD*⊥*V*面）	侧垂线（*EF*⊥*W*面）
立体图			

续表

名称	铅垂线（$AB\perp H$ 面）	正垂线（$CD\perp V$ 面）	侧垂线（$EF\perp W$ 面）
投影图	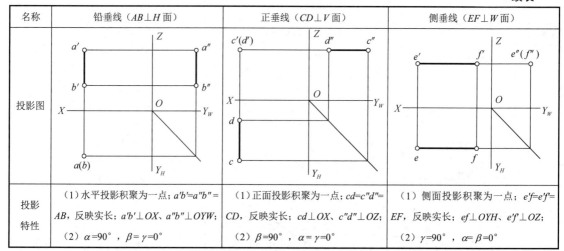		
投影特性	（1）水平投影积聚为一点；$a'b'=a''b''=AB$，反映实长；$a'b'\perp OX$、$a''b''\perp OYW$； （2）$\alpha=90°$，$\beta=\gamma=0°$	（1）正面投影积聚为一点；$cd=c''d''=CD$，反映实长；$cd\perp OX$、$c''d''\perp OZ$； （2）$\beta=90°$，$\alpha=\gamma=0°$	（1）侧面投影积聚为一点；$e'f=e'f'=EF$，反映实长；$ef\perp OYH$、$e'f\perp OZ$； （2）$\gamma=90°$，$\alpha=\beta=0°$

由表 2-2 中三种投影面垂直线的投影情况，可以归纳出投影面垂直线的投影特性如下：

（1）在其所垂直的投影面上的投影积聚为一点，且与该投影面的倾角为 90°，而与另外两个投影面的倾角为 0°。

（2）在另外两个投影面上的投影，分别垂直于相应的投影轴，且反映空间线段的实长。

2.3.2　一般位置直线的实长及对投影面的倾角

在解决某些度量问题时，对于特殊位置直线，可以从它们的投影图直接求出实长和倾角，而对于一般位置直线，它的三个投影既不反映线段的实长，也不反映对投影面的倾角，则需通过它的投影作图求其实长和对投影面的倾角。求一般位置直线的实长和对投影面的倾角，常采用直角三角形法、换面法和旋转法。本节介绍直角三角形法，换面法将在后续章节中介绍。

如图 2-13（a）所示，AB 为一般位置直线，过 B 点作 $BD\,/\!/\,ab$ 交 Aa 于 D 点，得到直角三角形 ABD。其中直线 AB 为斜边反映实长，$BD=ab$，AD 为 A 点和 B 点的 Z 坐标差，即 a'、b' 到 X 轴的距离差，$\angle ABD$ 就是直线 AB 对水平面的倾角 α。如图 2-13（b）所示，已知直线 AB 的正面投影和水平投影，就可以作出这个三角形，从而求出 AB 的实长和倾角 α。

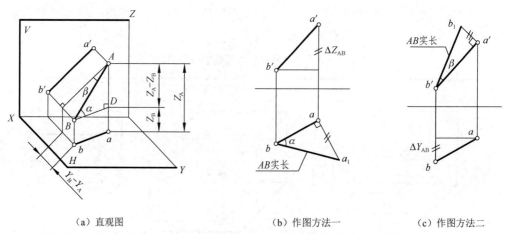

（a）直观图	（b）作图方法一	（c）作图方法二

图 2-13　直角三角形法求一般位置直线的实长和倾角

同理，过 A 点作 $a'b'$ 的平行线，也可以构建直角三角形，从而求出 AB 的实长和倾角 β，作图过程如图 2-13（b）所示。

（1）以 ab 为一直角边，作 ab 的垂线；

（2）由 b 作水平线，在正面投影中作出 A、B 两点高度差 ΔZ_{AB}，并把这段高度差量到由 a 作出的垂线上，得点 a_1，$a\,a_1$ 即另一直角边；

（3）连接 $b\,a_1$，$b\,a_1 = AB$ 即直线 AB 的实长，$\angle a\,b\,a_1$ 即直线 AB 对 H 面的倾角 α。

图 2-13（c）是另一种作图方法，同理，以直线 AB 的正面投影 $a'b'$ 和 Y 坐标差 $\Delta Y_{AB} = Y_B - Y_A$ 为两直角边的三角形，可求出直线 AB 的实长和对 V 面的倾角 β。

将图 2-12（a）中 $\triangle ABC$、$\triangle ABD$、$\triangle ABE$ 分别取出，可得到三个直角三角形。只考虑直角三角形的组成关系，如图 2-14 所示，分析可以看出：直角三角形的斜边为直线的实长，一直角边为 Z（或 Y、X）方向的坐标差，另一直角边为直线水平（或正面、侧面）投影；实长与投影的夹角即直线与对应投影面的倾角。一个直角三角形只能求出对一个投影面的倾角。利用直角三角形法求直线实长和倾角时，所作直角三角形中，包含了四个参数，它们是：斜边（直线实长）、两个直角边（投影长与坐标差）以及斜边与投影长之间的夹角（倾角），只要给定其中的两个参数，便可作出此直角三角形，从而求出其他参数。

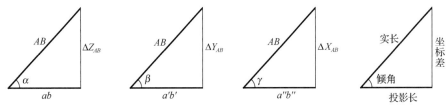

图 2-14　直角三角形法的三种三角形

例 2-2　如图 2-15（a）所示，已知线段 AB 的水平投影 ab 和点 A 的正面投影 a'，且 AB 的实长为 l，求 AB 的正面投影 $a'b'$ 和与水平面的倾角 α。

解：由于 ab 与 X 轴倾斜且小于实长 l，所以 AB 为一般位置直线。根据直角三角形法以 ab 为一条直角边，aB_0 为斜边作一直角三角形，另一直角边 bB_0 即 A、B 两点的 Z 坐标差，从而求得 b'，连接 a'、b' 即线段 AB 的正面投影，bB_0 所对的角 α 即线段 AB 与水平面的倾角，如图 2-15（b）所示。本题 AB 的正面投影有两解。

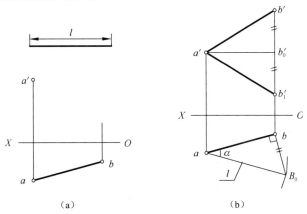

（a）　　　　　　　　　　（b）

图 2-15　求直线的正面投影和倾角

2.3.3　点与直线的相对位置

（1）从属性。若点在直线上，则点的各个投影必在该直线的同面投影上；反之，若点的各面投影在直线的同面投影上，则该点一定在直线上。

（2）定比性。若点在直线上，该点分线段成定比，则点的投影也分割直线的同面投影成相同的比例。

如图 2-16 所示，K 在直线 AB 上，则 k' 在 $a'b'$ 上，k 在 ab 上，k'' 在 $a''b''$ 上，且有：

$$\frac{AK}{KB} = \frac{a'k'}{k'b'} = \frac{ak}{kb} = \frac{a''k''}{k''b''}$$

通过这个定比分割的原理，可以在投影图中判断点是否在直线上，或作图分割直线成定比。

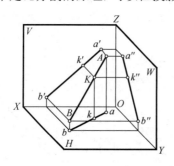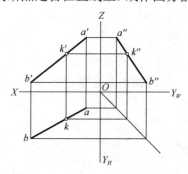

图 2-16　直线上的点的投影

例 2-3　已知直线 AB 和点 C 的正面投影和水平投影，判别点 C 是否在直线上，如图 2-17（a）所示。

对于一般位置直线判别点是否在直线上，只需判断两个投影面上的投影即可。若直线为投影面平行线，一般需观察第三面投影才能确定。

解：因为 AB 是侧平线，需要画出侧面投影，或用定比方法进行判断。

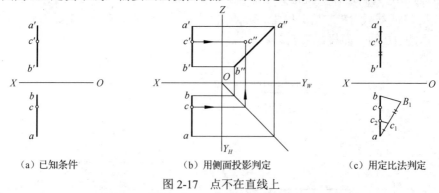

（a）已知条件　　　　（b）用侧面投影判定　　　　（c）用定比法判定

图 2-17　点不在直线上

方法一：先画出直线 AB 的侧面投影 $a''b''$ 和点 C 的侧面投影 c''，如图 2-17（b）所示，因为 c'' 不在 $a''b''$ 上，故点 C 不在直线 AB 上。

方法二：分割直线成定比的方法，将直线 AB 的水平投影 ab 分成两段，使其比值相等（即 $ac_2 : c_2b = a'c' : c'b'$）。从图 2-17（c）看出 c_2 与 c 不重合，因此点 C 不在直线 AB 上。

例 2-4　在已知直线 AB 上取一点 C，使 $AC = 15\text{mm}$，求作点 C 的投影，如图 2-18（a）所示。

解： 先用直角三角形法求出直线 *AB* 实长，并确定 *C* 点位置，再利用分割比值相等求得 *c*、*c′*。其作图步骤如下 [见图 2-18（b）]。

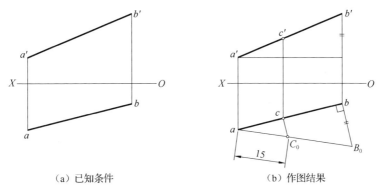

（a）已知条件　　　　　（b）作图结果

图 2-18　直线上取分点

（1）用直角三角形法求出直线 *AB* 的实长 aB_0。

（2）在 aB_0 上，量取 $aC_0=15$mm。

（3）过 C_0 作直线 $cC_0 \parallel bB_0$ 交 *ab* 于 *c* 点。

（4）过点 *c* 作 *OX* 轴的垂线与 *a′b′* 相交与 *c′*，则 *c*、*c′* 即所求。

2.3.4　两直线的相对位置

空间两直线的相对位置有平行、相交和交叉三种情况。平行和相交两直线都是位于同一平面上的直线，而交叉两直线则不在同一平面上。下面分别讨论它们的投影特性。

1. 两直线平行

若空间两直线互相平行，则它们的各同面投影也必然互相平行（或积聚成一条直线），反之，若两直线的各同面投影互相平行，则此两直线也一定互相平行，如图 2-19 所示。

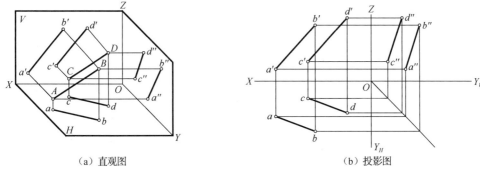

（a）直观图　　　　　（b）投影图

图 2-19　两直线平行

一般情况下，只要两直线的任意两对同面投影相互平行，就能确定两直线是相互平行的。但是对与投影面平行的两直线来说，通常应看两直线所平行的那个投影面上的投影，才能确定其是否平行。如图 2-20 所示，虽然 *ab* ∥ *cd*，*a′b′* ∥ *c′d′*，但因 *AB*、*CD* 均为侧平线，故要看其侧面投影，因为 *a″b″* 与 *c′d″* 不平行，故两直线 *AB* 与 *CD* 不平行。

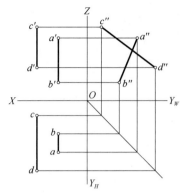

图 2-20　两直线不平行

2．两直线相交

若空间两直线相交，则它们的各同面投影也一定相交，且交点应符合空间一点的投影规律。反之，若投影图中两直线的各同面投影相交，且交点符合空间一点的投影规律，则两直线一定相交。

如图 2-21 所示，两直线 AB 和 CD 的三个同面投影都相交，且交点符合同一点的投影规律，所以直线 AB 与 CD 相交，且交点为点 K。而图 2-22 中，虽然直线 AB 与 CD 的各个同面投影都相交，但交点不符合同一点的投影规律，所以直线 AB 与 CD 不相交。

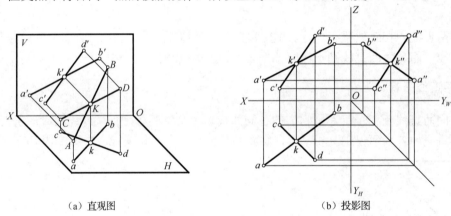

（a）直观图　　　　　　　　　　　　　　　　　　（b）投影图

图 2-21　两直线相交

3．两直线交叉

在空间既不平行也不相交的两直线称为交叉两直线。其投影既不符合两平行直线的投影特性，也不符合两相交直线的投影特性。

交叉两直线的同面投影，可能出现有一个或两个投影相互平行，如图 2-20 所示，但它们的第三个同面投影是不可能相互平行的。另外，交叉两直线的投影中，可能出现有一个、两个、甚至三个同面投影相交的情况，如图 2-22 所示，但三个同面投影的交点，不可能符合同一点的投影规律。

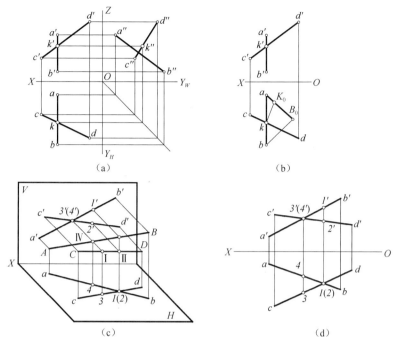

图 2-22　两直线不相交（交叉）

2.3.5　直角投影定理

空间两直线构成的一个任意角，若两条边都平行于某个投影面，则它在该投影面上的投影反映该角的真实大小；若两条边都不平行于投影面时，它在该投影面上的投影不反映空间角度的大小。对于空间两直线构成直角时，其投影有如下定理。

两直线相互垂直，若其中有一条直线为投影面平行线，则两直线在该投影面上的投影仍反映直角。这是在投影图上解决有关垂直问题以及求距离问题常用的作图依据。

在图 2-23 中，设 $AB \perp BC$，且 BC 平行于 H 面。因为 $BC \perp AB$，又 $BC \perp Bb$，所以 BC 一定垂直于平面 $ABba$。又因为 $bc // BC$，则 $bc \perp$ 平面 $ABba$，因此 $bc \perp ab$，即 $\angle abc = 90°$。

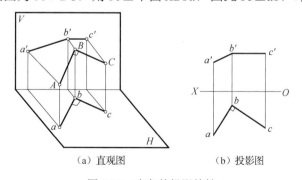

（a）直观图　　　　（b）投影图

图 2-23　直角的投影特性

反之，两直线在某一投影面上的投影成直角，且有一条直线平行于该投影面，则空间两直线的夹角必定是直角。两直线交叉垂直时，它们的投影仍符合上述投影特性。

例 2-5　已知 $BC // V$，试过点 A 作直线 AK 与直线 BC 垂直相交，如图 2-24（a）所示。

解：根据直角投影定理，与正平线 *BC* 垂直的直线，其正面投影必垂直于 *BC* 的正面投影。因此在图 2-24（b）中，首先过 *a'* 作 *b'c'* 的垂线交 *b'c'* 于 *k'*，然后由 *k'* 作投影连线交 *bc* 于 *k*，连接 *ak*，*AK* 即所求。

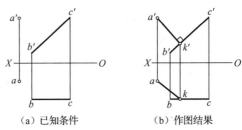

（a）已知条件　　　　（b）作图结果

图 2-24　过点 *A* 作直线与正平线 *BC* 垂直相交

例 2-6　过点 *A* 作直线垂直 *CD*（见图 2-25）。

解：*CD* 为一般位置直线。过点 *A* 所作 *CD* 的垂线有无数条。而直接能在投影面上反映直角的，只有投影面平行线。因此，可作出与 *CD* 交叉垂直的水平线和正平线。

如图 2-25 所示，作图步骤如下。

（1）过 *a* 作 *ae*//*X* 轴，过 *a'* 作 *a'e'*⊥*c'd'*。*ae*、*a'e'* 为一解；

（2）过 *a'* 作 *a'f'*//*X* 轴，过 *a* 作 *af*⊥*cd*。*af*、*a'f'* 为另一解。

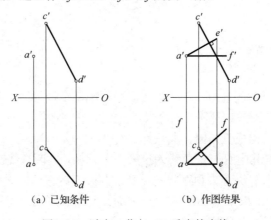

（a）已知条件　　　　（b）作图结果

图 2-25　过点 *A* 作与 *CD* 垂直的直线

例 2-7　设两交叉直线中，*L* 为铅垂线，*M* 为一般位置线 ［见图 2-26（a）］，求 *L*、*M* 之间的距离。

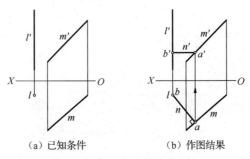

（a）已知条件　　　　（b）作图结果

图 2-26　求 *L*、*M* 之间的距离

解：直线 *L*、*M* 之间的公垂线（与 *L*、*M* 都垂直相交）的实长，就是 *L*、*M* 之间的距离。

因为 L 为铅垂线，故公垂线必为水平线，而根据直角投影定理，该公垂线的水平投影必垂直于直线 M 的水平投影 m；且由于直线 L 的水平投影 l 有积聚性，所以公垂线的水平投影必过 l。具体作图步骤如下 [见图 2-26（b）]：

（1）过 l 作 $n \perp m$，并与 m 交于 a；

（2）由 a 作投影连线求得 a'；

（3）过 a' 作 $n' /\!/ OX$，并与 l' 交于 b'，b 与 l 重影。AB 的水平投影 ab 反映实长，即所求距离。

2.4 平面的投影

2.4.1 平面的表示法

1. 用几何元素表示平面

根据初等几何可知，在投影图上，通常用图 2-27 所示的五组几何元素中的任意一组表示平面。

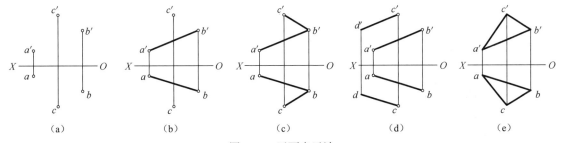

图 2-27　平面表示法

（1）不在同一直线上的三点 [见图 2-27（a）]；

（2）一条直线和直线外一点 [见图 2-27（b）]；

（3）两条相交直线 [见图 2-27（c）]；

（4）两条平行直线 [见图 2-27（d）]；

（5）任意平面图形 [见图 2-27（e）]。

以上五种表示法都可以表示同一平面，它们之间可以互相转换。

2. 用平面的迹线表示平面

把 A、B、C 三点所确定的平面 P 向各方延伸，则与 V、H、W 面相交，得到交线 P_V、P_H、P_W，如图 2-28 所示。这三条交线称为平面的迹线。P_V 称为平面 P 的正面迹线，P_H 称为平面 P 的水平迹线，P_W 称为平面 P 的侧面迹线。

为了叙述简便，我们把用迹线表示的平面称为迹线平面，用几何元素表示的平面称为非迹线平面。

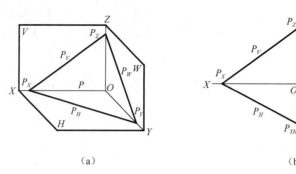

图 2-28　用迹线表示平面

2.4.2　平面的投影及其投影特性

在三面投影体系中，根据平面与投影面的相对位置关系，可以分为三种：投影面平行面、投影面垂直面和一般位置平面，投影面平行面和投影面垂直面又称为特殊位置平面。平面与水平投影面、正投影面、侧投影面的夹角，分别称为平面对该投影面的倾角，用 α、β、γ 表示。下面介绍各种位置平面的投影特性。

1．一般位置平面

一般位置平面是与三个投影面都倾斜的平面，如图 2-29 所示。

一般位置平面的投影特性为：三个投影的形状都类似。

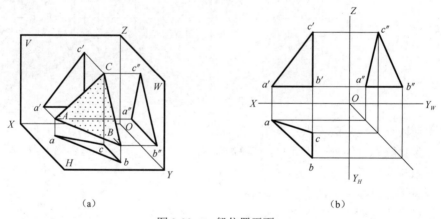

图 2-29　一般位置平面

2．投影面垂直面

垂直于某一投影面而倾斜于另外两个投影面的平面称为投影面垂直面，其中，垂直于 H 面的平面称为铅垂面，垂直于 V 面的平面称为正垂面，垂直于 W 面的平面称为侧垂面，它们的投影特性见表 2-3。

表 2-3 投影面垂直面的投影特性

名称	铅垂面（△ABC⊥H面）	正垂面（△ABC⊥V面）	侧垂面（△ABC⊥W面）
立体图	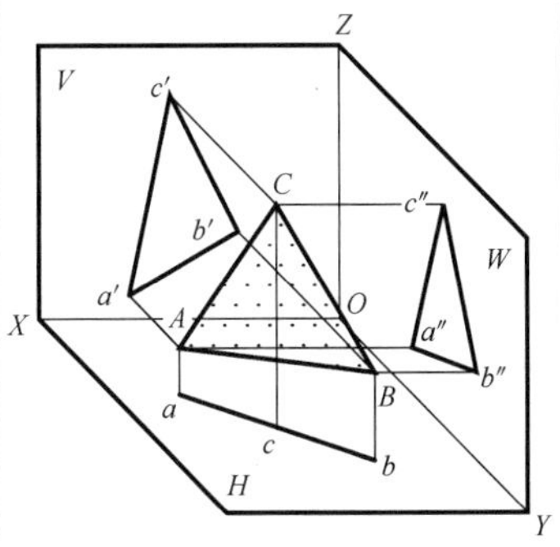	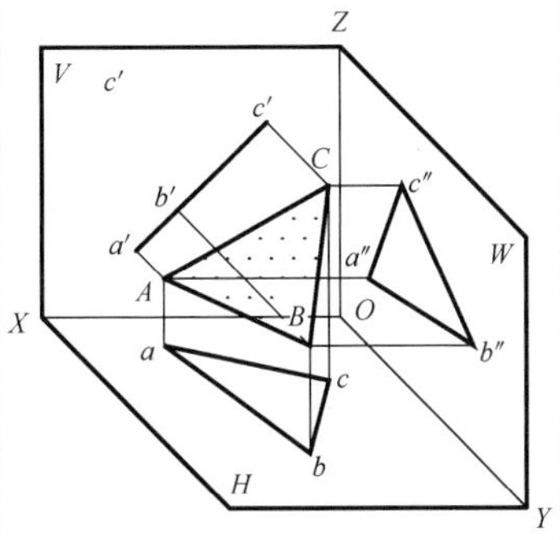	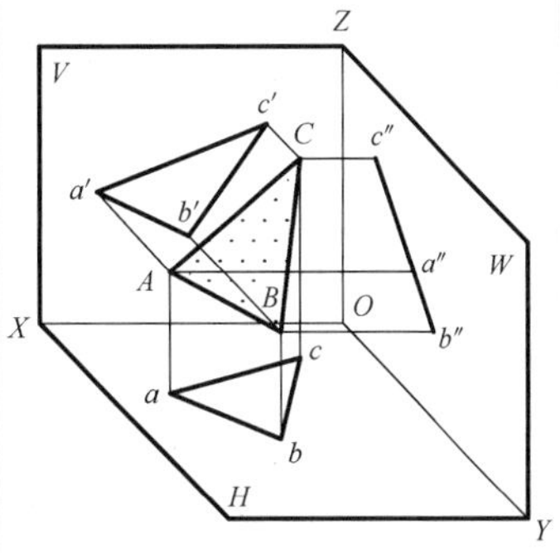
投影图	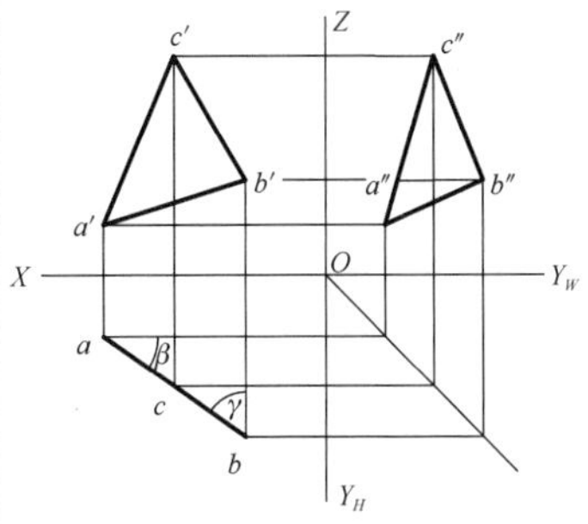	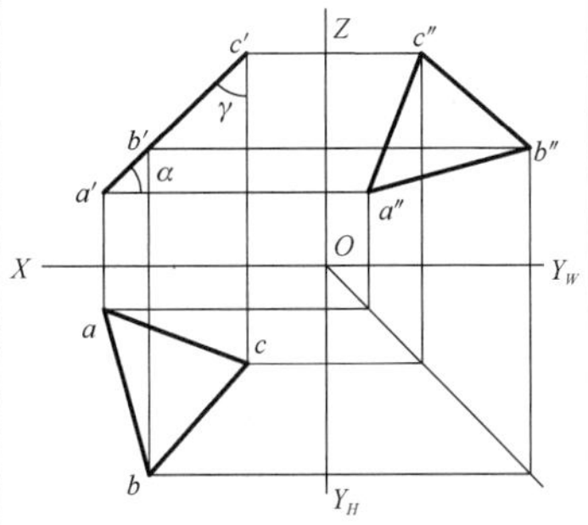	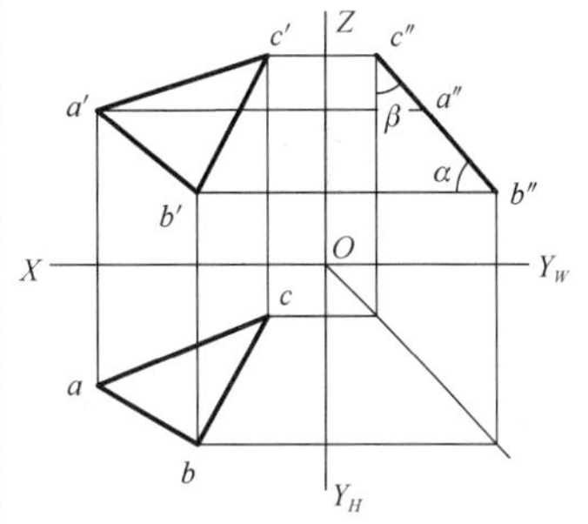
投影特性	（1）水平投影积聚为一直线；△a'b'c'、△a"b"c"具有类似性； （2）水平投影与 OX、OYH 的夹角分别反映 β、γ 角，α=90°	（1）正面投影积聚为一直线；△abc、△a"b"c"具有类似性； （2）正面投影与 OX、OZ 的夹角分别反映 α、γ 角，β=90°	（1）侧面投影积聚为一直线；△abc、△a'b'c'具有类似性； （2）侧面投影与 OZ、OYW 的夹角分别反映 α、β 角，γ=90°

由表 2-3 可以将投影面垂直面的投影特性归纳如下：

（1）在其垂直的投影面上的投影积聚为一直线，且对该投影面的倾角为 90°，该直线与两投影轴的夹角反映了平面对另两个投影面的倾角。

（2）在另外两个投影面上的投影具有类似性。

3．投影面平行面

平行于某一投影面而与另外两个投影面垂直的平面称为投影面平行面，其中，平行于 H 面的平面称为水平面，平行于 V 的平面称为正平面，平行于 W 的平面称为侧平面。它们的投影特性见表 2-4。

表 2-4　投影面平行面的投影特性

名称	水平面（△ABC//H面）	正平面（△ABC//V面）	侧平面（△ABC//W面）
立体图	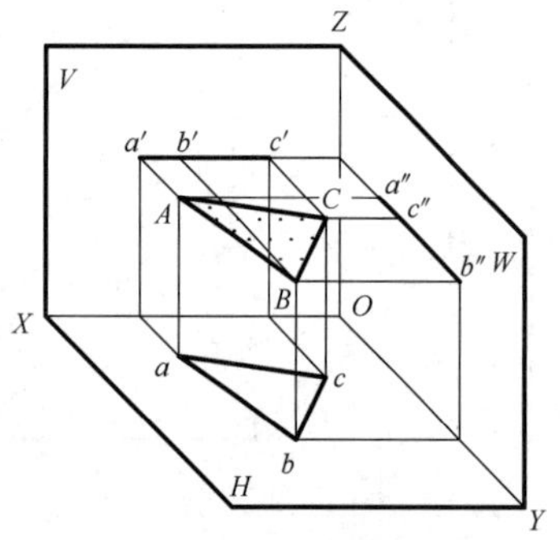	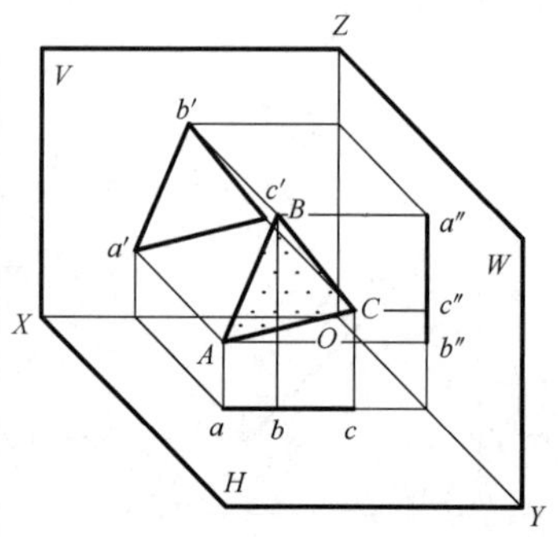	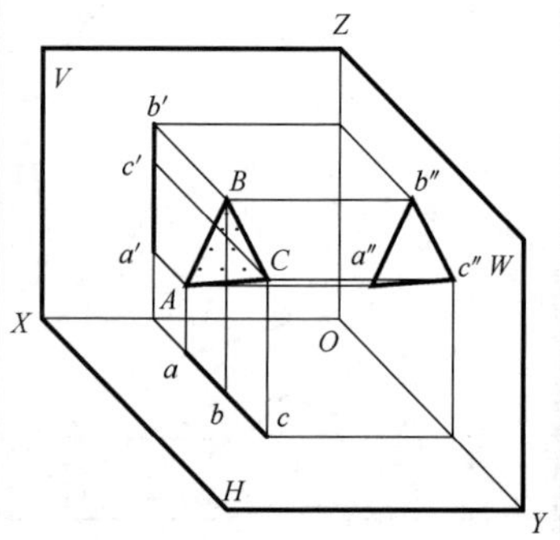
投影图	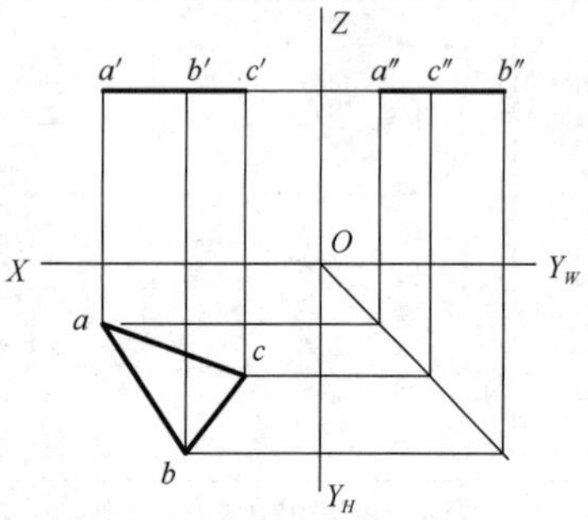	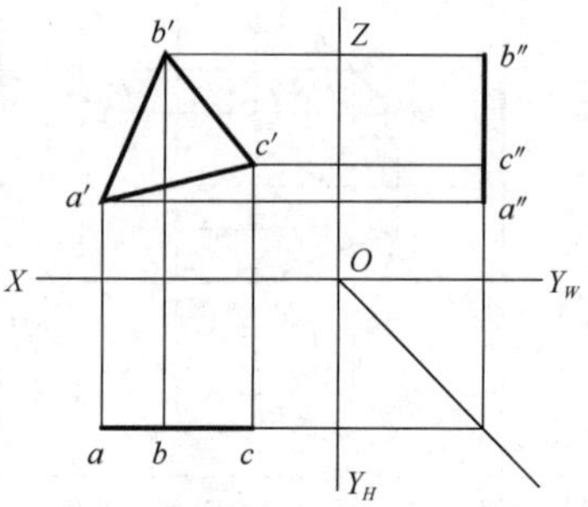	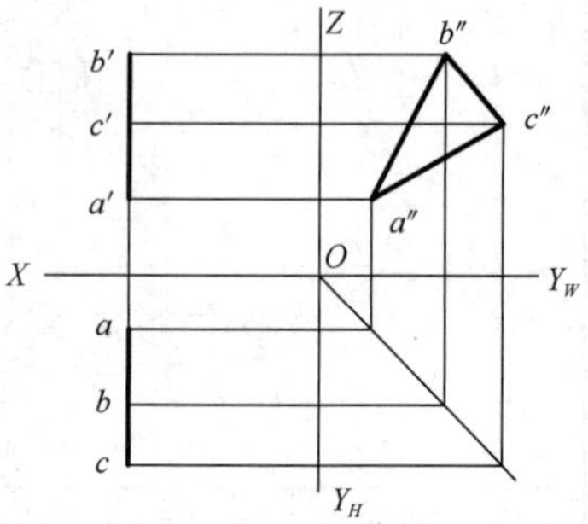
投影特性	（1）△abc 反映实形，a'b'c'//OX、a"b"c" //OYW； （2）α=0°，β=γ=90°	（1）△a'b'c'反映实形，abc//OX、a"b"c" //OZ； （2）β=0°，α=γ=90°	（1）△a"b"c"反映实形，abc//OYH、a'b'c'//OZ； （2）γ=0°，α=β=90°

由表 2-4 可以将投影面平行面的投影特性归纳如下：

（1）在其平行的投影面上的投影反映实形，且对该投影面的倾角为 0°；

（2）在另外两个投影面上的投影积聚成直线，且平行于相应的投影轴。

2.4.3　平面内的点和直线

1. 平面内取点和直线的几何条件

1）点在平面内须满足：该点在平面内的一已知直线上。因此，在平面内求点时，一般要包含该点在平面内作辅助直线，然后在所作直线上求点。如图 2-30 所示，点 K 在直线 AB 上，故点 K 在相交两直线 AB、AC 所确定的平面内。

2）满足下列条件之一的直线在该平面内。

（1）通过平面内的已知两点；

（2）通过平面内的一已知点而又平行于平面内的一已知直线。

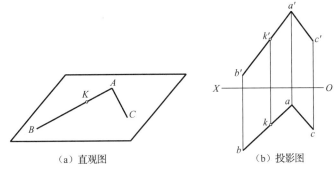

（a）直观图　　　　　　　（b）投影图

图 2-30　点在平面内

在图 2-31 中，点 M 在直线 AB 上，点 N 在直线 AC 上，所以直线 AN 在相交直线 AB 与 AC 所确定的平面上。过点 M 作直线 MK 平行于 AC，则直线 MK 也在平面 ABC 上。

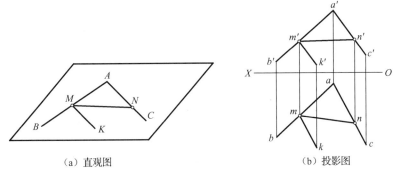

（a）直观图　　　　　　　（b）投影图

图 2-31　平面内取线

2. 平面内的一般位置直线

在平面内作直线时，一般先在平面内两已知直线上各取一点，然后连成直线。

例 2-8　已知平面 $\triangle ABC$ 内点 K 的正面投影 k' 和点 L 的水平投影 l，求作点 K 的水平投影 k 和点 L 的正面投影 l' ［见图 2-32（a）］。

解： 因为点 K 与点 L 在平面 $\triangle ABC$ 上，所以分别过点 K、L 作辅助线，点 K、L 的投影必在相应辅助线的同面投影上。

作图过程如图 2-32（b）所示。

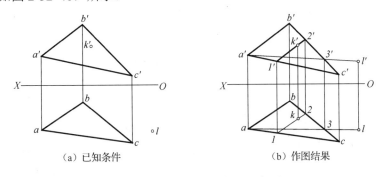

（a）已知条件　　　　　　　（b）作图结果

图 2-32　求作平面上点的另一投影

（1）过 k' 作辅助线 $1'2'$ 并使 $1'2'//a'b'$，求出其水平投影 12；再过 k' 作 OX 轴的垂线与 12 交

于 *k*，*k* 即点 *K* 的水平投影；

（2）过 *l* 作辅助线 *al*，其与 *bc* 交于 *3*，求出正面投影 *3′*，连接 *a′3′* 并延长与过 *l* 的投影连线交于 *1′*，即点 *L* 的正面投影。

例 2-9 已知平面 *ABCDE* 的水平投影 *abcde* 和正面投影 *a′b′c′*，试完成五边形 *ABCDE* 的正面投影［见图 2-33（a）］。

解：此题可看作在已知平面 △*ABC* 内确定两点 *D*、*E* 的正面投影。作图步骤如下［见图 2-33（b）］。

连 *ac* 与 *be* 相交于 *f*，因点 *F* 在直线 *AC* 上，故由 *f* 作 *OX* 轴的垂线与 *a′c′* 交于 *f′*。过 *e* 作 *OX* 轴的垂线与 *b′f′* 延长线交于 *e′*。

过 *e* 作 *OX* 轴的垂线与 *b′f′* 延长线交得 *e′*。

同理，求 △*ABC* 内点 *D* 的正面投影 *d′*。依次用粗实线连接 *a′e′*、*e′d′*、*d′c′*，完成五边形的正面投影。（图 2-33（c））。

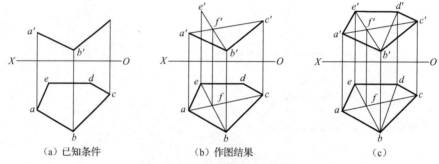

（a）已知条件　　　　　（b）作图结果　　　　　（c）

图 2-33　完成平面五边形的投影

3．平面内的特殊位置直线

（1）平面内的投影面平行线。

平面内的投影面平行线有三种，分别为平面内的水平线、正平线和侧平线。它们既有平面内直线的投影特征，又有投影面平行线的投影特性。

如图 2-34 所示，由图可知，一般位置平面内的投影面平行线的方向是一定的，它平行于该平面的相应迹线。

在平面内作投影面平行线时，应根据投影面平行线的投影特性，先作平行于投影轴的投影，再按照平面内直线的作图规律，求作另一投影。图 2-35 表示在 △*ABC* 平面内作水平线 *CE*、正平线 *AD* 的过程。

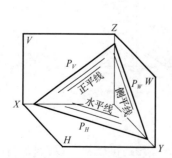

图 2-34　平面内的投影面平行线

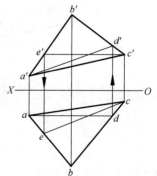

图 2-35　在平面内作投影面平行线

（2）平面内对投影面的最大斜度线。

过平面内一点可在平面内作出无数条直线，它们对某一投影面的倾角各不相同，其中必有一条对投影面的倾角最大。平面内对某投影面倾角最大的直线，称为该平面对此投影面的最大斜度线。利用它可求出该平面对此投影面的倾角。

如图 2-36（a）所示，过 P 平面内 A 点作一系列直线 AB、AB_1、AB_2、MN，P 平面与 H 面交于 P_H，其中 $MN // P_H$ 为 P 平面内的水平线，$AB \perp P_H$。设直线 AB_1、AB_2、AB 对 H 面的倾角分别为 α_1、α_2、和 α，比较直角三角形 AaB_1、AaB_2、和 AaB，如图 2-36（b）所示，由于 Aa 为公共边，而 $aB < aB_2 < aB_1$，故 $\alpha > \alpha_2 > \alpha_1$。因此，在 P 平面内，过 A 点所作的所有直线中，以垂直于水平线的直线 AB 对 H 面的倾角最大。直线 AB 就是 P 平面内对 H 面的最大斜度线，而 α 就是 P 平面对 H 面的倾角。

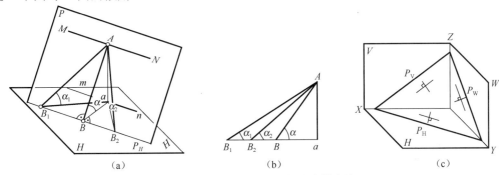

图 2-36　平面内对投影面的最大斜度线

由以上分析可知，平面内对某投影面的最大斜度线必定垂直于平面内对该投影面的平行线，如图 2-36（c）所示。因此，根据直角投影定理可知，平面内对 H 面的最大斜度线的水平投影垂直于该平面内水平线的水平投影；平面内对 V 面的最大斜度线的正面投影垂直于该平面内正平线的正面投影；平面内对 W 面的最大斜度线的侧面投影垂直于该平面内侧平线的侧面投影。

利用此投影特性作图可求出平面相对于 H、V、W 面的倾角。

例 2-10　求 $\triangle ABC$ 平面对 H 面和 V 面的倾角 α 和 β（见图 2-37）。

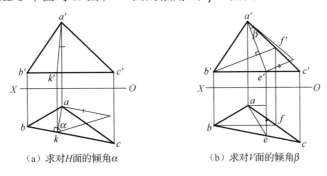

（a）求对 H 面的倾角 α　　　　（b）求对 V 面的倾角 β

图 2-37　$\triangle ABC$ 平面对 H、V 面的倾角 α、β

解：为求倾角 α 和 β，需分别作 $\triangle ABC$ 对 H、V 面的最大斜度线，然后利用最大斜度线求平面的 α 角和 β 角，作图步骤如下。

（1）因为 $b'c' // X$ 轴，所以 BC 为水平线，在 $\triangle ABC$ 上任取一点 A，自 a 作 $ak \perp bc$ 并由 ak 求出 $a'k'$，则 AK 即 $\triangle ABC$ 对 H 面的最大斜度线；

（2）用直角三角形法求出 AK 对 H 面的倾角 α，即所求，如图 2-37（a）所示；

（3）用类似的作图方法，可求出 $\triangle ABC$ 上对 V 面的最大斜度线 AE，并求出其对 V 面的倾角 β，具体作图如图 2-37（b）所示。

2.5 直线与平面、平面与平面的相对位置

在解决空间几何元素间的定位和度量问题时，经常要利用直线与平面、平面与平面的相对位置关系来作图。直线与平面或平面与平面的相对位置包括平行、相交或垂直，垂直是相交的特殊情况。下面介绍它们的投影特性和作图方法。

2.5.1 平行问题

1. 直线与平面平行

如果平面外的一条直线和这个平面内的一条直线平行，那么这条直线和这个平面平行。反之亦然，这一定理是解决投影图中直线和平面平行作图问题的依据。如图 2-38 所示，直线 L 平行于 $\triangle ABC$ 上的直线 M，所以 L 与已知平面平行。

例 2-11　试判别直线 L 是否平行于 $\triangle ABC$ 平面（见图 2-39）。

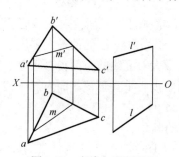
图 2-38　直线与平面平行

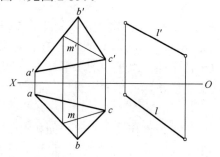
图 2-39　判别直线与平面平行

解：首先设直线 L 与平面 $\triangle ABC$ 是平行的，则在该平面上必定能作出一直线与 L 平行。为此，如图 2-39 所示，在 $\triangle ABC$ 上作一直线 M，使正面投影 $m'//l'$，并求出 M 的水平投影 m，若 $m//l$，则与所设是一致的，即直线平行于平面。否则，直线不平行于平面。显然，本题中直线 L 不平行于 $\triangle ABC$ 平面。

2. 平面与平面平行

如果一个平面内的相交两直线与另一平面内的相交两直线对应平行，则此两平面平行，如图 2-40 所示，$AB//DE$，$BC//EF$，AB、BC 属于 P 平面，DE、EF 属于 Q 平面，则 $P//Q$。这是两平面平行的作图依据。

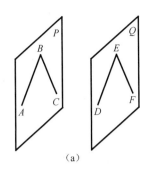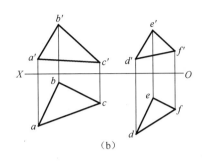

图 2-40　平面与平面平行

例 2-12　含点 A_1 作平面平行于定平面（$A_2B_2 \times A_2C_2$）〔见图 2-41（a）〕。

解：按上述条件，过点 A_1 作 $A_1B_1 /\!/ A_2B_2$，$A_1C_1 /\!/ A_2C_2$，则所作相交两直线决定的平面即所求，具体作法如图 2-41（b）所示。

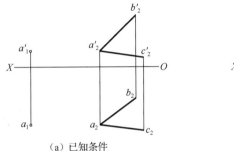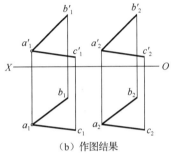

（a）已知条件　　　　　　　　（b）作图结果

图 2-41　作平面与已知平面平行

2.5.2　相交问题

直线与平面、平面与平面若不平行则必相交。相交必然有交点或交线。求交点、交线是作图的基本问题，下面作详细分析。

直线和平面相交所产生的交点，为平面和直线的共有点，它既在平面内又在直线上。因此，求交点就归结为求直线和平面的共有点。同样，相交两平面的交线是直线，也是两平面的共有线，根据两点决定一直线可知，求两平面的交线时，只要求出平面的两个共有点或求出一个共有点和交线的方向。

1. 直线与平面相交

在相交问题中，由于特殊位置直线或特殊位置平面的某些投影具有积聚性，则可利用积聚性直接求出交点或者交线。

1）特殊位置平面与一般位置直线相交。

如图 2-42（a）所示，直线 MN 与△ABC（$\perp H$ 面）交于点 K，由于交点是直线和平面的共有点，它的投影必在直线和平面的同面投影上。由于△$ABC \perp H$ 面，abc 有积聚性，即交点 K 的水平投影 k 应在 abc 上，点 K 又在 MN 上，k 必在 mn 上，可见，mn 与 abc 的交点 k 即点 K 的水平投影，据 k 在 $m'n'$ 上可求得 k'，如图 2-42（b）所示。

为了使图形清晰，需要在投影图上判别直线投影的可见性，把被平面遮住的部分画成虚线。判断可见性的一般方法是利用交叉直线的重影点。例如，判断图 2-42（b）中正面投影的可见性时，找出交叉直线 MN、AC 对 V 面的一对重影点 I、II，I 在 MN 上，II 在 AC 上。然后，在水平投影中比较两点 y 坐标的大小，大者可见小者不可见。$y_I > y_{II}$，即表示 KN 在平面之前可见，AC 在 KN 之后，故 k'1'为实线。实际上，判断投影的可见性也可从水平投影观察出来，k1 位于 abc 的前边，即表示 KN 位于平面的前方，是可见的；KM 位于平面之后的部分被遮住了。

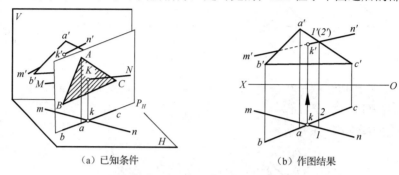

（a）已知条件　　　　　　　　　　（b）作图结果

图 2-42　一般位置直线与铅垂面相交

应当指出：只有同面投影重叠的部分才要判别可见性，不重叠的部分都是可见的。因此，水平投影中的 mn 都是可见的。其次，交点是可见与不可见的分界点。在交点某一边的直线如全部可见，则另一边必有被遮住的不可见部分。因此，在一个投影中，只要判断交点一边的可见性，另一边的情况就可以推断出来。

2）一般位置平面与投影面垂直线相交。

如图 2-43 所示，△ABC 是一般位置平面，EF 是正垂线，因此 EF 与△ABC 的交点可利用积聚性求解。

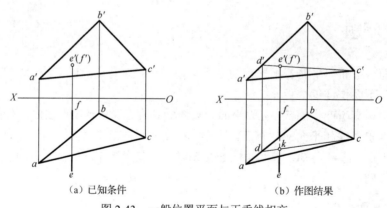

（a）已知条件　　　　　　　　　　（b）作图结果

图 2-43　一般位置平面与正垂线相交

由于直线 EF 的正面投影积聚成一点，因此交点 K 的正面投影 k'必与之重合。又由于交点 K 属于△ABC，故可以利用平面内取点的方法，求出点 K 的水平投影 k。

由正面投影可知，平面上的 AC 与 EF 是交叉直线，由于 AC 在下，EF 在上，所以在水平投影中 ke 与 abc 重叠的部分可见，用实线表示，可以推出 kf 与 abc 重叠的部分不可见，为虚线。

3）一般位置直线与一般位置平面相交。

由于一般位置直线和平面的投影没有积聚性，它们的交点的投影不能直接得到，需用作辅助平面的方法求出。

如图 2-44（a）所示，设有一般位置直线 *AB* 与平面 *DEF* 相交，欲求其交点，如图 2-44（b）所示，首先包含直线 *AB* 任作一辅助平面 *R*，作出平面 *R* 与已知平面的交线 *MN*，则 *AB* 与 *MN* 的交点 *K* 必为 *AB* 与已知平面所共有，即所求交点，为便于作图，应使辅助平面 *R* 处于特殊位置，利用投影的积聚性作图。作图步骤如下：

（1）包含直线 *AB* 作任意辅助平面，例如作铅垂面 *R*，它的水平迹线 R_H 与 *ab* 相重合，如图 2-44（c）所示；

（2）求出辅助平面 *R* 和平面 *DEF* 的交线 *MN*(*mn*，*m'n'*)，如图 2-44（d）所示；

（3）求出交线 *MN* 和 *AB* 的交点 *K*(*k*，*k'*)，即所求直线与平面的交点，如图 2-44（e）所示；

（4）利用重影点分别判别水平投影和正面投影的可见性，如图 2-44（f）所示。

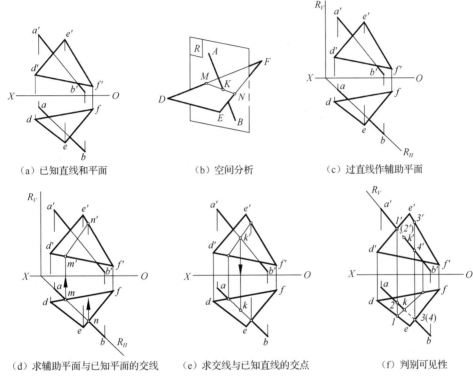

（a）已知直线和平面　　　（b）空间分析　　　（c）过直线作辅助平面

（d）求辅助平面与已知平面的交线　　（e）求交线与已知直线的交点　　（f）判别可见性

图 2-44　求一般位置直线与一般位置平面的交点

2. 两平面相交

两平面的交线为直线，是两相交两平面的共有线，只要求出它们的两个共有点，就可求出交线。

（1）一般位置平面与特殊位置平面相交。

当相交两平面之一为特殊位置平面时，可利用投影的积聚性直接求出交线上的两个点，然后连成直线。图 2-45 表示△*DEF*（⊥*H* 面）和△*ABC* 相交时交线的求法。

由于△*DEF*⊥*H* 面，*dfe* 有积聚性，两平面交线的水平投影必与 *dfe* 重合。但交线又是△*ABC* 内的直线，其水平投影必有两点分别位于△*abc* 的某两边或其延长线上。可见，*dfe* 与 *ac*、*bc* 的交点 *k*、*l*，即平面交线上两点的水平投影。根据 *k*、*l* 分别在 *a'c'*、*b'c'* 求出 *k'*、*l'*。*KL* 即所求。

图 2-45（b）还判断了可见性。判断方法与图 2-42 相同，不重述。但要注意，交线是可见与不可见的分界线，并且只有同面投影重叠的部分才需要判别可见性。它们不重叠的部分是可见的。

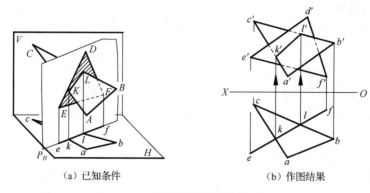

（a）已知条件　　　　　　　　（b）作图结果

图 2-45　一般位置平面与铅锤面相交

（2）两一般位置平面相交。

对于两一般位置平面相交，则常用上述求一般位置直线、平面交点的方法求两平面的交线。

图 2-46 所示为两个一般位置平面△ABC 与△DEF 相交，其交线由△DEF 上的 DE 和 DF 二直线与△ABC 的交点 K、L 决定。具体作图方法如图 2-46（b）所示。图中包含直线 DE、DF 作了两个辅助正垂面 R 和 Q，求得交点 K 和 L，连接 KL，即所求交线。交线求得后，可根据交线的投影一定可见，并利用重影点Ⅲ、Ⅳ和Ⅴ、Ⅵ来分别判别水平投影和正面投影的可见性，如图 2-46（c）所示。

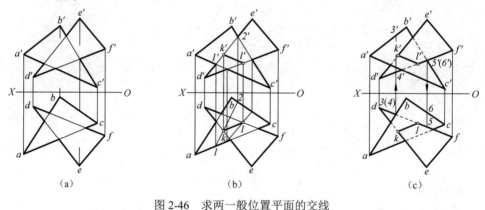

（a）　　　　　　（b）　　　　　　（c）

图 2-46　求两一般位置平面的交线

2.5.3　垂直问题

在解决距离、角度等度量问题时，常用到两几何元素相互垂直进行作图，它们有线面垂直、面面垂直、线线垂直等情况。

1．直线和平面垂直

如果一条直线和一个平面内的两条相交直线垂直，那么这条直线垂直于这个平面，称为该平面的垂线或法线。由初等几何知道，若直线垂直于平面，则它一定垂直于平面上的一切直线。

如图 4-47 所示，若直线 *N* 垂直于平面 *P*，则直线 *N* 一定垂直于平面上的一切直线（包括过垂足与不过垂足的直线），例如，直线 *R*、*T*、*S* 等。

设图 2-48 中的 *I II*⊥△*ABC*，则 *I II* 必垂直于平面内的水平线 *CD* 和正平线 *AE*（不一定是垂直相交），根据直角投影定理可知：*12*⊥*cd*，*1'2'*⊥*a'e'*，这就是直线与平面垂直的投影特性，即直线的水平投影垂直于平面内的水平线的水平投影，直线的正面投影垂直于平面内的正平线的正面投影。

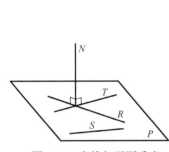

图 2-47 直线与平面垂直

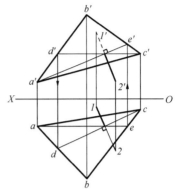

图 2-48 直线垂直于平面的投影特性

反之，如果一直线的水平投影垂直于平面内水平线的水平投影，直线的正面投影垂直于平面内正平线的正面投影，则该直线必垂直于该平面。

例 2-13 求点 *D* 到△*ABC* 平面的距离［见图 2-49（a）］。

解： 过点 *D* 作平面的垂线，则点 *D* 到垂足的距离即点到平面的距离。作图过程如下：

（1）过△*ABC* 上任一点 *A* 作一平面内的水平线 *L*、正平线 *M*，如图 2-49（b）所示；

（2）自 *D* 点向△*ABC* 平面作垂线，即过 *d'* 作直线垂直 *m'*，过 *d* 作直线垂直 *l*，如图 2-49（b）所示）；

（3）用正垂面 *R* 作为辅助面，求垂线与△*ABC* 平面的交点 *K*，如图 2-47（c）所示；

（4）利用直角三角形法求垂线 *DK* 的实长（*kD*₁），即点 *D* 到△*ABC* 平面的距离，如图 2-49（d）所示。

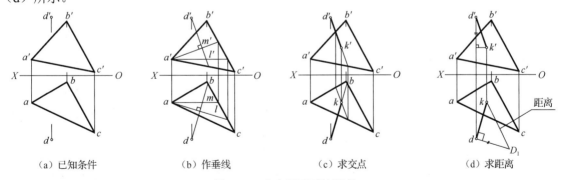

（a）已知条件　　　（b）作垂线　　　（c）求交点　　　（d）求距离

图 2-49 求点到平面的距离

2. 两平面垂直

从初等几何知道，若一直线垂直于一平面，则包含此直线的所有平面都垂直于该平面。

如图 2-50（a）所示，*AK* 垂直于 *P* 平面，所以包含此直线的 *Q*、*R* 等平面必与 *P* 平面垂直。

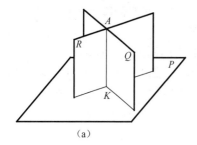 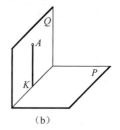 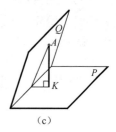

（a）　　　　　　　　　　（b）　　　　　　　　　（c）

图 2-50　平面与平面垂直

反之，若两平面互相垂直，则由第一平面内的任意一点向第二平面所作的垂线一定在第一平面内。从图 2-50（b）可看出，若 Q 面垂直于 P 面，则从 Q 面内 A 点向 P 面作垂线 AK，则 AK 必在 Q 面内。若 AK 不在 Q 面内，则 P、Q 两平面肯定不垂直，如图 2-50（c）所示。

以上定理是解决两平面垂直问题的依据，而基础是直线与平面垂直。

例2-14　过点 A 作平面垂直于 $\triangle\,I\,II III$，如图 2-51（a）所示。

解：过点 A 只能做一条直线垂直于定平面，但过此垂线可作无穷多个平面，亦即本题有无穷多解，下面求作其中一个解。

（1）在 $\triangle\,I\,II III$ 内作 $I\,IV$ ∥H 面，$III\,IV$ ∥V 面。

（2）过点 A 作 AB 与 $I\,V$、$III IV$ 垂直（$ab\perp15$，$a'b'\perp3'4'$），即 $AB\perp\triangle\,I\,II III$。

（3）过点 A 作任意直线 AC，则 $AB\times AC$ 所决定的平面与 $\triangle\,I\,II III$ 垂直。

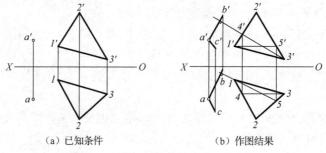

（a）已知条件　　　　　　　　　（b）作图结果

图 2-51　过一点作平面垂直于定平面

2.6　换面法

有时为了使空间的几何元素对投影面处于有利于解决问题的位置，可设置新投影面来替换原有的某个投影面，这样的方法就称为变换投影面法，简称换面法。

如图 2-52（a）所示，在 V、H 两投影面体系中，作出了点 A 的两面投影。设 V、H 面是原来的两投影面体系，用 V/H 表示。它们的交线 X 称为旧投影轴。现在用一个垂直于 H 面的新投影面 V_1 来代替原来的 V 面，V_1 面与 H 面组成一个新投影面体系，用 V_1/H 表示。它们的交线 X_1 称为新投影轴。

用换面法解题时，新投影面的选择必须符合以下两个条件。

（1）新投影面必须垂直于原来投影面体系中的一个投影面，才能运用正投影原理来作图；

（2）新投影面必须与空间几何元素处于有利于解题的位置。

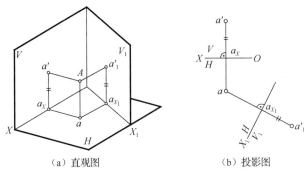

（a）直观图　　　　　　　（b）投影图

图 2-52　点的一次变换—变换 V 面

2.6.1　点的投影变换规律

1．点的一次变换

（1）换 V 面。

如图 2-52（a）所示，点 A 在 V/H 体系中，其水平投影为 a，正面投影为 a'。若以 V_1 代替 V 面，组成一个新的两投影面体系 V_1/H，然后，将点 A 向 V_1 作正投影，便得到点 A 在 V_1 面上的投影 a_1'，a_1' 与 a 是点 A 在新体 V_1/H 中的两个投影。现在来分析新旧投影之间的关系。显然，在 V/H 和 V_1/H 两个投影体系中点 A 到 H 面的距离（即 Z 坐标）是相同的，即 $a'a_x = Aa = a_1'a_{x1}$。此外根据正投影原理，当面 V_1 绕 X_1 轴旋转到与 H 面重合时，a 与 a_1' 的投影连线必定垂直于新投影轴 X_1，如图 2-52（b）所示，由此归纳出点在换面过程中的投影变换规律：

① 点的新投影 a_1' 和不变投影 a 的连线垂直于新投影轴 X_1，即 $aa_1' \perp X_1$。

② 点的新投影 a_1' 到新投影轴 X_1 的距离，等于被代替的旧投影 a' 到旧投影轴 X 的距离，即 $a_1'a_{x1} = a'a_x$。

根据上述的投影变换规律，点在一次换面中的作图步骤如图 2-52（b）所示。

① 在适当位置作新投影轴 X_1，以 V_1 面代替 V 面，形成新体系 V_1/H。

② 过不变投影 a 向新投影轴 X_1 作垂线，得垂足 a_{x1}。

③ 在垂线的延长线上截取 $a_1'a_{x1} = a'a_x$，从而得到点 A 在 V_1 面上的新投影 a_1'。

由此就得到了点 A 在新投影体系 V_1/H 中的一对投影 a_1' 和 a。

（2）换 H 面。

在图 2-53（a）中，已知点 A 在 V/H 两投影面体系中的投影是 b 与 b'，现用 H_1 面代替 H 面，形成新体系 V/H_1。其作图步骤如图 2-53（b）所示：先作新投影轴 X_1，再过 b' 向 X_1 作垂线并在垂线的延长线上截取 $b_1b_{x1} = bb_x$，从而得到点 B 在 H_1 面上的新投影 b_1，b' 与 b_1 就是新体系 V/H_1 中的两面投影。

2．点的二次变换

在解决实际问题时，有时变换一次投影往往还不够，需要连续交替变换两次或多次。图 2-54 表示了两次更换投影面的作图过程，其原理和点的一次变换相同。

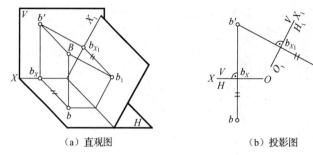

（a）直观图 　　　　　　　　　（b）投影图

图 2-53　点的一次变换—变换 H 面

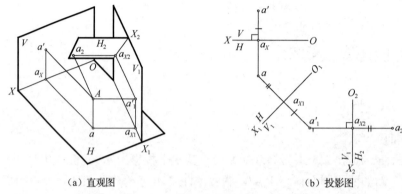

（a）直观图 　　　　　　　　　（b）投影图

图 2-54　点的二次变换—先变换 V 面，再变换 H 面

需要说明的是，在变换投影面时，新投影面的选择必须符合前面所述的两个基本条件，投影面的变换必须交替进行，不能同时变换两个投影面，也就是说变换一个投影面后再变换另一个投影面。

基于两点决定一直线，不在一直线上的三点决定一平面的原理，直线与平面换面问题的实质都可归结为点的换面的具体运用。

2.6.2　换面法的四个基本问题

下面讨论换面法的四个基本问题，它们是运用换面法解决空间几何问题的基础。

1. 将一般位置直线变为投影面的平行线

如图 2-55（a）所示，AB 为一般位置直线，其 H 和 V 面投影均不反映实长。为此可设一个新投影面 V_1 平行于 AB，用以替换 V 面，则 AB 在新投影体系中成为一正平线。

图 2-55（b）表示将 AB 变换为 V_1 面的平行线的投影图作法。首先画出新投影轴 X_1，X_1 必须平行于 ab，与 ab 距离不限；然后按照点的投影变换规律作出 AB 两端点的新投影 a_1'、b_1'；连接 a_1'、b_1' 即 AB 的新投影，同时反映 AB 的实长和与水平面的倾角 α。

图 2-55（c）表示将 AB 变换为 H_1 面的平行线的投影图作法，a_1b_1 反映了 AB 实长和与投影面的倾角 β。

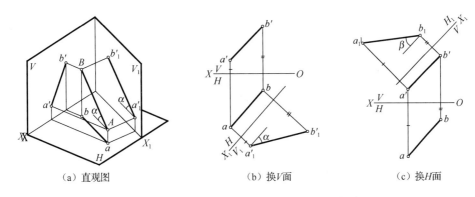

（a）直观图　　　　　（b）换V面　　　　　（c）换H面

图 2-55　将一般位置直线变换为投影面平行线

2．将投影面平行线变为投影面的垂直线

只有当直线为投影面平行线时，一次换面才能变换为投影面垂直线。因此将一般位置直线变换为投影面垂直线就要进行两次变换面，即先将一般位置直线变换为投影面平行线，然后才能将投影面平行线变换为投影面垂直线。

具体方法如图 2-56 所示，先将一般位置直线变换为投影面平行线，再将投影面平行线变换为投影面垂直线。

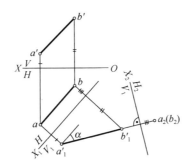

图 2-56　一般位置直线变换为投影面垂直线

3．将一般位置平面变为投影面的垂直面

将一般位置平面变换为投影面垂直面时，新投影面既要垂直于一般位置平面，又要垂直于基本投影面。为了满足此条件，只需把一般位置平面内的一条投影面平行线变换成新投影面垂直线即可。根据直线的投影变换可知，这时只需一次换面。

如图 2-57 所示，将一般位置平面变换为投影面垂直面的作图过程中，实际上是将属于 $\triangle ABC$ 的一条水平线 AD 变换为投影面垂直线，在此过程中 B 点和 C 点的投影同时跟随投影面同步变换，得到了 $\triangle ABC$ 具有积聚性的投影。如图 2-57（b），当变换 V 面时，积聚性投影 $a_1'b_1'c_1'$ 与 X_1 轴的夹角为 $\triangle ABC$ 平面对 H 面的倾角 α；如图 2-57（c），当变换 H 面时，积聚性投影 $a_1b_1c_1$ 与 X_1 轴的夹角为 $\triangle ABC$ 平面对 V 面的倾角 β。

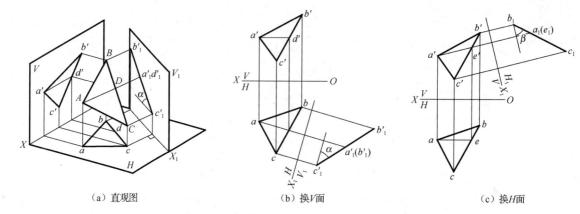

| (a) 直观图 | (b) 换 V 面 | (c) 换 H 面 |

图 2-57　将一般位置平面变换为投影面垂直面

4．将投影面的垂直面变为投影面的平行面

如果将一般位置平面变换为投影面平行面，必须变换两次投影面才能实现。首先将一般位置平面变换为投影面垂直面，然后再将投影面垂直面变换为投影面平行面。

图 2-58 表示将一般位置平面变换为投影面平行面的作图过程。首先变换 H 面，将△ABC 变换为投影面垂直面，得到了△ABC 具有积聚性的投影；再变换 V 面，取 X_2 轴平行于△ABC 具有积聚性的投影，求出点 A、B、C 的新投影 a_2'、b_2'、c_2'，则△$a_2'b_2'c_2'$反映了△ABC 的实形。

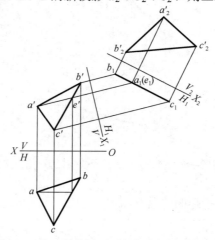

图 2-58　将一般位置平面交换为投影面平行面

2.6.3　换面法应用举例

例 2-15　如图 2-59（a）所示，过 M 点作一直线与已知的一般位置直线 AB 垂直相交，并求点 M 到直线 AB 的距离。

解法一： 根据直角投影定理，当两相互垂直的直线中有一条平行于某一投影面时，它们在该投影面上的投影仍为直角。因此，本题采用换面法，第一次换面，变换 V 面，把直线 AB 变成新投影面体系 V_1/H 中的平行线，在该新投影体系中，从 m_1'点作直线 $a_1'b_1'$的垂线，得到垂足 k_1'，求出 k，连接 mk、$m_1'k_1'$，MK 即 M 点到直线 AB 的垂线，作图过程如图 2-59（b）所示；

第二次换面，求 MK 的实长，变换 H 面，将直线 MK 变换为新投影面体系 V_1/H_2 中的平行线，在新投影面 H_2 中，直线 AB 的新投影积聚为一点，MK 的新投影 m_2k_2 反映实长，即点 M 到直线 AB 的距离，作图过程如图 2-59（c）所示。

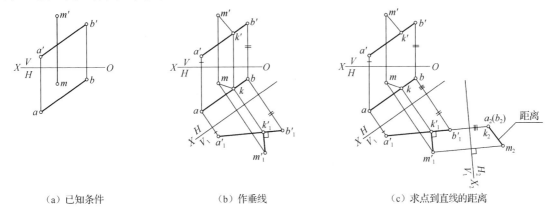

（a）已知条件　　　　　（b）作垂线　　　　　（c）求点到直线的距离

图 2-59　求点到一般位置直线的距离（解法一）

本题应用了上述第一基本问题的变换方法。

解法二：将直线 AB 和 M 点组成的平面变换为投影面平行面，在其所平行的投影面上，可以反映平面的实形，从而可以求出点 M 到直线 AB 的垂线以及距离。作图过程如图 2-60（b）所示，第一次变换 H 面，将直线 AB 和 M 点组成的平面内的正平线换成投影面垂直线，在新投影面体系 V/H_1 中该平面就成为投影面垂直面了；第二次变换 V 面，将该平面换成投影面平行面，在新投影面 V_2 面上，过 m_2' 作 $a_2'b_2'$ 的垂线 $m_2'k_2'$ 交 $a_2'b_2'$ 于 k_2' 点，MK 即 M 点到直线 AB 的垂线，$m_2'k_2'$ 即 M 点到直线 AB 的距离，作图过程如图 2-60（c）所示。

本题应用了上述第三、第四基本问题的变换方法。

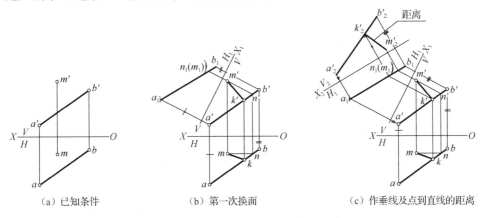

（a）已知条件　　　　（b）第一次换面　　　　（c）作垂线及点到直线的距离

图 2-60　求点到一般位置直线的距离（解法二）

注意：必须将新投影体系中求出的垂足 K 点的投影返回到原投影体系 V/H 中，求出 k 和 k'，并连接 mk 和 $m'k'$，求出 MK 和垂足 K 在原投影体系中的全部投影。

例 2-16　如图 2-61（a）所示，用换面法求交叉两直线 AB 和 CD 之间的公垂线 KL。

解：在交叉两直线中，若有一条为投影面垂直线，可以直接利用直角投影定理作出公垂线，如图 2-61（b）所示。因此，本题中只需将 AB 变换为投影面垂直线，即可在 H_2/V_1 投影体系中求出公垂线的投影 k_2l_2；最后再由 k_2l_2 进行返回，即可得到两交叉直线之间的公垂线 KL 的投影，

k_2l_2 即交叉两直线 *AB* 和 *CD* 之间距离，如图 2-61（c）所示。

本题应用了上述第一基本问题的变换方法。

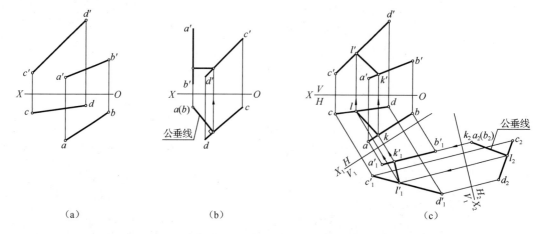

（a）　　　　　　　（b）　　　　　　　　　（c）

图 2-61　求交叉两直线的公垂线

例 2-17　如图 2-62（a）所示，用换面法求点 *M* 到平面 $\triangle ABC$ 的距离及垂足 *N*。

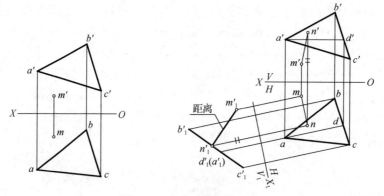

图 2-62　求点到平面的距离

解：如果将平面变换为投影面垂直面，点到平面的垂线则为该投影面的平行线，并在该投影面中反映点到平面距离的实长。所以，在作图时需先将平面 $\triangle ABC$ 变换为投影面垂直面，则点 *M* 的新投影为点 m_1'；然后过点 m_1' 向平面的积聚性投影作垂线，垂足为 n_1'，$m_1'n_1'$ 即点到平面的距离。将 $m_1'n_1'$ 进行返回，即得垂足点 *N* 的投影。

本题应用了上述第三基本问题的变换方法。

利用换面法解决空间问题，常常可以将复杂问题的求解过程变得清晰。在学习过程中，要有意识地多运用换面法解决问题，可以在以前做过的关于点、线、面相对位置的习题中选取一些难度较大的题目，用换面法再解一遍，以体会不同的思维方式。

小　结

本章内容为《工程制图》课程的基本理论和基本原理，介绍了投影的概念及空间几何元素点、直线、平面的投影特性以及换面法。

（1）正投影的概念及投影特性。

（2）点的投影特性。

（3）各种位置直线的投影特性。

（4）直角三角形法求线段的实长和倾角。

（5）直角投影定理。

（6）各种位置平面的投影特性。

（7）最大斜度直线。

（8）直线与平面、平面与平面的相对位置。

（9）换面法及点的投影变换规律。

（10）换面法的四个基本问题。

第3章

立体的投影

在工程设计、加工和装配过程中，要涉及大量的三维几何形体。如果按照复杂程度来划分，这些三维形体可以分为基本体和组合体。其中，基本体的形状比较简单，为单一的几何形体，如棱柱、棱锥、圆柱、圆锥、圆球和圆环等；组合体则可看作由若干基本体按照一定的方式组合而成，组合体的结构通常比较复杂。如果按照立体表面的特点来划分，则可以将基本体划分为平面立体和曲面立体。其中，平面立体是指完全由平面围成的立体，如棱柱、棱锥等，如图 3-1 所示；曲面立体是指完全由曲面围成或者由平面和曲面共同围成的立体，如圆柱、圆锥、圆球和圆环等，如图 3-2 所示。

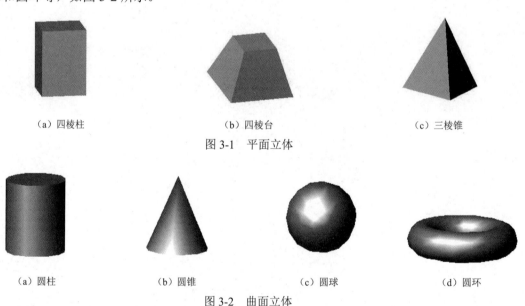

（a）四棱柱　　　　　　　　　（b）四棱台　　　　　　　　　（c）三棱锥

图 3-1　平面立体

（a）圆柱　　　　（b）圆锥　　　　（c）圆球　　　　（d）圆环

图 3-2　曲面立体

本章主要介绍三视图的形成和投影规律，以及基本几何体的三视图。

3.1 立体的三视图及投影规律

3.1.1 立体三视图的形成

将物体用正投影法向投影面投影所得到的图形称为视图。

从图 3-3 可以看出，仅有物体的一个投影不能唯一地确定物体的结构形状和大小。为了反映物体的完整形状和大小，必须采用多面投影的方法，工程上常用的是三视图。

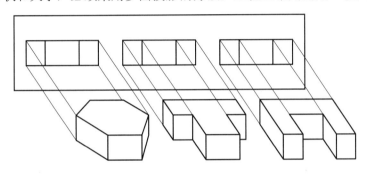

图 3-3 不同物体的视图

如图 3-4 所示，将物体放在三面投影体系中，用正投影法分别向三个投影面进行投影，将物体由前向后投影，在正投影面上所得到的视图称为主视图；将物体由上向下投影，在水平投影面上所得到的视图称为俯视图；将物体由左向右投影，在侧投影面上所得到的视图称为左视图，这三个视图称为物体的三视图，它能唯一地确定物体的结构形状。

为了在一张图纸上画出三个视图，假设正投影面不动，水平投影面和侧投影面分别绕着它们和正投影面的交线向下及向后旋转 90°，从而把三个投影面展开到一张平面内，同时省去投影面的边框和投影轴，图 3-5 即展开后的支架三视图。

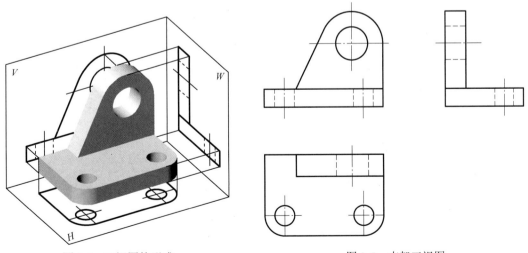

图 3-4 三视图的形成　　　　图 3-5 支架三视图

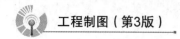

按照国家标准规定，在视图中，物体的可见轮廓用粗实线绘制，不可见轮廓用虚线绘制，对称线、中心线及回转轴线用点画线绘制。

3.1.2 三视图的投影规律

（1）三视图的投影关系。

由图 3-6 可见，主视图反映了物体的长度和高度，俯视图反映了物体的长度和宽度，左视图反映了物体的宽度和高度，而且每两个视图之间保持着一定的对应关系，因此可以得出三视图之间有如下投影关系：

主、俯视图长对正；

主、左视图高平齐；

俯、左视图宽相等。

（2）三视图的位置关系。

通过图 3-6 可以看出，当物体在三面投影体系中的位置确定后，它的上、下、左、右、前、后位置关系就能在三视图中明确地反映出来，这些位置关系是：

主视图反映上、下、左、右位置关系；

俯视图反映左、右、前、后位置关系；

左视图反映上、下、前、后位置关系。

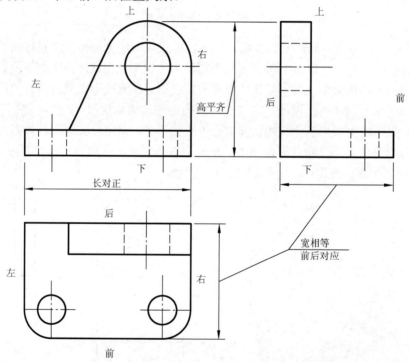

图 3-6　三视图投影规律及位置关系

3.2　基本几何体的三视图

根据本章前面的介绍，基本几何体分为平面立体和曲面立体，本节将介绍常见基本几何体的三视图画法。

3.2.1　平面立体

1. 棱柱的三视图

棱柱由相互平行的两个底面和若干个侧面组成，相邻侧面的交线称为棱线，各条棱线平行且相等。

以正六棱柱为例，为了绘图方便，将六棱柱的底面水平放置，并令前、后两个侧面与 V 面平行，则其余侧面均与 H 面垂直，如图 3-7（a）所示，作图步骤如下。

（1）画对称中心线及反映底面实形正六边形的俯视图。

（2）根据正六棱柱的高度，按照主、俯视图长对正画出主视图；按照俯、左视图高平齐画出左视图，如图 3-7（b）所示。

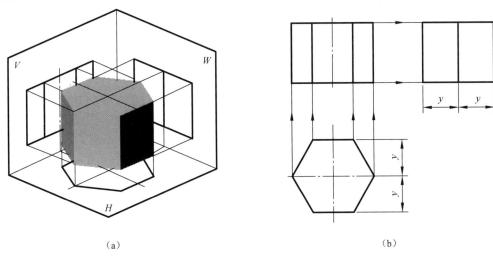

（a）　　　　　　　　　　　　　　　　　　　（b）

图 3-7　正六棱柱的三视图

2. 棱柱表面取点

求棱柱表面点的投影，可利用棱柱表面积聚性投影来取点。

例 3-1　如图 3-8（a）所示，已知六棱柱表面两点 A、B 的投影 a'、b''，求作另两面投影，并判别可见性。

分析：判别可见性的原则是若点所在的平面可见或有积聚性，则点的投影可见；若点所在的平面不可见则点的投影不可见，此时将点的投影加括号表示。图中 B 点在六棱柱的右后侧面上，故其正面投影 b' 和侧面投影 b'' 不可见，水平投影 b 可见，如图 3-8（b）所示。

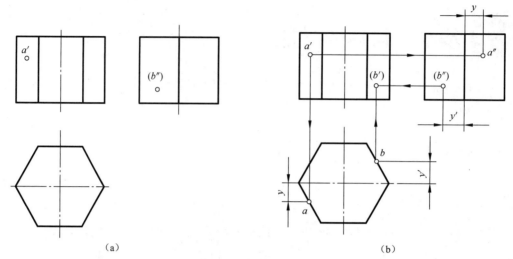

（a）   （b）

图 3-8　棱柱表面取点

作图：由 a' 向六棱柱水平投影作投影连线，与 A 点所在面的积聚性投影相交可求得 a，根据"三等"关系，可求得 a''；同理，可求得 B 点的另外两个投影。

3．棱锥的三视图

棱锥按棱线的数目不同，可以分为三棱锥、四棱锥等，其底面为多边形，侧面为三角形。

以正三棱锥为例，为了绘图方便，将底面水平放置，并令其中后面一个侧面与 W 面垂直，则三棱锥左右对称，如图 3-9（a）所示，作图步骤如下：

（1）画对称中心线及反映底面实形正三角形的俯视图；

（2）根据主、俯视图长对正，主视图及左视图高平齐画出底面有积聚性的正面投影和侧面投影；

（3）画出顶点 s 的三面投影；

（4）分别连接顶点 s 与底面三角形各顶点的同面投影，如图 3-9（b）所示。

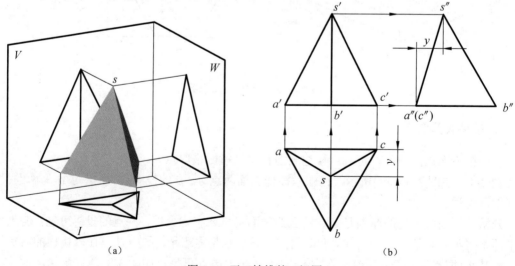

（a）   （b）

图 3-9　正三棱锥的三视图

4. 棱锥表面取点

例 3-2 如图 3-10 所示，已知正三棱锥表面一点 M 的正面投影 m'，求作点 M 的另两面投影 m、m''。

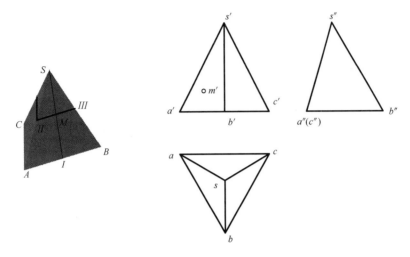

图 3-10　棱锥表面的点

分析：已知锥面上的点的一个投影，仅根据投影规律是无法直接求出其另外两个投影的，求这个点的投影有两种方法。

（1）素线法。过 M 点在平面内作素线 SI，交底边 AB 于 I，然后根据点的投影规律，在素线的投影上求出点 M 的另外两个投影。

（2）辅助平面法：假设过 M 点作与底面△ABC 平行的水平面，该水平面与棱面△ABS 交于水平线 $II III$，然后根据点的投影规律，在 $II III$ 的投影上求出点 M 的另外两个投影，如图 3-10 所示。

作图步骤如下：

（1）素线法。

连接 $s'm'$ 并延长交 $a'b'$ 于 I'，过 I' 向三棱锥水平投影作投影连线，与 ab 相交可求得 I，求出 SI 的水平投影，根据"三等"关系，在 SI 的投影上可求得 m、m''，如图 3-11（a）所示。

（2）用辅助平面法。

过 m' 作与 $a'b'$ 平行的水平线 $2'3'$，根据平行线的投影特性，求出 $II III$ 的水平投影，根据"三等"关系，在 $II III$ 的投影上可求得 m、m''，如图 3-11（b）所示。

3.2.2　曲面立体

1. 圆柱的三视图

圆柱表面是由圆柱面和两个底面组成的，其中圆柱面可以看成由一根直线绕轴线回转一周形成的，这根直线称为母线，母线的任一位置称为素线。

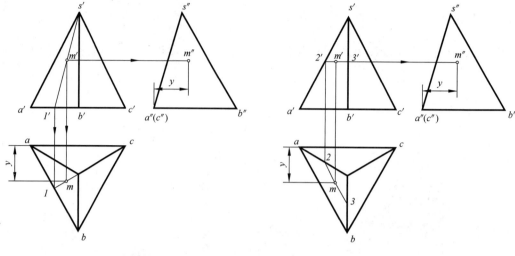

（a）素线法　　　　　　　　　　　　　（b）辅助平面法

图 3-11　三棱锥表面取点

为了绘图方便，如图 3-12（a）所示，将圆柱底面水平放置，其水平投影积聚为一圆，正面投影和侧面投影均为矩形。正面投影矩形中的左、右两条边 $a'a_1'$、$c'c_1'$ 是圆柱面上最左、最右两条素线的投影，称为圆柱的主视图的转向轮廓线，它们是前半圆柱面（可见部分）和后半圆柱面（不可见部分）的分界线；左视图的转向轮廓线 $b''b_1''$、$d''d_1''$ 是左半圆柱面（可见部分）和右半圆柱面（不可见部分）的分界线，如图 3-12（b）所示，其作图步骤如下：

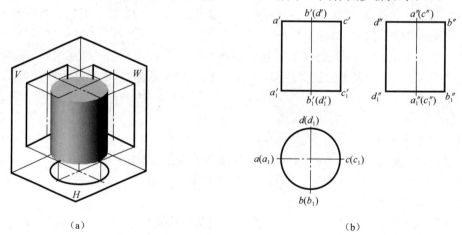

（a）　　　　　　　　　　　　　　　（b）

图 3-12　圆柱的三视图

（1）画出主、左视图的轴线及俯视图的中心线；

（2）由圆柱半径画出俯视图圆柱面积聚性的投影圆；

（3）由圆柱高、"三等"关系画出主、左视图的矩形。

2．圆柱表面取点

求圆柱表面的点的投影，可利用圆柱表面积聚性投影来取点。

例 3-3　如图 3-13（a）所示，已知圆柱表面两点 E、F 的正面投影 e'、f'，作 E、F 点的另两面投影。

分析：圆柱面的水平投影具有积聚性，点 E、F 的水平投影 e、f 一定在圆周上，F 点在圆柱面的右半柱面上，故其侧面投影 f'' 不可见，如图 3-13（b）所示。

作图：由 e' 向圆柱水平投影作投影连线，与水平投影后半圆相交可求得 e，根据"三等"关系，可求得 e''；同理，可求得 F 点的另外两个投影，由于 f'' 不可见，故需加括号表示，如图 3-13（b）所示。

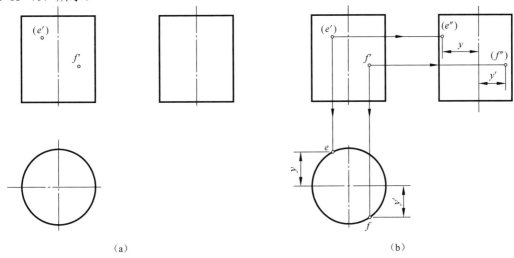

（a）　　　　　　　　　　　　　　（b）

图 3-13　圆柱表面取点

3. 圆锥的三视图

圆锥表面是由圆锥面和一个底面组成的，其中圆锥面的素线是锥顶与底面圆上的任意一个点的连线，圆锥面可以看成由无数根素线组成的。

为了绘图方便，如图 3-14（a）所示，将圆锥底面水平放置，其主、左视图是两个相同的等腰三角形，俯视图为圆。主视图的等腰三角形的两腰是圆锥面左、右两条转向轮廓线的投影，左视图的等腰三角形的两腰是圆锥面前、后两条转向轮廓线的投影，如图 3-14（b）所示，其作图步骤如下：

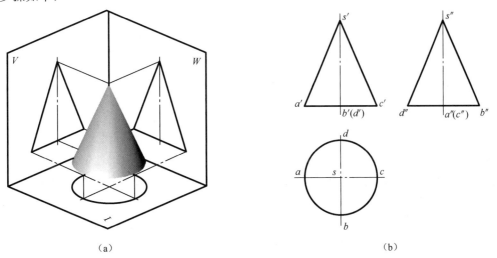

（a）　　　　　　　　　　　　　　（b）

图 3-14　圆锥的三视图

（1）画出主、左视图的轴线及俯视图的中心线；

（2）由圆锥底面半径和高画出主、左视图等腰三角形及俯视图的圆。

4．圆锥表面取点

例 3-4 如图 3-15 所示，已知圆锥表面一点 N 的正面投影 n'，作点 N 的另两面投影 n、n''。

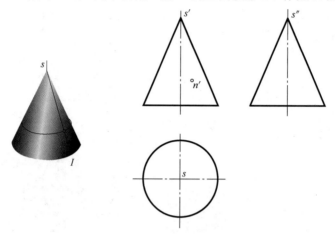

图 3-15　圆锥表面的点

分析：圆锥面无积聚性，这里仅根据投影规律是无法直接求出其另外两个投影的，可以利用素线法或者辅助平面法求解。

（1）素线法。过 N 点在圆锥面上作素线 SI，交底边圆于 I，然后利用点的投影规律，在素线上求出点 N 的另外两个投影，如图 3-16 所示。

（2）辅助平面法。假设过 N 点作与底面平行的水平面，该水平面与锥面交于水平圆，该圆的正面投影和侧面投影均积聚为一条水平线，水平投影是反映实形的圆。求出这个水平圆的投影后，再利用点的投影规律，在该圆的投影上求出点 N 的另外两个投影，如图 3-16 所示。

作图步骤如下：

（1）素线法。连接 $s'n'$ 并延长交底面投影于 $1'$，求出 SI 的水平和侧面投影，根据"三等"关系，在 SI 的投影上可求得 n、n''，如图 3-16（a）所示。

（2）辅助平面法。过 n' 作与底面投影平行的水平线，求出该水平线与主视图回转轮廓线的交点 $2'$，即可确定水平圆的半径，在俯视图中画出水平圆的投影，根据"三等"关系，在水平圆的投影上可求得 n、n''，如图 3-16（b）所示。

5．圆球的三视图

圆球面可以看成由母线圆绕其自身的一直径旋转形成的，如图 3-17（a）所示，圆球的三个视图均为直径相等的圆。其中主视图是前、后两个半球面的转向轮廓线的投影；俯视图是上、下两个半球面的转向轮廓线的投影；左视图是左、右两个半球面的转向轮廓线的投影，如图 3-17（b）所示，其作图步骤如下：

（1）画出三个视图的中心线；

（2）由圆球半径画出三个视图上直径相等的圆。

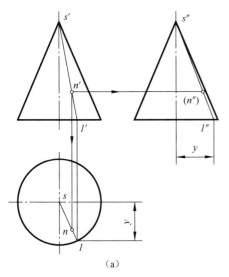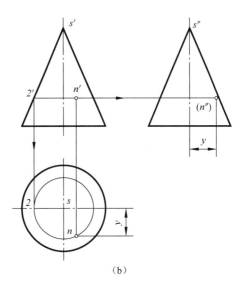

（a）　　　　　　　　　　　　　　　（b）

图 3-16　圆锥表面取点

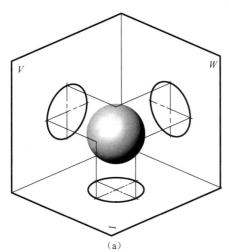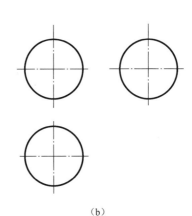

（a）　　　　　　　　　　　　　　　（b）

图 3-17　圆球的三视图

6．圆球表面取点

例 3-5　如图 3-18（a）所示，已知圆球表面 A 点的正面投影 a′及 B 点的水平投影 b，作点 A、B 的另外两个面的投影 a、a″。

分析：求圆球表面的点可以利用辅助平面法求解，过 A 点作一水平面，该水平面与球面交于水平圆，该圆的正面投影和侧面投影均积聚为一条水平线，水平投影是反映实形的圆。求出这个水平圆的投影后，再利用点的投影规律，在该圆的投影上求出点 A 的另外两个投影；点 B 在正面的回转轮廓线上，因此点 B 的另外两个投影在该回转轮廓线的相应投影上，由于点 B 在右上半球面上，所以 b″不可见，故需加括号表示。

作图：过 a′作水平线，量出该水平线与圆相交部分的长，即确定水平圆的直径，在俯视图中画出水平圆的投影，根据"三等"关系，在水平圆的投影上可求得 a、a″；同理可求得 b、b″，如图 3-18（b）所示。

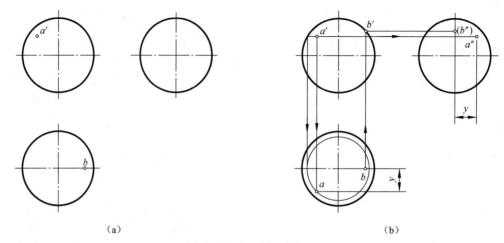

（a）　　　　　　　　　　　　　　　　　　（b）

图 3-18　圆球表面取点

7. 圆环的三视图

圆环面可以看作是母线绕与它共面的回转轴线旋转一周所形成的曲面，如图 3-19（a）所示。将圆环的轴线作为铅垂线放置时，俯视图中细点画线圆是母线圆心运动轨迹的投影，两个同心粗实线圆分别是最大纬圆和最小纬圆的投影，主、左视图中两端的圆分别是圆环面最左、最右和最前、最后素线圆的投影，如图 3-19（b）所示，其作图步骤如下：

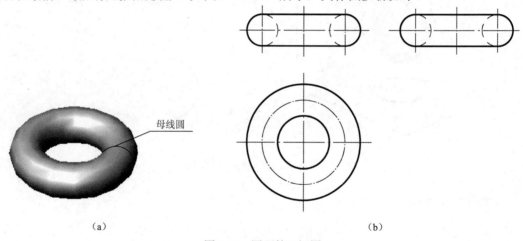

母线圆

（a）　　　　　　　　　　　　　　　　　　（b）

图 3-19　圆环的三视图

（1）画出三个视图的中心线；
（2）由母线圆半径画出主、左视图中素线圆的投影，并作出两圆的公切线；
（3）画出俯视图中细点画线圆和两个粗实线圆。

8. 圆环表面取点

例 3-6　如图 3-20（a）所示，已知圆环表面一点 C 的水平投影 c，作点 C 的另外两个面的投影 c′、c″。

分析：求圆环表面的点可以利用辅助平面法求解，过点 C 作一水平面，该水平面与外环面交于水平圆，该圆的正面投影和侧面投影均积聚为一条水平线，水平投影是反映实形的圆。求出这个水平圆的投影后，再利用点的投影规律，可在该圆的投影上求出点 C 的另外两个投影。由于点 C 位于右前方的外环面上，所以 c'' 不可见，故需加括号表示。

作图：在俯视图中过 c 作水平纬圆的水平投影，交中心线于 1 点，量出该水平纬圆的直径，作出水平纬圆的正面投影和侧面投影，根据"三等"关系，在水平纬圆的投影上可求得 c、c''，如图 3-20（b）所示。

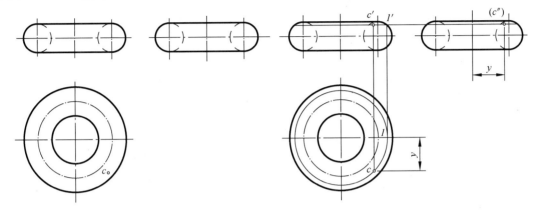

图 3-20　圆环表面取点

小　结

本章主要介绍了三视图的投影规律和基本几何体三视图的画法，以及在基本几何体表面取点的方法。

1. 三视图的投影规律

（1）三视图的投影关系：主、俯视图长对正；主、左视图高平齐；俯、左视图宽相等。

（2）三视图的位置关系：

主视图反映上、下、左、右位置关系；

俯视图反映左、右、前、后位置关系；

左视图反映上、下、前、后位置关系。

2. 基本几何体三视图的画法

（1）平面立体，如棱柱、棱锥等三视图的画法。

（2）曲面立体，如圆柱、圆锥、圆球、圆环等三视图的画法。

3. 介绍了立体表面取点的方法

（1）利用三视图的投影规律求解：对于棱柱、圆柱等柱体可以根据"三等"关系直接求出立体表面上的点。

（2）素线法：对于棱锥、圆锥等锥体可以借助锥体表面的素线作为辅助线来求出立体表面上的点。

（3）辅助平面法：对于棱锥、圆锥、圆球及圆环等立体可以作一些特殊位置平面来作为辅助面求出立体表面上的点。

第4章

立体表面的交线

当平面与立体相交或两立体相交时，立体表面就会产生交线。本章主要讨论立体表面交线的画法。

4.1 平面与立体相交

在机械零件中经常可以看到平面与立体相交的情况。例如，图4-1（a）中，车刀刀头是用多个平面切割四棱柱得到的，图4-1（b）中接头的槽口和凸榫是由圆柱体经过多个平面切割得到的。从图可以看出，当平面与立体相交时，会在立体表面产生交线。为了清楚地表达物体的形状，画图时应将这些交线的投影画出。

用平面截切立体，与立体相交的平面称为截平面。截平面与立体表面相交所产生的交线，称为截交线，如图4-1（c）所示。

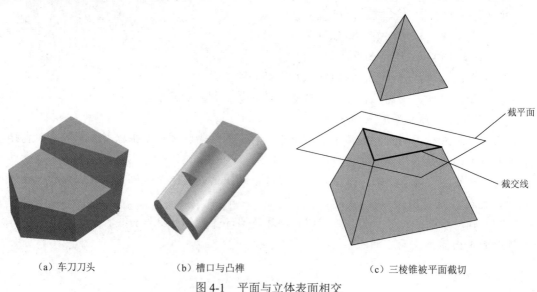

（a）车刀刀头　　　　　　（b）槽口与凸榫　　　　　　（c）三棱锥被平面截切

图4-1　平面与立体表面相交

1．截交线的性质

（1）截交线一般是由直线和曲线或直线和曲线围成的封闭的平面多边形。

（2）截交线的空间形状取决于被截立体的形状及截平面与立体的相对位置，截交线的投影形状取决于截平面与投影面的相对位置。

（3）截交线是截平面与立体表面的共有线，也就是说，截交线上的点都是截平面与立体表面上的共有点，这些点既在截平面上，又在立体表面上。

2．求截交线的方法和步骤

（1）空间及投影分析。分析被截立体的形状及截平面与被截立体的相对位置，以确定截交线的空间形状；分析截平面及被截立体与投影面的相对位置，并根据平面投影特性（实形性、积聚性、类似性）找到截交线的已知投影，预见未知投影，使作图更具针对性。

（2）作图。求出截平面与立体表面的若干个公共点的投影，依次连接即截交线的投影。

4.1.1 平面与平面立体相交

1．平面与立体表面截交线的投影特性

平面与平面立体相交所产生的截交线具有如下特性。

（1）截交线是截平面与平面立体表面的共有线，也就是说，截交线上的点都是截平面与平面立体的共有点。

（2）截交线是若干条首尾相连的直线，它们围成封闭的平面多边形。多边形的顶点是截平面与立体各棱线的交点，多边形的形状取决于截平面与立体的相对位置。

2．求截交线的方法

找到截平面与平面立体各棱线的交点，并将它们依次连接起来，即截交线。因此，求平面立体的截交线可采用如下两种方法。

（1）求截平面与平面立体各表面的交线，实质上是求两平面的交线，称为棱面法。

（2）求截平面与平面立体各棱线的交点，实质上是求直线与平面的交点，然后连接成截交线，称为棱线法。

在实际作图时，可视具体情况灵活运用以上两种方法。

例 4-1　如图 4-2（a）所示，正四棱锥被正垂面 P 截切，试作截切后的三视图。

解：

（1）空间及投影分析。

截平面 P 与正四棱锥的四个棱线都相交，截交线必为四边形，它的四个顶点为截平面 P 与四条侧棱线的交点。

由于截平面 P 为正垂面，故截交线的投影在主视图上积聚在 p' 上，在俯视图和左视图为类似形（四边形）。

（2）作图。

① 先画出完整四棱锥的三视图。由于截平面具有积聚性，所以可以直接完成截切后的主

视图，如图4-2（b）所示。

② 作截交线的投影。如图4-2（c）所示，由于截平面 P 在主视图上有积聚性，所以可以直接找到截交线 4 个顶点的正面投影 1′，2′，3′，4′，再利用点的投影规律依次在左视图和俯视图的侧棱上找到它们的侧面投影 1″，2″，3″，4″和水平投影 1，2，3，4，将 4 个顶点的同名投影依次连接起来，即截交线的同名投影。

③ 检查。首先检查截平面的形状，左视图与俯视图中截平面的投影为类似的四边形，符合投影分析。其次检查棱线，由于 4 条棱线在截平面以上的部分已被切去，故不应再画出。左视图中 1″3″段是右侧棱线的投影，因其不可见，故画成虚线。最后，将可见的棱线和底面的投影描为粗线，结果如图4-2（d）所示。

例 4-2　如图4-3（a）和（b）所示，试作带缺口的三棱锥的三视图。

解：本题有两个难点：一是三棱锥同时被多个平面截切，二是截平面都只是与三棱锥的一部分相交。在解题中遇到这两个难点时的解题思路为：当一个立体被多个平面截切时，一般应逐个对截平面进行截交线的分析和作图；当截平面只与立体的一部分相交时，应运用"完整表面相交法"进行分析和作图，即预先假想截平面是完整的，使其与整个立体相交，按照前面所介绍的立体被一个平面截切时的分析方法求出完整的截交线，然后再根据截平面实际的部分求出实际截交线的投影。

（1）空间及投影分析。

三棱锥的缺口是由一个水平面和一个正垂面切割而成的。因水平截面平行于底面，所以它与前棱面的交线 DE 必平行于底边 AB，与后棱面的交线 DF 必平行于底边 AC。正垂面分别与前、后棱面相交于直线 GE、GF。由于两个截平面都垂直于正面，所以它们的交线 EF 一定是正垂线。

（2）作图。

因这两个截平面都垂直于正面，所以 d′e′、d′f ′ 和 g′e′、g′f ′ 都分别重合在它们有积聚性的正面投影上，e′f ′ 则位于它们有积聚性的正面投影的交点处，在正投影中应标注出这些交线的投影。

① 由 d′ 在 sa 上得到 d，过 d 作 de//ab、df//ac，再分别由 e′、f ′ 在 de、df 上得到 e，f，根据投影规律得到 d″e″、d″f″，它们都重合在水平截面的积聚成直线的侧面投影上。

② 如图4-3（c）所示，由 g′ 分别在 sa、s″a″上得到 g、g″，并分别与 e、f 和 e″、f″连成 ge、gf 和 g″e″、g″f″。

③ 检查。首先检查棱线，棱线 SA 已被截断，故俯视图中 dg 段和左视图中 d″g″不应有线。其次检查可见性，连接 e 和 f，因 ef 被三个棱面 SAB、SBC、SCA 的水平投影所遮挡而不可见，故画成虚线。e″f″重合在水平截面的侧面投影上，结果如图4-3（d）所示。最后，将可见的棱线和底面的投影描成粗线。

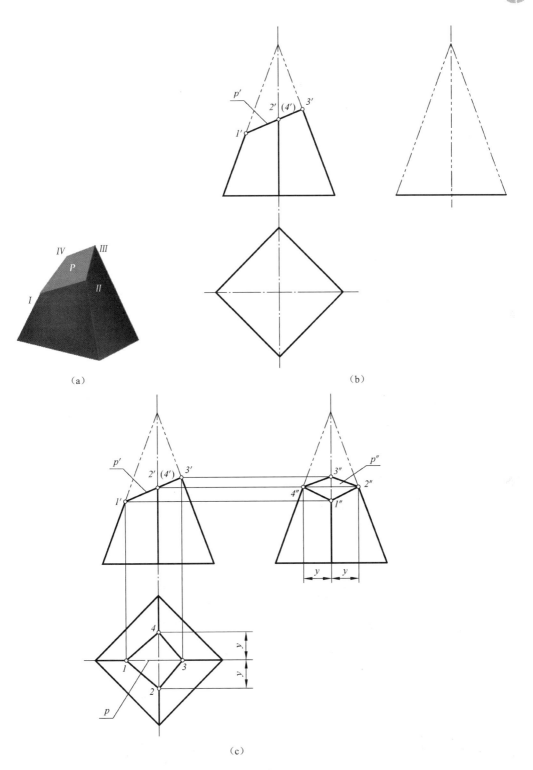

（a）　　　　　　　　　　　　　　　（b）

（c）

图 4-2　平面截切四棱锥

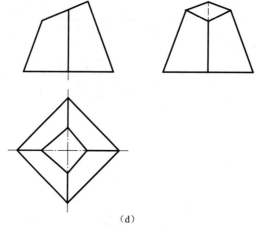

（d）

图 4-2　平面截切四棱锥（续）

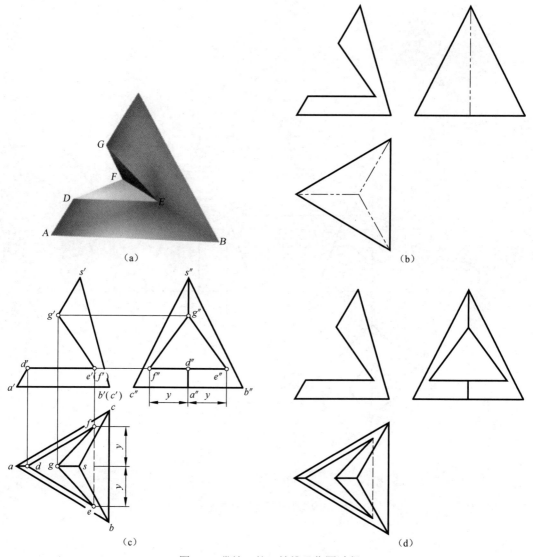

（a）

（c）

（b）

（d）

图 4-3　带缺口的三棱锥及作图过程

4.1.2 平面与回转体相交

平面与回转体相交所产生的交线是截平面与回转体表面的共有线，故它一定是平面曲线或折线。根据平面与回转体相对位置的不同，交线的形状也有所不同。当平面与回转体上的平面（端面）相交时，交线是直线；当平面与回转面相交时，交线可能是曲线，也可能是直线。因此，回转体表面的截交线是首尾相连的直线和（或）曲线，它们围成封闭的平面图形。

如果截交线的投影为圆（弧）或直线，可直接求出截交线的投影。

如果截交线的投影为非圆曲线，一般按下面的步骤进行作图。

① 找出截交线上的特殊点。特殊点是指截交线上确定交线范围和形状的特殊位置点，如交线上最前、最后、最左、最右、最上、最下的极限位置点，虚、实分界点，以及椭圆长、短轴的端点等。

② 找出截交线上若干个中间点。

③ 将这些点的同名投影按顺序光滑地连接起来。

1．平面与圆柱体相交

根据截平面与圆柱体轴线的相对位置不同，截交线有圆、直线和椭圆三种不同的形状，见表 4-1。

表 4-1　平面与圆柱表面的截交线

截切平面位置	垂直于轴线	平行于轴线	倾斜于轴线
立体图	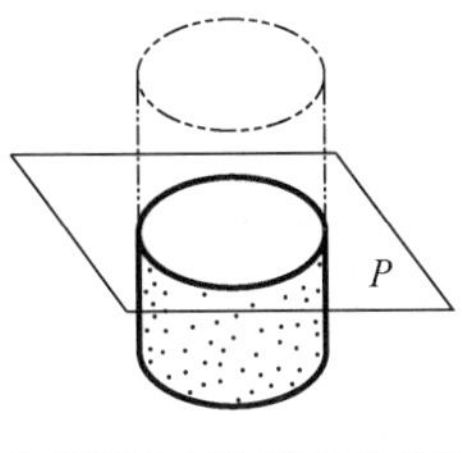	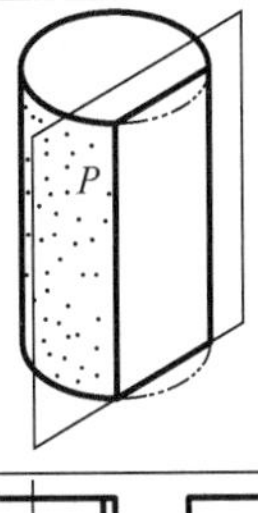	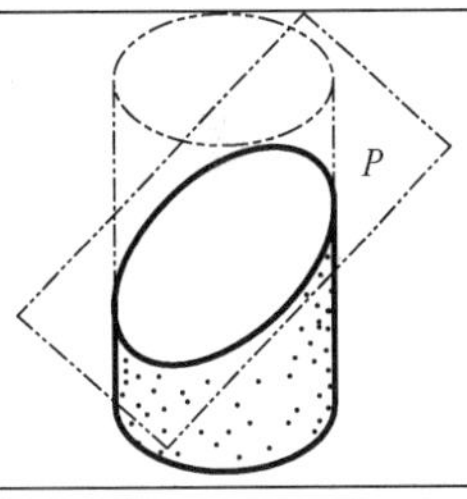
投影图	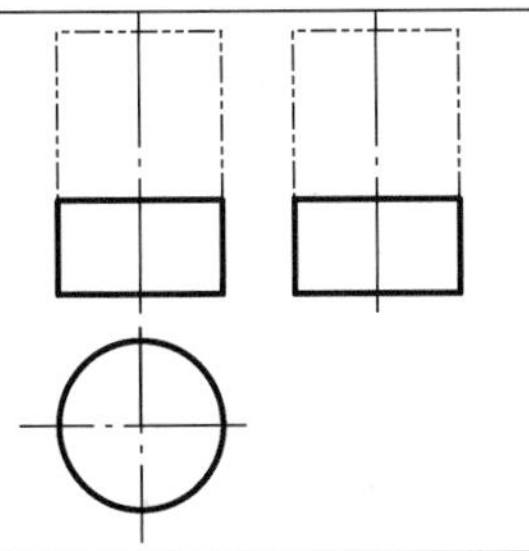	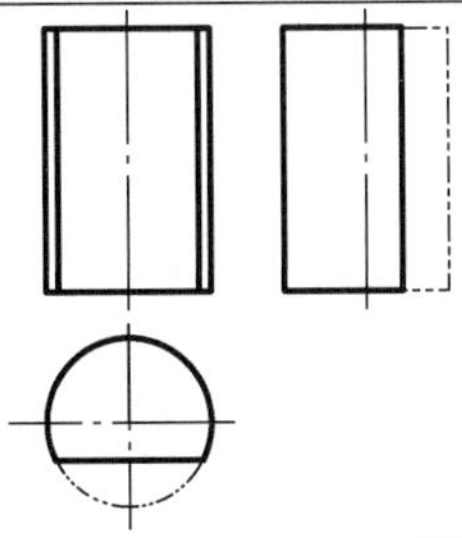	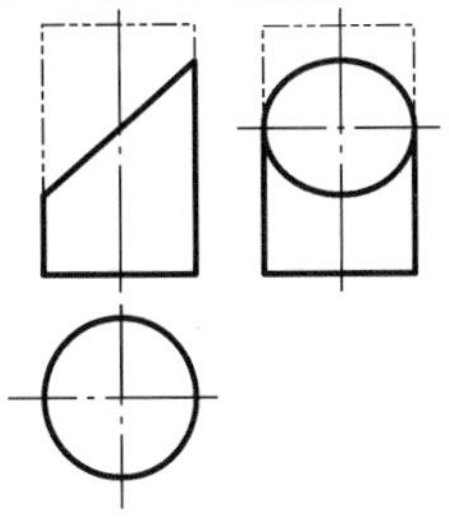
截交线	圆	平行二直线（连同与上、下底面的交线构成一个矩形）	椭圆

例 4-3　圆柱体被正垂面 P 截切，已知主视图和俯视图，求作左视图，如图 4-4（a）所示。

解：

（1）空间及投影分析。

截平面 P 与圆柱的轴线倾斜，截交线是椭圆，如图 4-4（b）所示。由于截平面为正垂面，故截交线的正面投影积聚为一条直线；因圆柱面的水平投影有积聚性，故截交线水平投影积聚在圆上。而截交线的侧面投影具有类似性，故在一般情况下仍是椭圆，不反映实形。

（2）作图。

① 画出圆柱体完整的左视图。

② 作左视图中的椭圆，如图 4-4（c）所示。首先确定特殊点，从图 4-4（b）中可知，点 A、B、C、D 是特殊点，它们既是极限位置点，又是椭圆长、短轴的端点。点 A、B 位于圆柱体最左、最右回转轮廓线上，点 C、D 的正面投影位于圆柱体正面投影的轴线位置上，依此可以找到 a'、b'、c'、d' 和 a、b、c、d。根据点的投影关系找到 a''、b''、c''、d''。然后确定中间点，在两个相邻的特殊点之间确定一个中间点，如 E、F 点。在已知的正面投影上确定 e'、f'，再在水平投影上确定 e、f，最后根据 e'、f' 和 e、f 确定 e''、f''。同理可以确定其他的中间点，将左视图上各点依次光滑地连接起来形成椭圆。

③ 检查。首先检查截平面的面形，截平面 P 在俯视图和左视图中为类似的曲线形状。其次检查轮廓线的投影。从主视图可知，圆柱体的侧面投影回转轮廓线在 c''、d'' 以上的部分已被切去，故回转轮廓线画到 c''、d'' 为止，并且在 c''、d'' 处与椭圆相切。最后，将椭圆、回转轮廓线、底面投影加深，结果如图 4-4（d）所示。

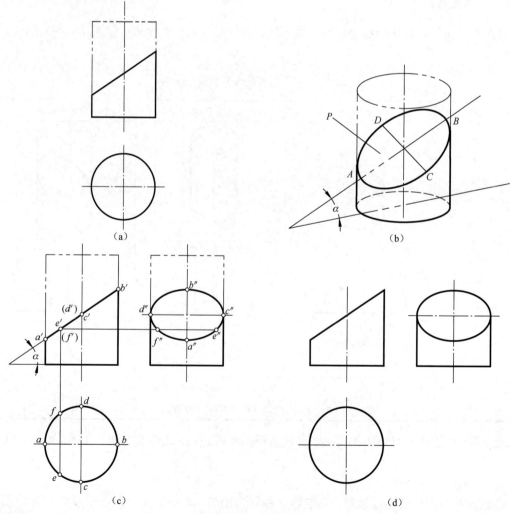

图 4-4　平面斜截圆柱

如图 4-5 所示，当截平面与圆柱体轴线的夹角变化时，截交线侧面投影的椭圆的长、短轴也随之变化。当夹角为 45° 时，椭圆长、短轴之比为 $\sqrt{2}$：1，其侧面投影为一个圆。

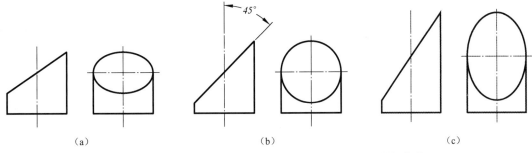

图 4-5　截平面与圆柱轴线夹角不同时，椭圆长、短轴的变化

例 4-4　图 4-6（a）所示为一圆柱体上部有一切口的主视图和俯视图，图 4-6（b）为立体图，试作其左视图。

解：

（1）空间及投影分析。

方槽由两个侧平面 P、Q 及水平面 S 切出。当多个面与回转体相交时，依然要逐个对截平面进行分析和作图。

平面 P 和 Q 情况相似，所以只分析平面 P。侧平面 P 与圆柱体轴线平行，故它与圆柱面的交线为两条直线（I II、III IV），且均为铅垂线。平面 P 的正投影积聚为直线，$1'2'$和 $3'4'$ 也积聚在 p'上。圆柱面的水平投影积聚为圆，12 和 34 积聚在圆的两点上。

利用完整表面相交法将水平面 S 扩大，与圆柱面的交线为一个圆。该圆的正面投影积聚在 s'上，水平投影积聚在俯视图的圆上，侧面投影也积聚为直线。由于平面 P 和 Q 的存在，实际有效的交线为两段圆弧 II VI和IV VII。

（2）作图。

① 画出完整圆柱体的左视图，然后根据投影关系画出截交线的侧面投影，如图 4-6（c）所示。

② 检查。首先检查轮廓线，从主视图可知，圆柱体的侧面投影轮廓线在点 V 上边的部分已被切去，故左视图轮廓线画到 5 为止。其次检查可见性。在左视图中，平面 S 的水平投影在 2 和 4 之间的部分不可见，应画为虚线，但 2—5—6 之间的部分可见，应画为粗实线。最终作图结果如图 4-6（d）所示。

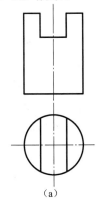

（a）

（b）

图 4-6　多个平面截切圆柱

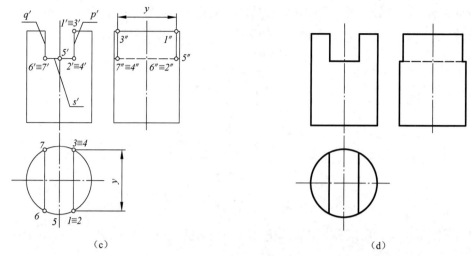

（c）

（d）

图4-6 多个平面截切圆柱（续）

例 4-5 图 4-7（a）所示为一圆柱套筒上部有一切口的主视图和俯视图，图 4-7（b）为立体图，试作其左视图。

解：

（1）空间及投影分析

本例与例 4-4 类似，只是在圆柱体内部增加了一个圆柱孔，因此，两个侧平面 P 和 Q 及水平面 S 既要与圆柱外表面相交，同时又与内表面相交，故应分别求交线。

（2）作图

① 参照例 4-4，先分别求出平面 P 和 Q 及 S 与外表面的交线，结果如图 4-6（d）所示。

② 由于圆柱孔的存在，平面 S 被分为前、后两部分，在左视图的 $1''$、$2''$ 之间不应有线，如图 4-7（c）所示。

③ 检查。首先检查轮廓线，从主视图可知，圆柱孔的侧面投影轮廓线在水平面 S 上方部分已被切去，故左视图轮廓线画到 S 面为止。其次检查可见性，圆柱孔的轮廓线和截交线的侧面投影均不可见，应画为虚线。最终作图结果如图 4-7（d）所示。

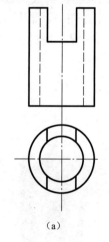

（a）

（b）

图4-7 多个平面截切圆柱套筒

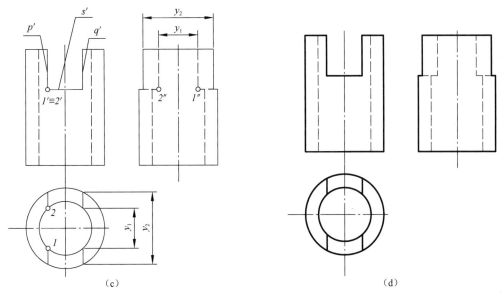

（c）　　　　　　　　　　　　　　　　　（d）

图 4-7　多个平面截切圆柱套筒（续）

2．平面与圆锥相交

当平面与圆锥相交时，由于平面与圆锥体轴线的相对位置不同，其截交线可以是圆、椭圆、抛物线或双曲线，这四种曲线总称为圆锥曲线；当截切平面通过圆锥顶点时，其截交线为通过锥顶的两直线，参见表 4-2。

表 4-2　平面与圆锥的交线

截面位置	垂直于轴线 $\theta=90°$	倾斜于轴线 $\alpha<\theta<90°$	平行于一条素线 $\alpha=\theta$	平行或倾斜于轴线 $0<\theta<\alpha$	过 锥 顶
截交线	圆	椭圆	抛物线	双曲线	相交二直线
立体图					
投影图					

例 4-6　正垂面 P 截切圆锥体，图 4-8（a）所示为已知的主视图及立体图，试作其俯视图和左视图。

解：

（1）空间及投影分析

截平面 P 与圆锥体轴线倾斜相交，截交线应为椭圆。P 为正垂面，截交线的正面投影积聚在 p' 上，其水平投影和侧面投影则为椭圆。截交线上的特殊点包括椭圆长、短轴的端点 A,B，C,D 及圆锥回转轮廓线上的点。

（2）作图

① 先画出完整圆锥的俯视图和左视图。

② 求椭圆长、短轴端点的投影。从立体图可知，椭圆长轴端点 A,B 应在圆锥主视图的回转轮廓线上，短轴 CD 与长轴 AB 垂直平分。如图 4-8（b）所示，找到主视图上 p' 与轮廓线的交点 a'、b'，并据此找到俯视图和左视图上的 a、b 和 a''、b''。然后找到直线 $a'b'$ 的中点，该点为点 C,D 的正面投影重影点 $c' \equiv d'$。利用辅助圆法得出 c、d 和 c''、d''。

注意： c''、d'' 并不在圆锥回转轮廓素线上。

③ 求圆锥回转轮廓线上的点。主视图上截交线与回转轮廓线的交点就是 a'、b'，已做出。左视图上截交线与回转轮廓线的交点 E、F 的正面投影 e'、f' 重叠在主视图轴线上。如图 4-9（c）所示，在左视图回转轮廓线上做出 e''、f''，然后在俯视图上做出 e、f。

④ 作中间点。如图 4-8（c）所示，利用辅助圆法画出中间点 M、N 的投影。

⑤ 连线并检查。将各点依次光滑连接，完成截交线。检查回转轮廓线投影，左视图中圆锥回转轮廓线画到 e''、f'' 为止，其上部分已被切去，而且回转轮廓线在 e''、f'' 处与椭圆相切。最后将轮廓线、截交线等加深，结果如图 4-8（d）所示。

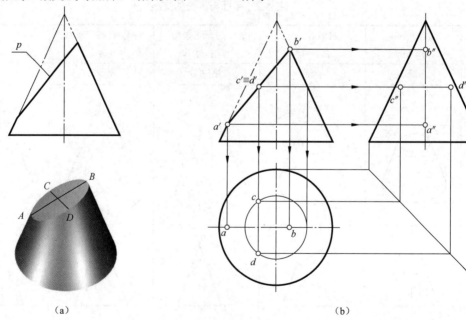

（a）　　　　　　　　　　　　　　　　　　　（b）

图 4-8　平面斜切圆锥

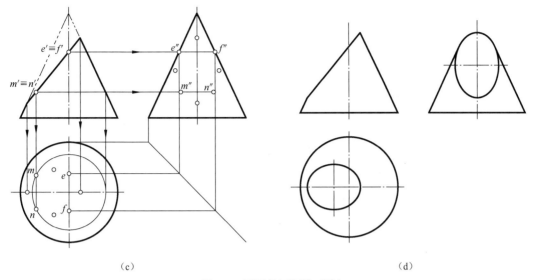

（c）　　　　　　　　　　　　　　　　　　　（d）

图4-8　平面斜切圆锥（续）

例4-7　在图4-9（a）所示的零件中，箭头所指部位为圆锥上的缺口，简化后如图4-9（b）所示，已知切口的正面投影，求圆锥其他两个投影。

解：

（1）空间及投影分析。

切口可以看成由一个水平面和两个侧平面截切圆锥而成的，依然要逐个对截平面进行分析和作图。水平面截切圆锥得到一个带有圆弧的平面图形（截交线是两段圆弧），两个侧平面截切圆锥各得到一条双曲线。

（2）作图。

① 关于双曲线的作图方法如图 4-9（c）所示，截交线的正面投影和水平投影都重影成一条直线，仅需求其侧面投影。作图时，首先找特殊点，离锥顶最近的点 A 为最高点，最远的 B、C 为最低点，已知点 A 的正面投影 a′ 在轮廓素线上，可利用面上取点的方法，在轮廓素线的相应投影上求得 a、a″，最低点 B、C 在底圆上，已知 b′、c′ 和 b、c 就可做出侧面投影。在最高点和最低点之间再找一些中间点，例如，作一辅助线（或辅助面）求出 D、E 两点的投影，依次连接各点即可。

② 如图 4-9（d）所示，切口的正面投影积聚成直线。在水平投影中，两条双曲线均重影为直线，带圆弧的平面图形反映实形。切口的侧面投影为两条双曲线，它们反映实形且重合，带圆弧的平面图形积聚成一直线，其中被圆锥表面遮住的一段因不可见画成虚线，而圆锥的轮廓素线被切去的部分不应画出。

3．平面与圆球相交

平面与圆球相交，不论平面与圆球的相对位置如何，其截交线都是圆，但由于截切平面对投影面的相对位置不同，所得截交线（圆）的投影也不同。

在图 4-10 中，圆球被水平面截切，所得截交线为水平圆，该圆的正面投影和侧面投影积聚成一条直线（如 a′b′、c″d″），该直线的长度等于所截水平圆的直径，其水平投影反映该圆实形。截切平面距球心越近（h 越小），圆的直径（D）越大；h 越大，其直径越小。

如果截切平面为投影面的垂直面，则截交线的两个投影是椭圆。

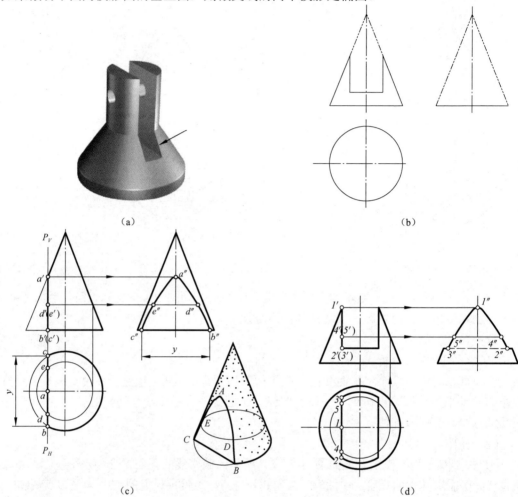

（a）

（b）

（c）

（d）

图 4-9　圆锥上切口的投影

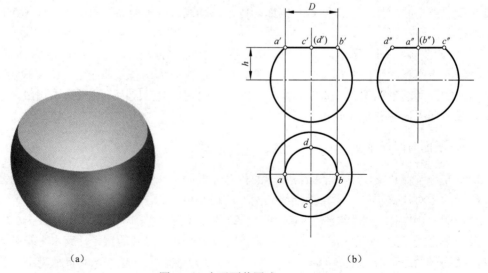

（a）

（b）

图 4-10　水平面截圆球

例 4-8　完成图 4-11（a）所示开槽半圆球的俯视图，并画出左视图。

解：

（1）空间及投影分析。

半圆球的上方被一个水平面 Q 和两个侧平面 P 截切，该形体可见于螺钉的头部结构中。3 个平面与球相交，交线均为圆弧。水平面 Q 截切出的截交线在俯视图中为反映实形的圆弧，侧平面 P 截切出的截交线在左视图中为反映实形的圆弧，截交线其余的投影均积聚为直线。

（2）作图。

① 求侧平面 P 与球的截交线。如图 4-11（b）所示，在左视图中以 o'' 为圆心，R_2 为半径，画出侧平面 P 截切出来的圆弧。由于平面 P 与平面 Q 相交于 BC，因此 $b''a''c''$ 为圆弧的有效部分。画出 P 的水平投影，bc 段为有效部分。

② 求水平面 Q 与球的截交线。如图 4-11（c）所示，在俯视图中以 o 为圆心，R_1 为半径，画出水平面 Q 截切所得到的圆弧，其中，bfd 和 egc 段为圆弧的有效部分。水平面 Q 在左视图中积聚为直线 $f''g''$。

③ 检查并加深。首先检查轮廓线。在左视图中，球体的回转轮廓线位于 g''、f'' 以上的部分已被切去，故不应画出。其次检查可见性，左视图中 Q 平面投影的 $b''c''$ 段因受遮挡而不可见，故应画为虚线。但应注意，$b''f''$ 和 $c''g''$ 仍可见，最后将可见部分加深，结果如图 4-11（d）所示。

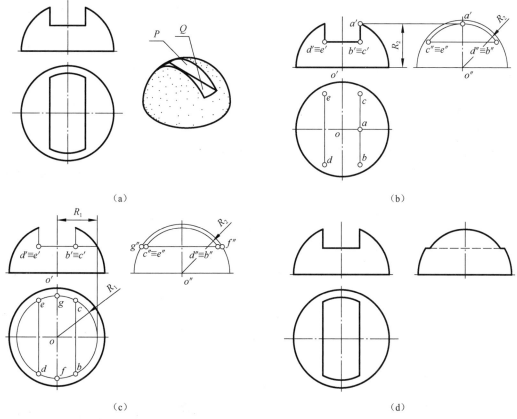

（a）　　　　　　　　　　　　　　　　（b）

（c）　　　　　　　　　　　　　　　　（d）

图 4-11　开槽半圆球

4．平面与组合回转体相交

组合回转体可看成由若干基本回转体所组成的，求平面与组合回转体的截交线就是分别求出平面与各个基本回转体的截交线。遇到此类问题的作图步骤为：

① 分析组合回转体由哪些基本回转体组成及它们的连接关系；

② 分别求出这些基本回转体的截交线；

③ 依次连接这些截交线。

例 4-9 图 4-12（a）所示的连杆头是组合回转体被平行于轴线的两对称平面（正平面）切去前、后部分而形成的，试画出它们截交线的投影。

解：

（1）空间及投影分析。

连杆的头部由圆球、圆锥及圆柱所组成。三个回转体有公共的回转轴线，且圆球和圆锥是光滑连接（相切）的，它们的分界线应是一个圆，且圆所在的平面与回转轴线垂直。左边的圆球和圆锥同时被前后对称的两个平面截切，而右边的圆柱没有被截切。平面与圆球面的交线为部分圆弧，其水平投影和侧面投影积聚成直线，正面投影应反映实形。平面与圆锥面的交线为双曲线，其水平投影和侧面投影积聚成直线，正面投影应反映实形，并且与圆球表面的截交线（圆弧）光滑地连接成一个封闭的平面图形。

（2）作图。

① 先求圆球面上的截交线。如图 4-12（b）所示，截切平面（正平面）与圆球的截交线为半径等于 R 的一段圆弧，该圆弧的正面投影反映实形，圆弧的端点应位于圆球和圆锥的分界圆上。可先在正面投影上找到圆锥的回转轮廓素线与球面的正面投影圆（最大正平圆）的切点 a'，然后过 a' 作一条竖直线，此线即分界圆的投影，因此竖直线与圆弧的交点 $1'$ 为圆弧的端点。

② 求圆锥面上的截交线。已知 I 点同时位于双曲线上，故 $1'$ 为双曲线上的一个特殊点。另一个特殊点为双曲线的顶点，即最右点，如图 4-12（b）所示，可从有积聚性的水平投影上得到平面曲线的最右点 II（2、$2'$、$2''$）。再在点 I 和点 II 之间求出若干个一般点，如图 4-12（c）所示，作辅助的侧平面 P，求出点 III（3、$3'$、$3''$）和点 IV（4、$4'$、$4''$）。然后依次光滑地连接这些点的正面投影即所求。由于平面与圆柱无截交线，因而全部截交线是由圆弧和双曲线组成的封闭曲线，结果如图 4-12（d）所示。

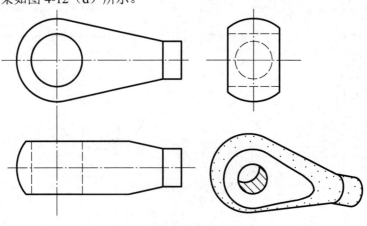

（a）

图 4-12　连杆头截交线的投影

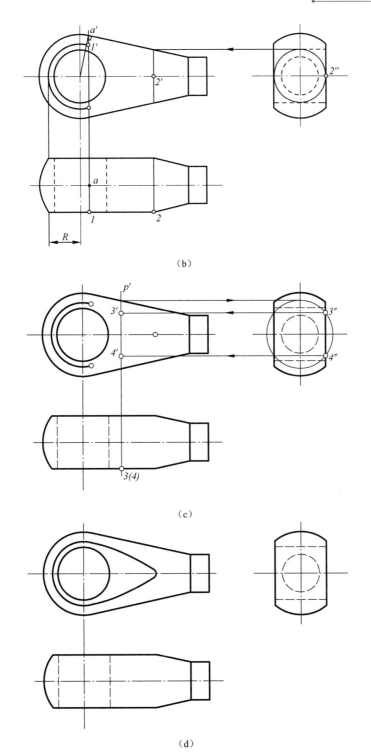

（b）

（c）

（d）

图 4-12　连杆头截交线的投影（续）

4.2 立体与立体相交

机械零件中常常出现立体与立体相交的情形。为了清晰地表达零件的形状，应该把立体表面交线的投影绘制出来。

立体与立体相交称为相贯，立体相贯时表面所产生的交线称为相贯线，如图 4-13 所示。

　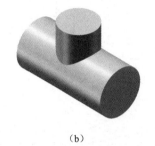　

（a）　　　　　　　　　　　　　（b）　　　　　　　　　　　　　（c）

图 4-13　两曲面立体的相贯线

相贯线具有以下性质：

（1）表面性。相贯线必位于相交两立体的表面上。

（2）共有性。相贯线是相交两立体表面上的共有线，线上的点都是相交立体表面上的共有点。

（3）封闭性。相贯线一般由封闭的空间曲线或折线组成，在特殊情况下，相贯线是封闭的平面曲线或平面折线。

4.2.1　平面立体与回转体相贯

平面立体与回转体相贯，相贯线是由若干段平面直线或曲线围成的封闭空间折线，折线的每一段为平面体的棱面与回转体表面的交线。所以，求相贯线的实质是求平面体的棱面与回转体表面的截交线。

例 4-10　四棱柱与圆柱体相交，已知俯视图和左视图，作主视图，如图 4-14（a）所示。

解：

（1）空间及投影分析。

相贯线由四棱柱的四个侧棱面与圆柱面的交线组成，其中，前、后两个棱面与圆柱的轴线平行，交线为两段与圆柱体轴线平行的直线；左、右两个棱面与圆柱的轴线垂直，交线为两段圆弧。

四棱柱的四个侧棱面的水平投影有积聚性，圆柱面的侧面投影有积聚性。根据相贯线的共有性，相贯线的投影在左视图上积聚在圆柱面的侧面投影上，为棱柱面和圆柱面投影共有的圆弧；在俯视图上积聚在棱柱的水平投影上。

（2）作图。

如图 4-14（b）所示，相贯线的侧面投影为圆弧 *4″6″1″* 和 *3″5″2″*；相贯线的水平投影积聚在棱柱的水平投影上，即四边形 *1234*。利用点的规律分别求出各点的正面投影 *1′*、*2′*、*3′*、*4′*、

5′、6′，依次连接成相贯线的投影，结果如图 4-14（c）所示。

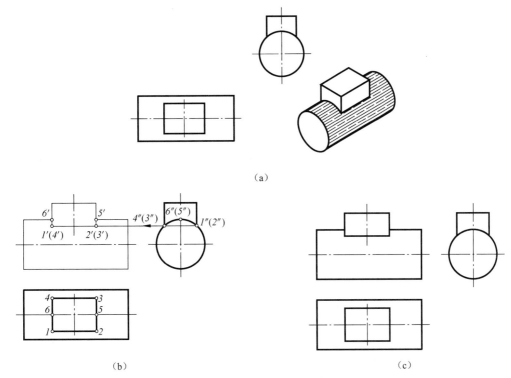

图 4-14　四棱柱与圆柱体相贯

例 4-11　已知三棱柱与圆柱相交的俯视图和左视图 ［见图 4-15（a）］，作主视图。

解：

（1）空间及投影分析。

如图 4-15（b）所示，三棱柱的三个侧面均与圆柱表面相交，因此相贯线由三个侧面与圆柱面的截交线组成。其中，后侧面与圆柱的轴线平行，交线为一直线；另外两个侧面与圆柱的轴线倾斜，交线为两段椭圆弧。

三棱柱的三个侧棱面的水平投影有积聚性，圆柱面的侧面投影有积聚性，由相贯线的共有性可知，其侧面投影积聚在左视图的圆弧上，水平投影积聚在俯视图的三角形上，因此，相贯线的侧面投影和水平投影均为已知。

（2）作图。

① 画出两相交立体的轮廓草图，并画出三棱柱的后侧面与圆柱面交线的正投影 1′2′。

② 画出三棱柱另外两个侧面与圆柱面交线的正投影 1′4′3′和 2′5′3′。如图 4-15（c）所示，4′、5′分别为两段椭圆的最高点，位于圆柱体主视图的回转轮廓线上。

③ 检查。首先检查回转轮廓线的投影。从俯视图中可以看出，圆柱体的正面投影回转轮廓线在 *IV*、*V* 之间的部分已经融入整个形体的内部，因此在主视图中 4′、5′之间的回转轮廓线不应画出。其次检查可见性，交线 1′2′不可见，应画为虚线。从俯视图可以看出，椭圆弧 14 和 25 段均位于圆柱体的后部，因此在主视图中 1′4′和 2′5′应画为虚线。主视图中三棱柱左、右两条侧棱在圆柱体回转轮廓线以下的部分也不可见，也应画为虚线。最后将其他可见部分加粗，结果如图 4-15（d）所示。

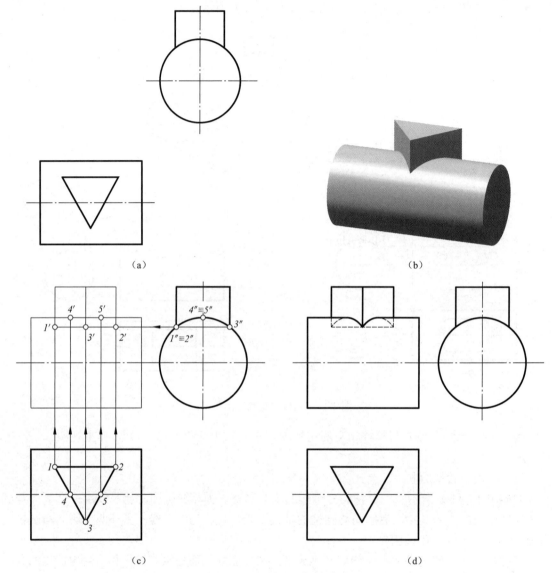

(a)

(b)

(c)

(d)

图 4-15　三棱柱与圆柱相交

4.2.2　回转体与回转体相贯

　　两回转体相贯，其相贯线的形状取决于两个回转体各自的形状、大小和相对位置关系，一般情况下为封闭的、光滑的空间曲线，曲线上的每一个交点都是两回转体表面的共有点。

　　求相贯线的方法一般有积聚性表面取点法和辅助面法两种。

　　（1）作两回转体相贯线的投影时，一般是先做出两回转体表面上的一些共有点的投影，再连成相贯线的投影。当两个回转体中的立体表面的投影具有积聚性时，可采用在回转体表面上取点的方法做出这些点的投影。

　　（2）如果回转体表面没有积聚性，通常可用辅助面来做这些点，也就是先求出辅助面与这两个立体表面的两条交线，然后再求出这两条交线的交点（交点为三面共点），即相贯线上的点。辅助面可用平面、球面等。

（3）在作相贯线上点的投影时，由于相贯线的投影一般都是曲线，应在可能和方便的情况下，适当地先找出一些在相贯线上的特殊点，即能够确定相贯线的投影范围和变化趋势的点，如相贯体的曲面投影的回转轮廓素线上的点，以及最高、最低、最左、最右、最前、最后的点等，然后按需要再作相贯线上一些其他的一般点，从而准确地连出相贯线的投影。在判别相贯线的可见性时要按如下规则：只有一段相贯线同时位于两个立体的可见表面上时，这段相贯线的投影才是可见的；否则，是不可见的。

1．利用积聚性表面取点法

该方法利用投影具有积聚性的特点，先确定两个回转体表面上若干共有点的已知投影，然后采用在回转体表面上找点的方法求出它们的未知投影，从而画出相贯线的投影。

例4-12　如图4-16（a）所示，作两正交圆柱的相贯线的投影。

解：

（1）空间及投影分析。

两圆柱的轴线垂直相交，有共同的前后对称面和左右对称面，小圆柱全部穿进大圆柱。因此，相贯线是一条封闭的空间曲线，且前后、左右对称。

由于小圆柱面的水平投影积聚为圆，相贯线的水平投影便重合在其上；同理，大圆柱面的侧面投影积聚为圆，相贯线的侧面投影也就重合在小圆柱穿进处的一段圆弧上，且左半和右半相贯线的侧面投影相互重合，于是问题就可以归结为已知相贯线的水平投影和侧面投影，求作它的正面投影，因此，可采用在圆柱面上取点的方法，找出相贯线上的一些特殊点和一般点的投影，再顺序连成相贯线的投影。

通过上述分析，可想象出相贯线的大致情况。

（2）作图。

① 作特殊点。如图4-16（b）所示，先在相贯线的水平投影上确定出最左、最右、最前、最后点 *I*、*II*、*III*、*IV* 的投影 *1*、*2*、*3*、*4*，再在相贯线的侧面投影上相应地得出 *1″*、*2″*、*3″*、*4″*。由 *1*、*2*、*3*、*4* 和 *1″*、*2″*、*3″*、*4″* 得出 *1′*、*2′*、*3′*、*4′*。可以看出， *I*、 *II* 和 *III*、*IV* 分别是相贯线上的最高、最低点。

② 作一般点。如图4-16（c）所示，在相贯线的侧面投影上，确定出左右、前后对称的四个点 *V*、*VI*、*VII*、*VIII* 的投影 *5″*、*6″*、*7″*、*8″*，由此可在相贯线的水平投影上得出 *5*、*6*、*7*、*8*。由 *5*、*6*、*7*、*8* 和 *5″*、*6″*、*7″*、*8″* 即可得出 *5′*、*6′*、*7′*、*8′*。

③ 按相贯线水平投影所显示的诸点的顺序，连接诸点的正面投影，即得相贯线的正面投影。对正面投影而言，前半相贯线在两个圆柱的可见表面上，所以其正面投影 *1′*、*5′*、*3′*、*6′*、*2′* 为可见，而后半相贯线的投影 *1′*、*7′*、*4′*、*8′*、*2′* 为不可见，与前半相贯线的可见投影相重合。最终结果如图4-16（d）所示。

关于两圆柱正交相贯，还应注意以下几个问题。

（1）相贯线的形式。

两轴线垂直相交的圆柱，在零件上是最常见的，它们的相贯线一般为如图 4-17 所示的三种形式。

① 图4-17（a）表示小的实心圆柱全部贯穿大的实心圆柱，相贯线是上下对称的两条封闭的空间曲线。

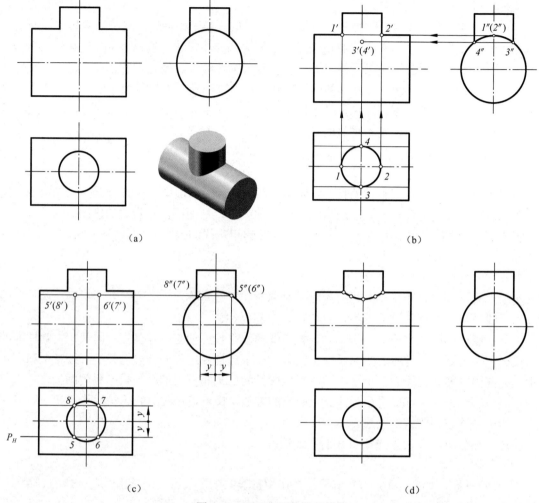

图4-16　两正交圆柱的相贯线

② 图4-17（b）表示圆柱孔全部贯穿实心圆柱，相贯线也是上下对称的两条封闭的空间曲线，也就是圆柱孔的上下孔口曲线。

③ 图4-17（c）所示的相贯线，是长方体内部两个圆柱孔的交线，同样是上下对称的两条封闭的空间曲线。

以上三个投影图中所示的圆柱无论以内表面还是外表面出现，其相贯线都具有同样的形状，其分析方法和作图方法也是相同的。

（2）两正交圆柱相贯线随两圆柱直径大小的变化。

当两个相交圆柱体的直径发生变化时，相贯线的形状也随之改变，如图 4-18 所示。当两圆柱直径不等时，在非圆投影（图中主视图）上，相贯线总是向着直径较大的圆柱体的轴线弯曲［见图 4-18（a）和（c）］。当两个圆柱体直径相等时，相贯线变为两条平面曲线（椭圆），在非圆视图上，其投影为两条相交直线［见图 4-18（b）］。

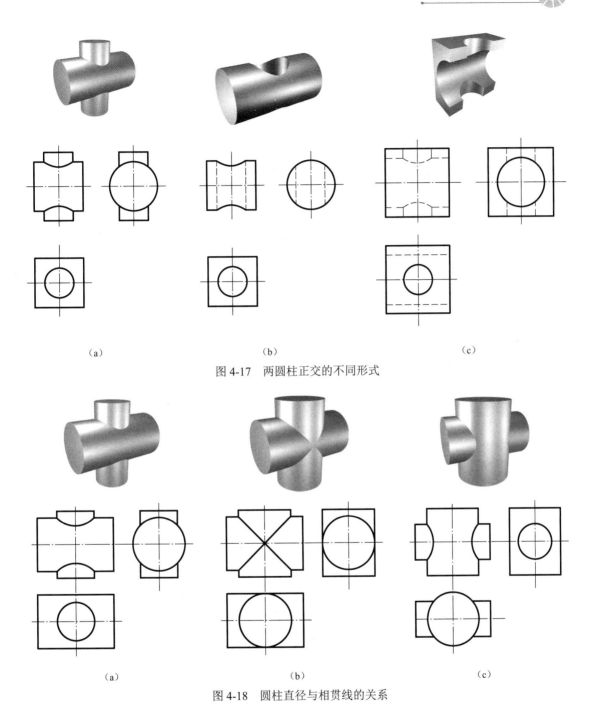

图 4-17 两圆柱正交的不同形式

图 4-18 圆柱直径与相贯线的关系

（3）两圆柱正交时相贯线的近似画法——圆弧画法。

当两圆柱的轴线垂直正交且直径不等，并对相贯线投影形状的准确度要求不高时，允许采用近似画法，即用圆弧代替相贯线的非积聚性投影，该圆弧的圆心位于小圆柱的轴线上，半径等于大圆柱的半径。画图过程如图 4-19 所示。

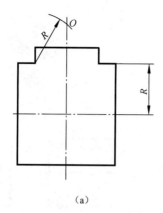

（a）

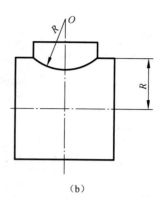

（b）

图 4-19　相贯线的近似画法

2．辅助平面法

所谓辅助平面法就是根据三面共点的原理，即作一辅助平面 P，使它与两回转体都相交，得到两条截交线，两条交线的交点一定是两个相贯体表面和辅助平面的共有点，即相贯线上的点。

辅助平面法的作图步骤如下。

（1）作辅助平面与两个相贯的立体相交。

为便于作图，一般选择特殊位置的平面作为辅助平面（通常为投影面的平行面），并使所选择的辅助平面与两个相交立体表面所产生的截交线的投影简单易画（直线或圆）。例如，对于圆锥与圆柱相贯，可以选择如图 4-20 所示的两种辅助平面。

（2）分别求出辅助平面与相贯两个立体表面的交线。

（3）求出交线的交点，即相贯线上的点。

例 4-13　已知圆柱与圆锥的轴线垂直相交，补画主视图和俯视图上相贯线的投影。

解：

（1）空间及投影分析。

由图 4-20 可见相贯线是一条封闭的空间曲线，且前后对称，前半、后半相贯线正面投影相互重合。由于圆柱面的轴线垂直于 W 面，其侧面投影积聚为圆。因此，相贯线的侧面投影必重合在该圆上。相贯线的正面投影和水平投影没有积聚性，应分别求出。

在选择辅助平面时，应该使它和两立体表面交线的投影简单易画，并且两条交线要相交。对圆柱而言，辅助平面应平行或垂直于轴线；对圆锥而言，辅助平面应垂直于轴线或通过锥顶，综合以上情况，只能选择如图 4-20 所示的两种辅助平面：

① 平行于柱轴且垂直于锥轴，即水平面 [见图 4-20（a）]。

② 通过锥顶且平行于柱轴，即通过锥顶的侧垂面或正平面 [见图 4-20（b）]。

（a）平行于柱轴，垂直于锥轴

（b）通过锥顶，平行于柱轴

图 4-20　辅助平面的选择

（2）作图。

① 找特殊点 *I* 和 *II*。如图 4-21（b）所示，通过锥顶作正平面 *N*，与圆柱面相交于最高和最低两条素线，与圆锥面相交于最左素线，在它们正面投影的相交处得出相贯线上的最高点 *I* 和最低点 *II* 的正面投影 *1′* 和 *2′*。由 *1′*、*2′* 分别在 N_H 和 N_W 上得出投影 *1*、*2* 和 *1″*、*2″*。

② 找特殊点 *III* 和 *IV*。如图 4-21（b）所示，通过柱轴作水平面 *P*，与圆柱面相交于最前、最后两条素线，与圆锥面相交于水平圆，在它们的水平投影相交处，得出相贯线上的最前点 *III* 和最后点 *IV* 的水平投影 *3* 和 *4*。由 *3*、*4* 分别在 P_V、P_W 上得出投影 *3′*、*4′*（*3′*、*4′* 相互重合）和 *3″*、*4″*。由于 *3* 和 *4* 就是圆柱面水平投影的回转轮廓线的端点，也就确定了圆柱面水平投影的回转轮廓线的范围。

③ 找一般点 *V* 和 *VI*。如图 4-21（c）所示，结合图 4-20（a），作水平面 *Q* 与圆柱面相交于前、后两条素线，与圆锥面相交于水平圆，它们水平投影的交点就是相贯线上的点 *V* 和点 *VI* 的水平投影 *5* 和 *6*，根据点的投影规律求出其侧面投影 *5″* 和 *6″*，再求出 *5′* 和 *6′*，*V* 和 *VI* 是相贯线上的一对前后对称点。

④ 连线与检查。按侧面投影中诸点的顺序，把诸点的正面投影和水平投影分别连成相贯线的正面投影和水平投影。按照"只有同时位于两个立体可见表面上的相贯线，其投影才可见"的原则，可以判断：*35164* 可见，*423* 不可见，*1′5′3′2′* 可见，*1′6′4′2′* 不可见，且与 *1′5′3′2′* 重合。根据圆柱和圆锥的相对位置可以看出，圆柱面水平投影的最前、最后回转轮廓线是可见的，最后结果如图 4-21（d）所示。

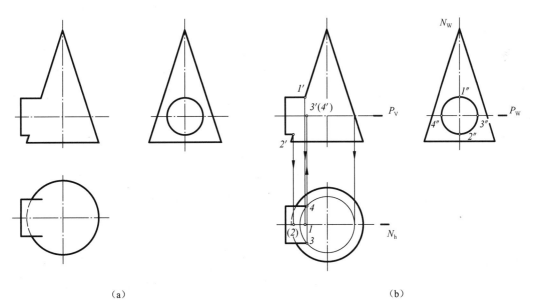

（a）   （b）

图 4-21　圆柱和圆锥相贯

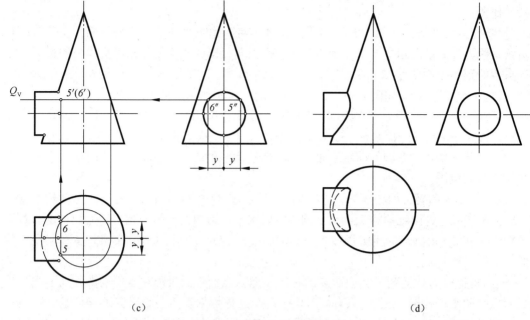

（c）

（d）

图 4-21 圆柱和圆锥相贯（续）

例 4-14 将图 4-16 中铅垂小圆柱前移一段，如图 4-22（a）所示，求相贯线的投影。

解：

（1）空间及投影分析。

从图 4-22（b）可知，小圆柱体穿过大圆柱体，两个圆柱体的轴线彼此垂直，但不相交，此时称为偏交，相贯线是一条光滑、封闭的空间曲线。大圆柱体的侧面投影和小圆柱体的水平投影分别积聚为圆，因此，相贯线的侧面投影和水平投影均为已知，分别积聚在左视图大圆的部分圆弧和俯视图的小圆上。其中相贯线上的特殊位置点有 6 个（Ⅰ、Ⅱ、Ⅲ、Ⅳ、Ⅴ、Ⅵ）。点 Ⅰ、Ⅱ 是大圆柱回转轮廓线上的点同时也是相贯线上的最高点，Ⅲ、Ⅳ、Ⅴ、Ⅵ 是小圆柱回转轮廓线上的点，分别也是相贯线上的最左、最右、最前、最后点，如图 4-22（c）所示，Ⅶ、Ⅷ 两点为一般位置点。

（2）作图。

① 利用表面取点法做出特殊点的投影。如图 4-22（c）所示，可直接在俯视图中找到以下特殊点：大圆柱回转轮廓线上的点 Ⅰ、Ⅱ 和小圆柱回转轮廓线上的点 Ⅲ、Ⅳ、Ⅴ、Ⅵ。利用圆柱体表面取点的方法，可以直接找到这 6 个特殊点的三面投影。

② 再利用辅助平面法做出一般点的投影。如图 4-22（c）所示，在特殊点之间要确定出一般点的投影。可用一个正平面 P 作为辅助平面，P_H，P_W 分别是 P 的水平投影和侧面投影。正平面 P 与小圆柱交于两条铅垂线，与大圆柱交于两条侧垂线，分别做出这两条交线，它们的交点 Ⅶ、Ⅷ 即求出的一般点。

③ 将各个点依次光滑地连接起来，即形成相贯线。

④ 检查。首先检查相贯线的可见性。从俯视图可以看出，相贯线 Ⅲ—Ⅰ—Ⅵ—Ⅱ—Ⅳ 段位于小圆柱体的后部，因此，主视图中 3′—1′—6′—2′—4′ 部分不可见，应画成虚线。其次检查圆柱体回转轮廓线的投影。回转轮廓线必须画出其上的特殊点为止。小圆柱在主视图上的回转轮廓线应画出特殊点 3′,4′，点 3′,4′ 以下部分的小圆柱已进入大圆柱内部，故回转轮廓线不复存

在。大圆柱在主视图上的回转轮廓线应画出特殊点 *1'*, *2'*，点 *1'*, *2'*之间部分的大圆柱已进入小圆柱内部，故回转轮廓线已不存在。

注意：由于大圆柱正面投影的回转轮廓线有一部分位于小圆柱正面轮廓线的后面，因此这部分为不可见，应画为虚线（详见右下方放大图）。最后将可见轮廓加粗，如图4-22（d）所示。

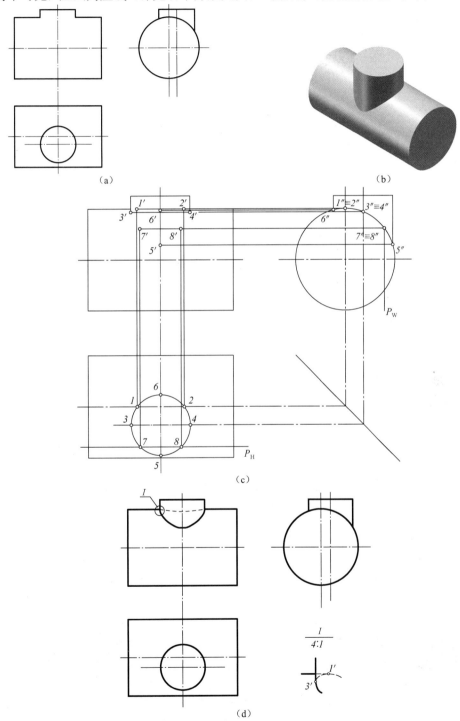

图 4-22　两圆柱体偏交

此例也可以用表面取点法作图，读者可自己尝试做出。

关于两偏交圆柱相贯，还应注意当两个回转体的相对位置发生变化时，相贯线的形状也将随之变化。图 4-23（a）中两圆柱轴线正交，相贯线前后对称，且为上下两条；图 4-23（b）中小圆柱前移，相贯线前后不再对称，但仍为上下两条；图 4-23（c）中两圆柱在前面轮廓线处相切，相贯线在切点处出现尖点；图 4-23（d）中小圆柱的一部分移出，形成两个圆柱互贯，相贯线为一条空间曲线；图 4-23（e）中小圆柱只与大圆柱的前半部分相贯，相贯线也为一条空间曲线，而大圆柱的最高和最低轮廓素线保持完整。

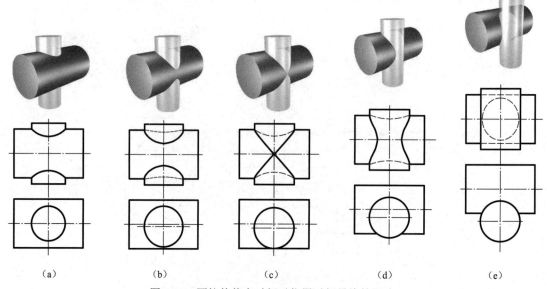

图 4-23　圆柱体偏交时相对位置对相贯线的影响

3. 相贯线的特殊情况

在一般情况下，两回转体的相贯线是空间曲线，但在一些特殊情况下，也可能是平面曲线或直线。下面介绍相贯线为平面曲线的两种比较常见的特殊情况。

（1）当两回转体公切于一球体时，其相贯线是两个椭圆，若轴平面为投影面的平行面，则相贯线在该投影上积聚成直线段，如图 4-24 和图 4-25 所示。

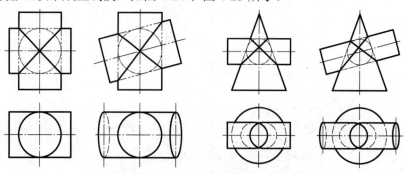

图 4-24　两回转体公切于球时的相贯线的投影

（2）两个同轴回转体的相贯线是垂直于轴线的圆，如图 4-26（a）所示的圆柱和圆球相贯体；如图 4-26（b）所示为圆柱、圆球和圆锥相贯，由于它们的轴线都是铅垂线，故相贯线均为水平圆。

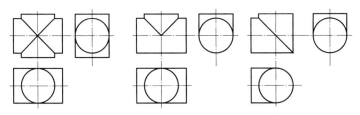

图 4-25　正交圆柱等径相贯时相贯线的变化情况

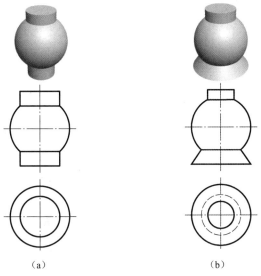

（a）　　　　　　　（b）

图 4-26　同轴回转体的相贯线

（3）两平行轴线的圆柱相交及共锥顶的圆锥相交，其相贯线为直线或圆弧，其投影如图 4-27 所示。

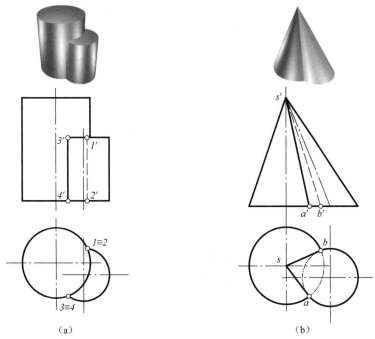

（a）　　　　　　　（b）

图 4-27　两平行轴线的圆柱及共锥顶的两圆锥的相贯线

4.3 多个立体相交

零件上常常出现三个或三个以上立体相交的情况，在它们的表面上既有相贯线又存在截交线，此时交线比较复杂，但每段交线都是由两个基本体相交而得的，因此，在实际作图中一般可按下列步骤进行：

（1）分析形体由哪些基本体构成。

（2）分析这些基本体之间的相对位置关系，判断哪些基本体两两相交了，其交线形状如何。

（3）分别求出这些交线，此时，还要特别注意相贯线之间的交点，即三面共点的点。

例 4-15 作图 4-28（a）所示立体主视图上的相贯线。

解：

（1）空间及投影分析。

分析几何形体及其相互位置关系，判断哪些表面之间有交线，并分析交线趋势，做到心中有数。

从图 4-28 可看出，形体由 A、B、C 组成。其中 B 与 C、A 与 C、B 与 A 两两相交。B 与 A 的轴线垂直于 H 面，水平投影有积聚性，交线的水平投影皆积聚其上。圆柱 C 的轴线垂直于 W 面，侧面投影有积聚性，B 与 C、A 与 C 的交线的侧面投影皆积聚其上。由于 A 的前后两个侧面及上顶面的侧面投影分别积聚成直线，故 A 与 B 的交线的侧面投影也分别积聚在这些直线上。

（2）作图。

① 求出 B 与 C 及 A 与 C 的交线。如图 4-28（b）所示，B 与 C 的交线为两个正交圆柱相贯线的一部分，这里先采用表面找点法找到相贯线的端点 I 与 V，由于 B 与 C 的直径不相等，主视图中可以采用圆弧画法画出它们的交线的投影注意，求这段相贯线不能采用近似画法，而应该先采用表面找点法找到相贯线的端点 I 与 V，再找出特殊点 II、III 和 IV，以及若干个一般点进行光滑连接。A 与 C 的交线由一段相贯线和前后两段截交线组成，其中相贯线为两个正交圆柱相贯线的一半，作图时，这段相贯线也可以用圆弧画法；而两段截交线为直线段，其左段与相贯线相连，右段为 I 与 V。

② 求出 A 与 B 的交线。如图 4-28（c）所示，A 与 B 的交线为两段直线和一段圆弧组成，A 的两个侧面与 B 的交线为两段直线，这两段直线都是铅垂线，在水平投影上有积聚性，且其水平投影与点 I 与 V 的水平投影重合；A 的上顶面与 B 的交线为一段水平圆弧，其在水平投影上反映实形，在正面上积聚为一段直线。

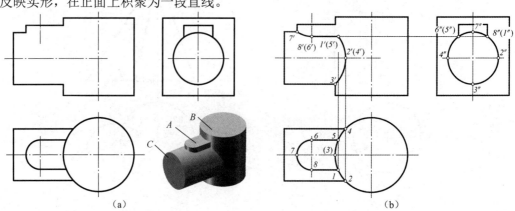

（a）　　　　　（b）

图 4-28　三体相贯

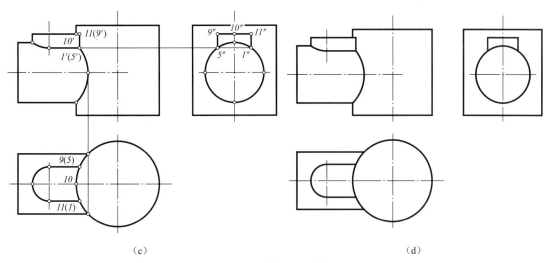

（c）　　　　　　　　　　　　　　　　　（d）

图 4-28　三体相贯（续表）

③ 检查。点 *I* 与 *V* 同时位于 *A*、*B*、*C* 三个立体上，应重点检查三段交线的正面投影是否会聚于此点。

例 4-16　分析图 4-29（a）所示零件表面交线的形成及交线的投影。

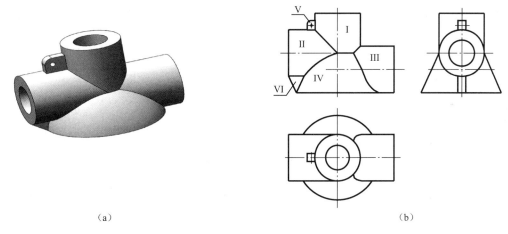

（a）　　　　　　　　　　　　　　　　　（b）

图 4-29　多个立体相交的交线

解：该零件由同轴线的直立圆柱、圆锥和与此轴线正交的两水平圆柱以及左侧上部一块棱柱体组合而成。

三个圆柱直径相等，其中直立圆柱 Ⅰ 分别与两水平圆柱 Ⅱ、Ⅲ 相交，这三个圆柱又分别与圆锥相交，都产生了相贯线，左上侧棱柱体的侧棱面与圆柱面、圆锥面相交形成截交线，将它们分解成几何体两两相交，其交线的投影如图 4-30 所示。

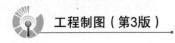

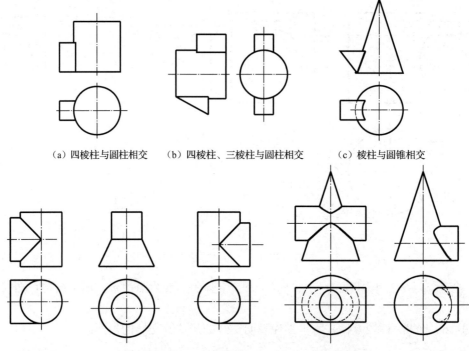

（a）四棱柱与圆柱相交　（b）四棱柱、三棱柱与圆柱相交　（c）棱柱与圆锥相交

（d）两圆柱正交　（e）圆柱与圆锥柱相交　（f）两圆柱正交　（g）圆柱与圆锥相交　（h）圆柱与圆锥相交

图 4-30　几何体两两相交时其交线的情况

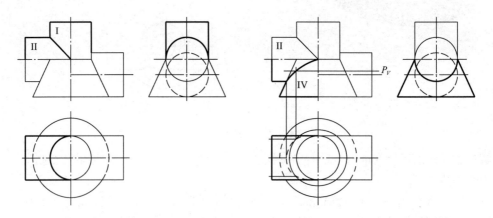

（a）作水平圆柱Ⅱ与直立圆柱Ⅰ的相贯线　　　　（b）作水平圆柱Ⅱ与圆锥Ⅳ的相贯线

图 4-31　几何体两两相交时其交线的情况

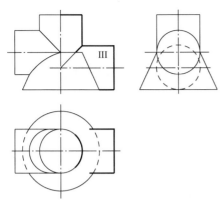

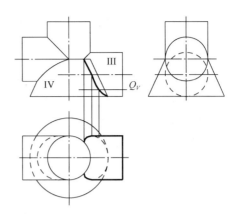

（c）作水平圆柱Ⅲ与直立圆柱Ⅰ的相贯线　　　　　（d）作水平圆柱Ⅲ与圆锥Ⅳ的相贯线

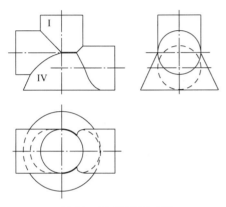

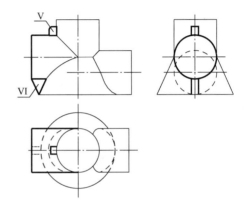

（e）作圆柱Ⅰ与圆锥Ⅳ的相贯线　　　　　（f）作棱柱Ⅴ、Ⅵ与圆柱、圆锥的相贯线并完成全图

图 4-31　几何体两两相交时其交线的情况（续）

根据上述分析，要画出该零件交线的投影，可以按图 4-31 所示的步骤作图。

小　　　结

本章的学习重点是立体表面的截交线和相贯线的特性、作图方法与步骤。

1. 截交线的分析和作图步骤

（1）空间及投影分析。

① 分析截平面与被截立体的相对位置，以确定截交线的空间形状。

当被截立体为平面体时，分析截平面与立体的几个棱面相交；当被截立体为回转体时，分析截平面与回转体轴线的相对位置，从而确定截交线的空间形状。为此，应熟练掌握棱柱、棱锥、圆柱、圆锥及圆球等被各种特殊位置平面截切所得截交线的空间形状。

② 分析截平面及被截立体与投影面的相对位置，以确定截交线与立体表面的投影特性，从而找出截交线的已知投影，预见未知投影，使解题更有针对性。

（2）求截交线的未知投影。

求截交线的未知投影，关键是要弄清截交线的投影特性。若交线的投影为直线，则求出直线的两个端点的投影后连线；若交线的投影为圆或圆弧，则确定圆心和半径后直接作图；若交线的投影为非圆曲线，则先求出曲线上特殊点的投影，再适当补充一些中间点的投影，然后光滑连接成曲线。

（3）检查。

首先检查截交线的形状是否和分析预见的一致，尤其要注意检查截交线投影的类似性，以及投影之间的"三等"对应关系。其次检查形体的投影是否正确，尤其要注意检查平面体的棱线及回转体回转轮廓线的投影，弄清哪些部分被截去了，哪些部分被保留下来了，保留部分的投影一定要画全。

当一个基本体被多个截平面截切时，要逐个对截平面进行分析，并绘制截交线。

当出现局部截切时，应采用"完整表面相交法"，即先假想成整体被截切进行分析和作图，然后按投影关系取局部。

当组合体被一个截平面截切时，要逐个对基本体进行分析，并绘制截交线，并注意相邻基本体的截交线连接处点的投影。

2. 相贯线的分析和作图

（1）相贯线具有表面性、共有性和封闭性。

（2）求相贯线的作图方法。

求相贯线的作图本质是求相交两立体表面的共有点，求共有点的投影可视相贯线的具体情况采用表面取点法或辅助平面法。

① 若相贯线有两个投影已知，可采用表面取点法作共有点的未知投影。

② 若相贯线只有一个投影已知或没有投影已知，则一般采用辅助平面法求共有点的未知投影。

（3）相贯线的作图步骤。

首先进行空间和投影分析，定性地确定相贯线的空间形状，找出已知投影，预见未知投影，从而选择方便的作图方法。其次按先求出特殊点，再找中间点的步骤找到相贯线上若干个点的投影，光滑连接各点做出相贯线的未知投影。最后检查平面体的棱线和回转体轮廓线的投影是否正确，并判断可见性。

（4）多体相贯。

当遇到多体相贯时，应首先分析清楚哪两个形体相交了、相交两立体的形状，以及在什么位置相交，然后两个形体间两两分析和绘制相贯线，同时注意相贯线各段之间的连接点（三面共点）的投影。

第5章

组合体的视图及尺寸标注

任何复杂的机器零件，一般都可以看成由若干简单立体经过叠加、切割等方式而形成的组合体。本章将在学习正投影的理论和立体表面交线的基础上，进一步学习组合体三视图的投影特性、组合体画图和读图的基本方法，以及组合体尺寸标注的方法。

5.1 组合体概述

5.1.1 组合体的组合方式

对于机械零件，我们可把它抽象并简化为若干基本几何体组成的"体"，这种"体"被称为组合体。其组合方式有叠加和切割两种，一般较复杂的机械零件往往由叠加和切割综合而成。图 5-1（a）中的轴承架，主要由长方形板Ⅰ、半圆端竖板Ⅱ和三角形肋板Ⅲ三部分叠加而成，故称为叠加式组合体。图 5-1（b）中的导向块，是从一个基本体（长方体）中间挖去一四棱柱Ⅰ，然后在长方体左端挖去两个楔形体Ⅱ和Ⅲ，最后再挖去一个圆柱体Ⅳ而得到的，故称为切割式组合体。

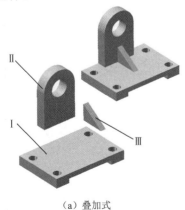
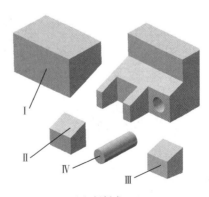

（a）叠加式 　　　　　　　　　　　　　　　（b）切割式

图 5-1　组合体的组合方式

5.1.2　组合体的表面连接关系

组合体经叠加、切割组合之后，组合体之间可能处于上下、左右、前后或对称、同轴等相对位置，组合体的相邻表面之间可能产生共面、不共面、相切、相交等表面连接关系。

（1）共面。

当两形体的表面共面时，在视图中两个形体之间不划分边界线，如图 5-2（a）所示。

（2）不共面。

当两形体的表面不共面时，在视图中两个形体之间要划分边界线，如图 5-2（b）所示。

（3）相切。

当两形体的表面相切时，相切处是光滑过渡的，所以规定两表面相切处视图上不画投影，如图 5-2（c）所示。

（4）相交。

当两形体表面相交时，在相交处应画出交线的投影，即第 4 章所讲的立体表面的交线，如图 5-2（d）所示。

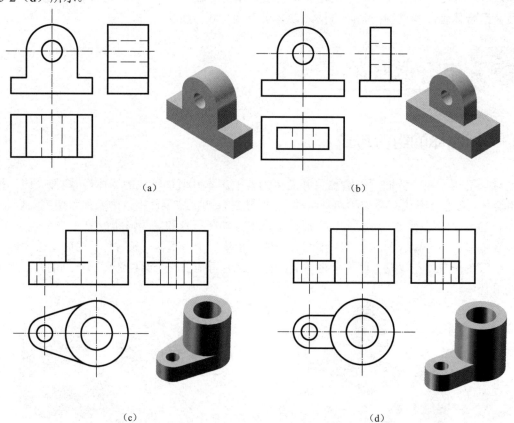

图 5-2　组合体表面之间的连接关系

5.2　画组合体视图

画组合体的三视图时，一般采用形体分析法。所谓形体分析法就是将组合体分解为若干个基本形体（或简单形体），通过确定它们的组合形式和相对位置，分析形体之间的表面连接关系，最后逐个画出形体的三视图。必要时还应对组合体中的投影面、垂直面、一般位置平面利用线面分析法进行投影分析。

例 5-1　以图 5-1（a）所示的轴承架为例，说明画叠加式组合体三视图的方法和步骤。

1. 形体分析

轴承架由长方形底板、半圆端竖板和三角形肋板三个基本部分组成。

（1）长方形底板。底板是由切割法形成的，如图 5-3（a）所示，其外形是一个四棱体，下部中间挖一穿通的长方槽，在四个角上挖四个圆柱孔，其三视图如图 5-3（b）所示。

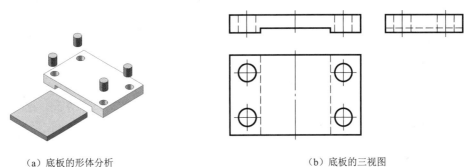

（a）底板的形体分析　　　　　　　　　（b）底板的三视图

图 5-3　长方形底板

（2）半圆端竖板。半圆端竖板也是由切割法形成的，如图 5-4（a）所示，其下部是一个四棱体，上部是半个圆柱，中间挖一个圆柱孔，其三视图如图 5-4（b）所示。

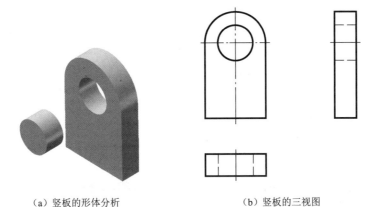

（a）竖板的形体分析　　　　　　　　　（b）竖板的三视图

图 5-4　半圆端竖板

（3）三角形肋板。如图 5-5（a）所示，肋板为一个三棱柱，其三视图如图 5-5（b）所示。

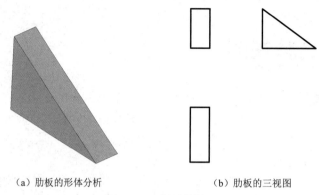

（a）肋板的形体分析   （b）肋板的三视图

图 5-5 三角形肋板

2．确定主视图

在三视图中，主视图是最重要的视图，选择主视图时，首先要使投影方向最能反映组合体的形状特征和各形体之间的位置关系，其次要考虑的是组合体的安放位置。通常将组合体按自然位置安放，使组合体的表面相对于投影面尽可能多地处于平行或垂直的位置，使主视图尽量减少视图中虚线的数量。因此在选择主视图时，应对多种方案进行比较，从中选出最佳的方案。

将图 5-6 所示的轴承架自然放置，从 A、B、C 三个方向进行投射，其中从 A 方向投影时可明显地反映底板、半圆端竖板和肋板的相对位置关系和形状特征，而从 B、C 方向投射时不能很好地反映半圆端竖板形状特征，因此选定 A 方向为主视图的投影方向，而 B、C 方向分别为俯视图和左视图的投影方向。

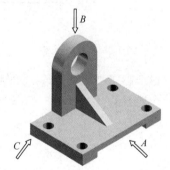

图 5-6 轴承架主视图投影方向

3．画图

画图步骤如图 5-7 所示。

下面总结叠加式组合体的画图步骤及有关注意事项。

（1）选定比例后画出各视图的对称线、回转体的轴线、圆的中心线及主要形体的端面线，并把它们作为基准线来布置画图。

（2）运用形体分析法逐个画出各组成部分。

（3）一般先画较大的、主要的组成部分（如轴承架的长方形底板），再画其他部分；先画主要轮廓，再画细节。

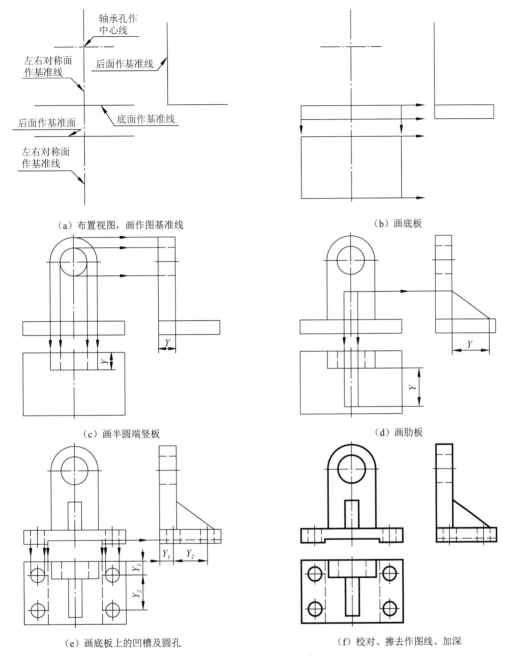

（a）布置视图，画作图基准线　　　　（b）画底板

（c）画半圆端竖板　　　　（d）画肋板

（e）画底板上的凹槽及圆孔　　　　（f）校对、擦去作图线、加深

图 5-7　轴承架的画图步骤

（4）画每一基本几何体时，先从反映实形或有特征的视图（椭圆、三角形、六角形）开始，再按投影关系画出其他视图。对于回转体，先画出轴线、圆的中心线，再画轮廓线。

（5）在画图过程中，应按"长对正、高平齐、宽相等"的投影规律，几个视图对应着画，以保持正确的投影关系。

5.3 组合体的尺寸注法

机件的视图只表达其结构形状，它的大小必须由视图上所标注的尺寸来确定，同时，机件视图上的尺寸是制造、加工和检验的依据。

5.3.1 组合体尺寸标注的基本要求

组合体尺寸标注有以下几点基本要求。

（1）正确。尺寸标注应严格遵循国家标准（GB/T 4458.4—2003、GB/T 16675.2—1996）的规定。

（2）完整。尺寸标注应齐全，要能完全确定物体的形状大小，不允许遗漏尺寸，一般也不要有重复尺寸。

（3）清晰。尺寸布置要整齐、适当集中，便于读图、查找相关尺寸，并使图面清晰。

（4）合理。尺寸标注应尽量考虑设计和工艺上的要求。

在第 1 章介绍尺寸注法标准及平面图形尺寸注法的基础上，本节进一步学习组合体的尺寸注法。

5.3.2 组合体的尺寸分类

组合体的尺寸有定形尺寸、定位尺寸和总体尺寸三类。

1. 定形尺寸

确定组合体中各组成部分形状大小的尺寸称为定形尺寸。前面提到组合体是由基本体组合而成的，因此，正确标注基本形体的尺寸是标注组合体尺寸的基础。基本形体一般都需标注长、宽、高三个方向的尺寸，虽因形状不同，标注形式可能有所不同，但基本形体的尺寸数量不能增减，常见基本形体形状和大小的尺寸标注方法及应标注的尺寸，如图 5-8 所示。

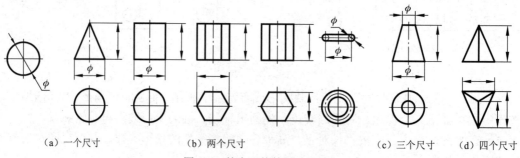

（a）一个尺寸　　　　　（b）两个尺寸　　　　　（c）三个尺寸　　　（d）四个尺寸

图 5-8　基本形体的尺寸注法

当两个形体具有相同尺寸（图 5-9 中底板上的通孔与底板等高），或有两个以上有规律分布的相同结构（图 5-9 中底板上的 $2 \times \phi 4$ 的通孔或图 5-10 中底板件中均匀分布的孔）时，只需标注一个形体的定形尺寸。

2. 定位尺寸

确定组合体中各基本体之间相对位置的尺寸称为定位尺寸。在标注定位尺寸时，要考虑尺寸基准，尺寸基准就是测量尺寸的起点。在三维空间中，应有长、宽、高三个方向的尺寸基准。一般采用组合体（或基本形体）的对称面、回转体轴线和较大的底面、端面作为尺寸基准。图5-9 所示的支架，长度方向的尺寸基准为对称面，宽度方向的尺寸基准为后端面，高度方向的尺寸基准为底面。

图 5-9 主视图中的尺寸 21，以及俯视图中的尺寸 27、14 都是确定组合体的各基本形体之间相互位置的定位尺寸。

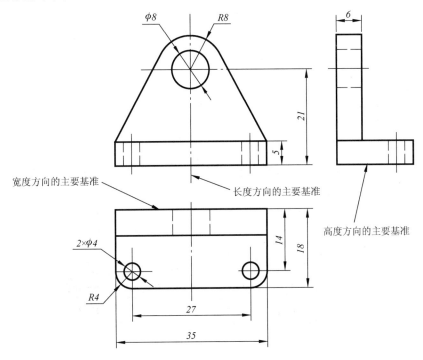

图 5-9　组合体的尺寸分析

两个形体之间应该有三个方向的定位尺寸。若两个形体之间在某一方向处于共面、对称、同轴时，可省略一个定位尺寸，在图 5-9 中，底板上的 2×φ4 两圆柱孔省去了高度定位尺寸。

从以上分析可以看出，基本形体定形尺寸的数量是一定的，两形体之间定位尺寸的数量也是一定的，因此组合体尺寸的数量是确定的。

3. 总体尺寸

确定组合体的总长、总宽、总高的尺寸称为总体尺寸，如图 5-10 所示为注全总体尺寸的示例。总体尺寸不一定都直接注出。有时形体的某个定形尺寸恰好反映了组合体的总体尺寸（图 5-9 中底板的长和宽就是该组合体的总长和总宽），就不必另行标注总体尺寸，否则，需要调整尺寸。因为按形体分析标注定形尺寸和定位尺寸后，尺寸已完整，若再加注总体尺寸就会出现多余尺寸（形成封闭尺寸链），如图 5-10（b）中的底板高度尺寸、圆柱高度尺寸、总高尺寸同时标注就是这种情况，加注总高尺寸后，应去掉一个高度尺寸，如圆柱高度尺寸。为避免调整尺寸，也可先标注总体尺寸。

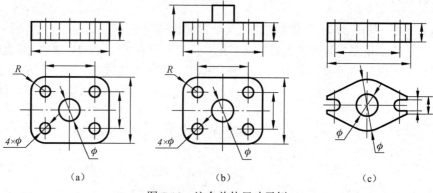

图 5-10　注全总体尺寸示例

有时，为了满足加工要求，既要标注总体尺寸，又要标注定形尺寸，如图 5-10 所示，图中底板四个角的 1/4 圆柱可能与孔同轴，也可能不同轴，但无论同轴与否，均要标注出孔的轴线之间的定位尺寸和 1/4 圆柱面的定形尺寸 R，还要标注出总体尺寸。当二者同轴时，应校核所标注的尺寸数值不要发生矛盾。

当组合体的两端不都是平面而是回转面时，该方向一般不直接标注总体尺寸，而是由确定回转面轴线的定位尺寸和回转面的定形尺寸（半径或直径）来间接确定，如图 5-11 中各图的一些总体尺寸没有直接标注。

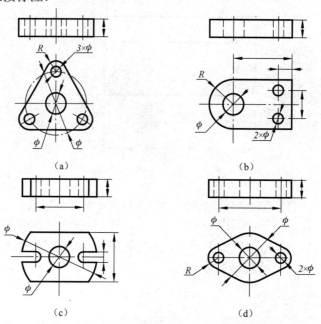

图 5-11　不直接标注总体尺寸示例

在标注具有斜截面或缺口的几何形体的尺寸时，除了标注基本体的定形尺寸外，还应标出截平面或缺口的定位尺寸，但不能在截交线上直接标出尺寸，如图 5-12 所示。

在标注具有相贯线的组合体尺寸时，只需标注各个基本体的定形尺寸及相对位置尺寸，在相贯线上不能标注尺寸，如图 5-13 所示。

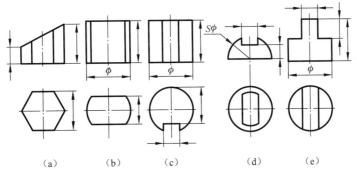

图 5-12　具有斜截面或缺口的几何体的尺寸标注

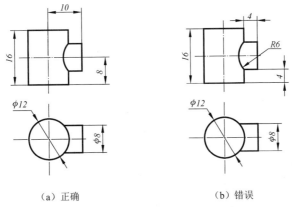

（a）正确　　　　　　　　（b）错误

图 5-13　具有相贯线的组合体的尺寸标注

5.3.3　标注组合体尺寸的方法和步骤

为保证组合体尺寸标注的完整性，一般采用形体分析法，将组合体分解为若干个基本形体，先标注各基本形体的定形尺寸，然后再标注确定它们之间相互位置的定位尺寸。

下面以图 5-6 所示轴承架为例，说明标注组合体尺寸的方法和步骤。

1．形体分析和初步确定各基本体的定形尺寸

在标注组合体尺寸前，首先要对组合体进行形体分析，初步确定基本体定形尺寸。5.2 节已对轴承架进行了形体分析，各个简单立体的尺寸标注如图 5-14（a）、（b）和（c）所示。

2．选定尺寸基准

标注尺寸时，应先选定组合体长、宽、高三个方向上的定位尺寸基准，该轴承架所选定的尺寸基准如图 5-14（d）所示，选定轴承架的左右对称平面、后端面及底面作为长、宽、高三个方向上的尺寸基准。

3．逐个标注各个基本体的定形尺寸和定位尺寸

（1）标注各基本体的定形尺寸。

将图 5-14（a）、图 5-14（b）和图 5-14（c）所示的各个基本体的定形尺寸标注在图 5-14

（e）中。

（2）标注定位尺寸。

如图 5-14（d）所示，底板、切割的长方板、三角形肋板、半圆头竖板都处在选定的基准上，不需要标注定位尺寸；竖板上切割去的 $\phi16$ 的圆柱孔，长度方向的定位尺寸为零，不必标注，轴线方向（宽）同半圆头竖板，高度方向应标注定位尺寸 38；底板上切割形成四圆孔，与底板同高，故高度方向上不必标注定位尺寸，长和宽方向上应分别标注定位尺寸 52、9 和 20。

4．标注总体尺寸

尺寸 38 和 $R15$ 用来确定轴承架的总高，底板的长和宽决定它的总长和总宽，故不必另行标注总体尺寸。

5．校核

最后，对于已标注的尺寸，按正确、完整、清晰的要求进行检查，如有不妥应进行适当修改或调整，经校核后就完成了轴承架的尺寸标注，如图 5-14（e）所示。

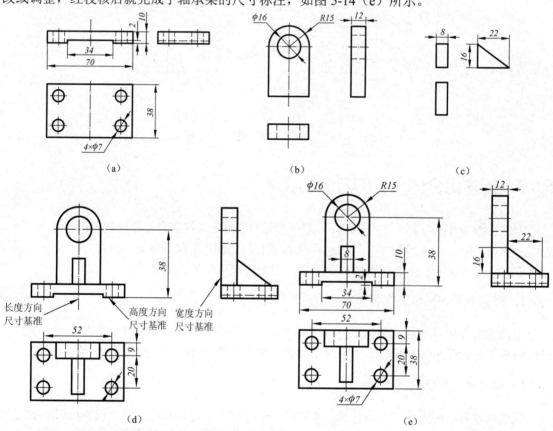

图 5-14　轴承架尺寸标注

最后针对尺寸的清晰标注，总结以下几点：

（1）尺寸应尽可能地标注在形状特征最明显的视图上，半径尺寸应标注在反映圆弧的视图上，例如，图 5-9 中的半径 $R4$、图 5-10 和图 5-11 中的半径 R，直径尺寸尽量标注在非圆视图上，要尽量避免从虚线引出尺寸。

（2）同一个基本体的尺寸，应尽量集中标注，如图 5-14（e）主视图中的 34 和 2。

（3）尺寸尽可能标注在视图外部，但为了避免尺寸界线过长或与其他图线相交，必要时也可标注在视图内部，如图 5-14（e）中肋板的定形尺寸 8。

（4）与两个视图有关的尺寸，尽可能标注在两个视图之间。如图 5-14（e）中主、俯视图之间的尺寸 34、70、52 及主、左视图之间的尺寸 10、38、16 等。

（5）尺寸布置要齐整，避免过分分散和杂乱。在标注同一方向的尺寸时，应该小尺寸在内，大尺寸在外，以免尺寸线与尺寸界线相交。

5.4　读组合体视图

画图和读图是互逆过程，画图是把空间形体用正投影法表达在平面上，读图则是根据已画出的视图，通过形体分析和线面分析，想象出空间形体的结构形状。为了正确、迅速地读懂视图，必须掌握读图的基本要领和基本方法，培养空间想象能力和形体构思能力，通过不断实践逐步提高读图能力。

5.4.1　读图的基本方法和要领

1. 读图的基本方法

读图一般以形体分析法为主，线面分析法为辅。根据形体的视图，逐个识别出各个形体，并确定形体的组合方式、相对位置关系及相邻表面的连接关系。当初步想象出组合体后，还应验证给定的每个视图与所想象的组合体的视图是否相符，当二者不一致时，应按照给定的视图进行修正，想象出正确的组合体。

2. 读图的基本要领

1）把几个视图联系起来看

一般情况下，一个视图不能完全确定组合体的形状，在读图时，要根据几个视图运用投影规律进行分析、构思，才能想象出物体的空间形状。图 5-15 中主、左视图均相似，配合俯视图可以看出它们是三种不同的形体。因此，读图时切勿孤立地看一个视图，必须抓住重点，以主视图为中心，把几个视图联系起来看。

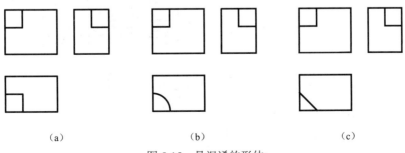

(a)　　　　　　　　(b)　　　　　　　　(c)

图 5-15　易混淆的形体

2）抓住特征视图

所谓特征视图，就是把物体的形状或位置反映得最充分的那个视图。

（1）形状特征视图。

最能反映物体形状特征的那个视图称为形状特征视图。由于形体的组合方式不同，一般情况下反映各部分的特征形线框不一定集中于某一个视图，所以看图时，必须要从各个视图中找出反映每个部分的特征形线框，并以特征形线框为基础，想象出各部分的形状。

如图 5-16（a）所示，主视图有两个线框 *1′*、*2′*，对照投影关系可知该物体由两个形体组成，而且俯视图的线框 *1* 和左视图的线框 *2″* 分别为两个形体的特征形线框。分别以这两个特征形线框为基础，结合另两个视图，就可得出两部分的形状，如图 5-16（b）所示。

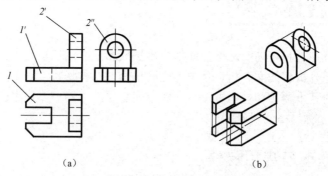

（a）   （b）

图 5-16　形状特征视图

（2）位置特征视图。

最能反映物体位置特征的那个视图称为位置特征视图。读图时，应善于寻找位置特征视图，想象物体各部分的相对位置。如图 5-17（a）所示，主视图线框 *a′*、*b′* 清楚地表达了形体 *A* 和 *B* 上、下、左、右的相对位置。但其前、后位置，即哪个凸出，哪个凹入，由于俯视图投影重合而无法判别。如果给出了左视图，则马上可以分辨出形体 *A* 和 *B* 的前后位置，因此只有把主、左视图配合起来看，才能迅速想象出该物体的形状，如图 5-17（b）所示。

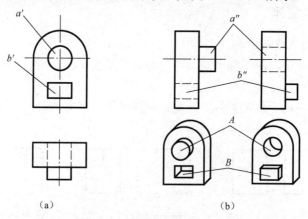

（a）   （b）

图 5-17　位置特征视图

3）理解视图中图线和线框的意义

弄清视图中图线和线框的意义是读图的基础。

① 视图中的图线有三种含义，如图 5-18 所示。

● 面与面的交线。这里的交线可以是两平面的交线，也可以是两曲面的交线或平面与曲面的交线。

- 特殊位置平面或曲面。这种线是形体上有积聚性平面或曲面的投影。
- 曲面回转轮廓线的投影。
② 视图中的封闭线框有三种含义。
- 物体上不同位置平面的投影，如图 5-19 所示的 *A*、*B*、*C* 面。可能是曲面的投影，如图 5-18 所示；还可能是曲面和相切平面的投影，如图 5-19 所示的 *B* 面。
- 一个形体的投影。
- 通孔的投影。

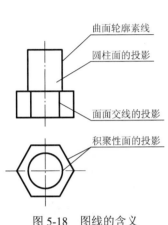

图 5-18 图线的含义

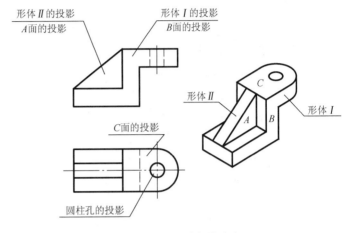

图 5-19 封闭线框的含义

5.4.2 读组合体视图的方法和步骤

1. 形体分析法读图

读图的基本方法与画图一样，主要也是运用形体分析法。在反映形状特征比较明显的视图（一般为主视图）上，先按线框的对应关系将组合体分为几部分，即几个基本体（或简单体），然后运用投影规律找到每个线框在其他视图上对应的投影，想象出各部分的形状、相对位置及其表面连接关系，最后综合起来想象出组合体的整体形状。下面以图 5-20（a）的三视图为例加以说明。

（1）联系有关视图，看清投影关系。先从主视图看起，借助于丁字尺、三角板、分规等工具，根据"长对正、高平齐、宽相等"的规律，把几个视图联系起来，看清投影关系，做好读图准备。

（2）把一个视图分成几个独立部分加以考虑，一般把主视图中的封闭线框（实线框、虚线框或实线与虚线框）作为独立部分。例如，图 5-20（b）的主视图分成 5 个独立部分：*I*、*II*、*III*、*IV*、*V*。

（3）识别形体，定位置。根据各部分三视图（或两视图）的投影特点想象出形体，并确定它们之间的相对位置。在图 5-20（b）中，*I* 为四棱柱与倒 U 形柱的组合；*II* 为倒 U 形柱（槽），前后各切割出一个 U 形柱；*III*、*IV* 都是横 U 形柱（缺口）；*V* 为圆柱（切割形成圆孔）。

（4）综合起来想整体。综合考虑各个基本形体及其相对位置关系，整个组合体的形状就清楚了。通过逐个分析，可由图 5-20（a）的三视图，想象出如图 5-20（h）所示的物体。

在上述讨论中，我们反复强调了要把几个视图联系起来看，只看一个视图往往不能确定形体的形状和相邻表面的相对位置关系。在读图过程中，一定要对各个视图反复对照，直至都符合投影规律时，才能最后得出结论，切忌看了一个视图就下结论。

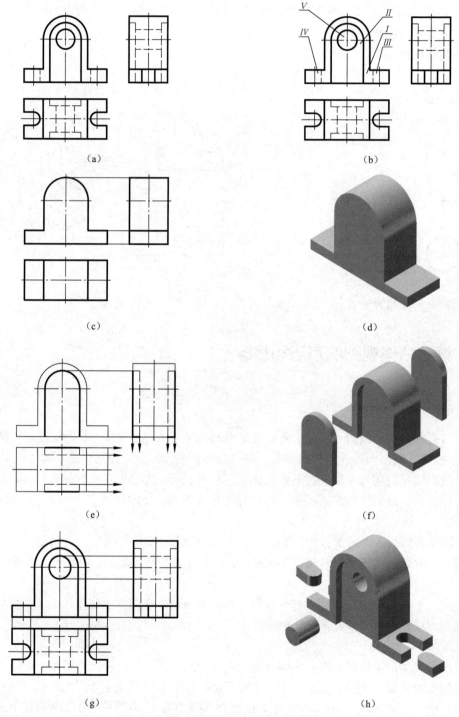

图 5-20　形体分析法读图

2. 线面分析法读图

对于形状比较复杂的切割型组合体，读其三视图时，在运用形体分析法的同时，对于不易读懂的部分，通常还用线面分析法来帮助想象这些局部形状。

构成物体的各个表面，不论形状如何，它们的投影如果不具有积聚性，一般都是一个封闭的线框。在读图过程中，常用线和面的投影特性来帮助分析物体各部分的形状和相对位置，从而想象出物体的整体形状。

1）识别视图中线框的种类

① 全等形线框。全等形线框表示形体上平行于投影面的平面，线框的形状和形体上的完全一样。它在三视图中的对应关系是：一个线框对应两条平行相应投影轴的直线，如图 5-21 所示。

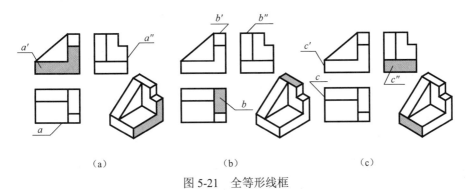

（a）　　　　　　　　（b）　　　　　　　　（c）

图 5-21　全等形线框

② 类似形线框。类似形表示形体上的斜面，类似形线框在视图中的对应关系有两种：一是对应一条倾斜的直线和一个类似形线框，其空间位置是投影面垂直面，如图 5-22（a）、（b）和（c）所示；二是对应另外两个类似形线框，其空间位置是一般位置平面，如图 5-22（d）所示。

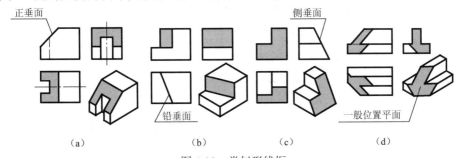

（a）　　　　　　　　（b）　　　　　　　　（c）　　　　　　　　（d）

图 5-22　类似形线框

凡类似形线框则表示同一平面，否则分别表示两个不同的平面。类似形线框具有下列性质。

● 类似形线框的边数相同，直线边对应直线边、曲线边对应曲线边，线框的各顶点符合点的投影规律，且各顶点的连接顺序相同。
● 类似形线框中的平行边对应平行边，且各平行边的线段长度成等比。
● 线框的各凹凸形式相同，即线框的缺口或缺角的朝向一致，如图 5-22（a）和（c）所示。

2）视图之间找线框对应关系的思维方法

① 视图之间找不到类似形线框，必有积聚性线段相对应。如图 5-21（a）所示主视图线框 *a'* 在俯、左视图均找不到类似形线框，只能分别找到具有积聚性的线段 *a* 和 *a''*，说明 *A* 是正平

面。图 5-22（a）俯、左视图中相对应的类似形线框，在主视图中找不到类似形线框，则必对应积聚性斜线，表示正垂面。

② 分清视图中相邻线框的位置关系。视图中相邻的封闭线框是物体上相交或错开面的投影，根据其他投影，可以判别其相对位置。如图 5-23 所示，主视图相邻线框 a'、b'、c'，根据俯视图可以判别其相对位置，而俯视图中 d、e 两个线框在主视图中的位置需借助主视图中线段的可见性判别。

③ 借助垂直线的积聚点分清线框对应关系。视图中的点如是垂直线的积聚点，那它在其他视图中一定对应表示实长的直线，根据垂直线的实长和投影可以推断平面的相对位置。如图 5-24 所示，可通过点 $1'$、$2'$ 和 $3'$ 所对应俯视图中的投影 1、2 和 3 的长度及位置来判断 a'、b' 在俯视图中所应用的投影为 X、Y，从而确定 A、B 的前后位置。

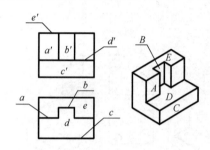

图 5-23 相邻线框框的相对位置

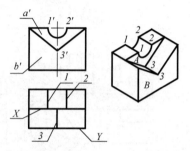

图 5-24 借助积聚点分清线框对应关系

下面以图 5-25 所示压块为例，说明用线面分析法读图的一般方法。

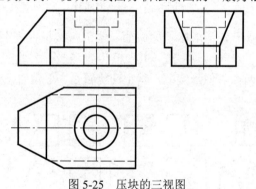

图 5-25 压块的三视图

① 先分析整体形状。由于压块的三个视图的外轮廓基本上都是长方形（只缺掉了几个角），所以它的基本形体是一个长方块。

② 进一步分析细节形状。从主、俯视图可以看出，压块右方从上到下有一阶梯孔。主视图的长方形缺个角，说明在长方块的左上方切掉一角。俯视图的长方形缺两个角，说明长方块左端切掉前、后两个角。左视图也缺两个角，说明长方块下方前后各切去一块。

用这样的形体分析法，压块的基本形状就大致有数了。但是，究竟是被什么样的平面切的？截切以后的投影为什么会是这个样子？还需要用线面分析法进行分析。

下面我们应用三视图的投影规律，找出每个表面的三个投影。

（1）先读图 5-26（a），从俯视图中的梯形线框出发，在主视图中找出与它对应的斜线 p'，可知 P 面是垂直于正面的梯形平面，长方块的左上角就是由这个平面切割而成的。平面 P 对侧面和水平面都处于倾斜位置，所以它的侧面投影 p'' 和水平投影 p 是类似图形，不反映 P 面的实形。

（2）再读图 5-26（b），由主视图的七边形 q' 出发，在俯视图上找出与它对应的斜线 q，可知 Q 面是垂直于水平面的。长方块的左端就是由这样的两个平面切割而成的。平面 Q 对正面和侧面都处于倾斜位置，因而侧面投影 q'' 也是一个类似的七边形。

（3）从主视图上的长方形 r' 入手，找出面的三个投影，如图 5-26（c）所示；从俯视图的四边形 s 出发，找到 S 面的三个投影，如图 5-26（d）所示。不难看出，R 面平行于正面，S 面平行于水平面。长方块的前后两侧，就是这两个平面切割而成的。在图 5-26（d）中，$a'b'$ 线不是平面的投影，而是 R 面与 Q 面的交线。$c'd'$ 线是哪两个平面的交线？请读者自行分析。

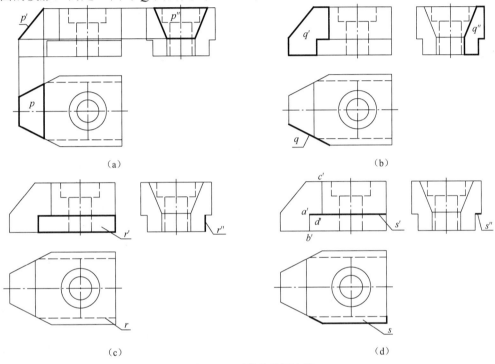

（a）　　　　　　　　　　　　　　　（b）

（c）　　　　　　　　　　　　　　　（d）

图 5-26　压块的读图方法

其余的表面比较简单易看，不需一一分析。这样，我们既从形体上，又从线面的投影上，彻底弄清了整个压块的三面视图，就可以想象出如图 5-27 所示物体的空间形状了。

图 5-27　压块

读图时一般是以形体分析法为主，线面分析法为辅。线面分析法主要用来分析视图中的局部复杂投影，对于切割式的零件用得较多。

3．读图综合举例

读组合体的视图通常将形体分析法与线面分析法并用，以形体分析法为主，线面分析法为辅。先确定整体，后补充细节；先分析主要结构，后确定次要结构；先看清容易的部分，后解决困难的部分。

根据物体两视图补画第三视图（简称二求三），是培养读图和画图能力的一种有效手段，补画第三视图时应注意如下几点。

（1）二求三是在看懂已知的两面视图基础上进行的，因此首先根据形体分析法把物体分成几个部分，并把形状想象清楚后，才能补画。当遇到难以分清的形体时，则用线面分析法。

（2）补画顺序一般先画主体、大的部分，再画小的、细节部分；先画外形、再画内形。切忌作图过程的盲目性。

（3）各个部分补图时，应正确反映每部分的方位关系，严格遵守视图之间的三等关系，并正确判断视图中线、线框的可见性。

（4）正确处理两部分连接处图线的变化。当两形体叠加或切割时，其表面连接关系按 5.1 节所述进行处理。

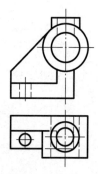

图 5-28　支撑架主、俯视图

例 5-2　读懂图 5-28 所示的支撑架的主、俯视图，作左视图。

（1）读图想象立体形状。通过主、俯视图投影关系的初步分析，从反映特征形状较多的主视图入手，把主视图线框分为 1′、2′、3′、4′四部分，如图 5-29（a）所示。

根据投影关系分别找出对应的俯视图线框 1、2、3、4，依次想象出各部分的形状。I 为倒 L 形主体，II 为空心圆柱筒，III 为肋板，IV 为空心小圆柱筒，从这些线框的位置、连接关系，可以看出 L 形主体上支撑圆柱筒 II、肋板 III 与圆柱筒 II 相切，小圆柱筒 IV 与大圆柱筒 II 相交，再综合想象整体形状。

（2）作左视图。作图时，应根据所想象的各部分形状，按三视图的投影关系逐个画出侧面投影，并正确处理各部分相连接处图线的变化，如图 5-29（b）、（c）和（d）所示。

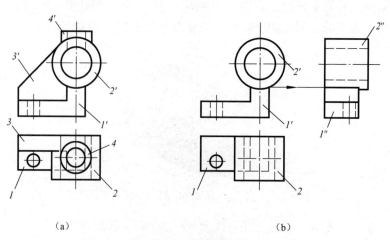

（a）　　　　　　　　　　　　　　　　（b）

图 5-29　补画支撑架左视图的作图步骤

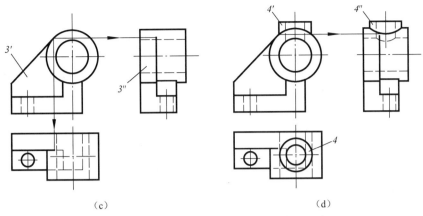

（c）　　　　　　　　　　　　　　（d）

图 5-29　补画支撑架左视图的作图步骤（续）

最后完成的支撑架三视图和立体图如图 5-30 所示。

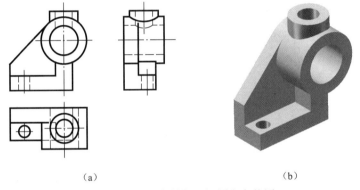

（a）　　　　　　　　　　　　　　（b）

图 5-30　支撑架三视图和立体图

例 5-3　读懂图 5-31 所示的磁钢主、左视图，作俯视图。

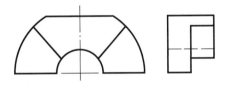

图 5-31　磁钢主、左视图

（1）形体分析。由图 5-31 可以看出，主视图的外形轮廓是半圆弧，左视图是长方形缺一角，所以磁钢的基本形体是半圆柱，轴线垂直于正面。半圆柱的上方被平行于轴线的水平面截去一块，下方挖掉半个小圆柱。由此先补其水平投影，如图 5-32（a）所示。但是为什么左视图中右下角缺一块？是被什么样的平面所切？下面进行线面分析。

（2）线面分析。

如图 5-32（b）所示，正面投影 p' 线框，在侧面投影中无高平齐的类似线框，对应的是直线 p''，故平面 P 是正平面，是磁钢前表面被切到的，其水平投影是直线 p。

如图 5-32（c）所示，正面投影 t' 线框，在侧面投影中无高平齐的类似线框，只有直线 t'' 对应，可见平面 T 也是正平面，位于磁钢两侧并居 P 面之后，其水平投影是直线 t。

如图 5-32（d）所示，正面投影斜直线 q'，与侧面投影的矩形线框 q'' 对应，因此平面 Q 是正垂面，其水平投影是类似的矩形框 q。显然，磁钢的前方左右两侧被各切去一块。

如图 5-32（e）所示，半圆柱被切割后，左右两块外圆柱面 R 的侧面投影 r'' 与水平投影 r 是类似的六边形线框。

如图 5-32（f）所示，内圆柱面 M 的水平投影是 m 线框，而左右两部分的侧面投影重合于 m'' 线框。

（3）检查、描深，做出俯视图，如图 5-32（g）所示。磁钢的立体图如图 5-32（h）所示。

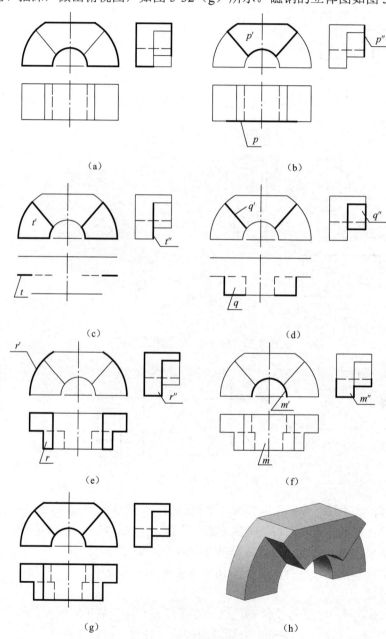

图 5-32　补画磁钢俯视图

例 5-4　读懂图 5-33 所示的导向块主、左视图，作俯视图。

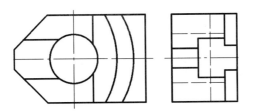

图 5-33　导向块主、左视图

（1）形体分析。由图 5-33 可以看出，导向块主视图的外形轮廓是长方形缺两个角，左视图是长方形，所以导向块的基本形体是长方体，其中挖有一个轴线与正平面垂直的圆柱孔。由此先补其水平投影，如图 5-34（a）所示。但是为什么主视图中左边上、下角缺一块？是什么样的平面所切？左视图中为什么有很多线条？这些都要进行线面分析。

（2）线面分析。

如图 5-34（b）所示，正面投影 p' 线框，在侧面投影中无高平齐的类似线框，对应的是直线 p''，故平面 P 是正平面，是导向块前表面被切到的，其水平投影是直线 p。

如图 5-34（c）所示，正面投影 q' 线框，在侧面投影中无高平齐的类似线框，对应的是直线 q''，因此平面 Q 是正平面。显然，导向块的左方上下两侧被各切去一块。

如图 5-34（d）所示，正面投影 r' 线框，在侧面投影中无高平齐的类似线框，对应的是直线 r''，因此平面 R 是正平面。显然，导向块的中间被各切去一块。

如图 5-34（e）所示，正面投影斜直线 s'，与侧面投影的六边形线框 s'' 相对应，因此平面 Q 是正垂面，其水平投影是类似的六边形线框 s。显然，导向块的左方上下两侧被各切去一块。

（3）检查、描深，做出俯视图，如图 5-34（f）所示。导向块的立体图如图 5-34（g）所示。

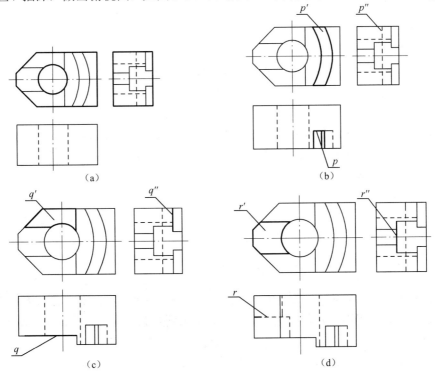

图 5-34　补画导向块俯视图

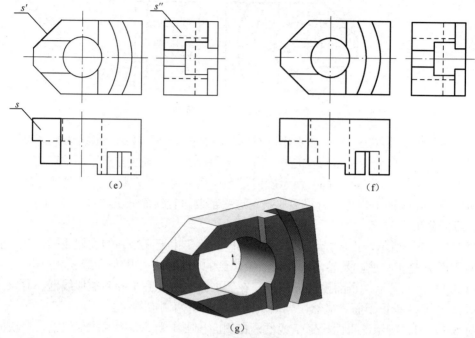

（e）　　　　　　　　　　　　　　　（f）

（g）

图 5-34　补画导向块俯视图（续）

小　结

本章着重介绍了形体分析法，并用形体分析法及线面分析法来介绍组合体视图的画法、尺寸标注和它的读图方法。

1. 视图画法

先对组合体进行形体分析，选取最能反映组合体各部分形状、位置的投影作为主视图，然后逐个画出各基本形体的投影，并要注意其组合形式，特别要注意各表面的连接关系。画图时应先主后次，先画整体后画细节，先画可见部分后画不可见部分。绘制每个具体部分时，应从反映实形的投影或表面有积聚性的投影画起，再画与它相对应的另外两个投影，

以便保证三个视图之间的投影关系。画图时应逐个形体地画，同时注意分析表面的过渡关系，以避免多线或漏线。

2. 尺寸标注

尺寸标注要完整、清晰。为使尺寸标注完整，也要应用形体分析法，标注出各组成部分的定形尺寸，确定它们之间相互位置的定位尺寸及总体尺寸，同时要求尺寸标注清晰。

3. 读图方法

形体分析法是读图的基本方法，读图一般应从主视图入手，把视图按形体分成若干部分，分别读懂各组成部分的视图，想象出它们的形状。根据主视图判断各组成部分的上下、左右位置，根据俯视图或左视图判断各组成部分的前后位置，最后综合起来想象出物体的整体形状。对于有些形体不明显，或有一些倾斜的表面，或产生一些复杂表面交线的物体，在难读懂的投影处，还应采用线面分析法帮助读图。

形体分析法是组合体画图和读图的基本方法，是本章的重点，要熟练掌握，灵活运用。

第6章

轴测投影图

在工程上，应用正投影法画出的多面投影图具有度量性好、作图简便等特点，但这种图样缺乏直观性，要想象物体的形状，往往需要把几个视图联系起来看。为了帮助看图，工程上常采用轴测投影图（简称轴测图）来辅助表达物体的形状。

6.1 轴测图的基本概念

6.1.1 轴测图的形成

轴测图是将物体连同其参考直角坐标系，沿不平行于任一坐标面的方向，用平行投影法将其投射在单一投影面上所得到的图形，如图 6-1 所示。与三视图相比，轴测图形象生动，具有立体感，但度量性差，是工程上常用的辅助图样。

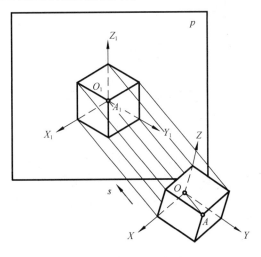

图 6-1 轴测图的概念

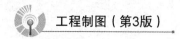

投影面 p 称为轴测投影面，投射线方向 s 称为投射方向。空间坐标轴 OX、OY、OZ 在投影面上的投影 O_1X_1、O_1Y_1、O_1Z_1 称为轴测投影轴，简称轴测轴。

6.1.2 轴间角与轴向伸缩系数

轴测轴之间的夹角称为轴间角。随着空间坐标轴、投射方向与轴测投影面的相对位置不同，轴间角大小也不同。直角坐标轴上单位线段的轴测投影长度与对应直角坐标轴上的单位长度之比，称为轴向伸缩系数。X、Y、Z 三个方向上的轴向伸缩系数分别用 p、q、r 来表示。

6.1.3 轴测图的分类

根据投影方向及物体与轴测投影面的相对位置不同，轴测图可分为两类：当投影方向垂直于轴测投影面时，称为正轴测图；当投影方向倾斜于轴测投影面时，称为斜轴测图。

1．正轴测图

（1）正等轴测图（简称正等测）：$p=q=r$。
（2）正二等轴测图（简称正二测）：$p=q\neq r$ 或 $p=r\neq q$ 或 $q=r\neq p$。
（3）正三轴测图（简称正三测）：$p\neq q\neq r$。

2．斜轴测图

（1）斜等轴测图（简称斜等测）：$p=q=r$。
（2）斜二等轴测图（简称斜二测）：$p=q\neq r$ 或 $p= r\neq q$ 或 $q = r\neq p$。
（3）斜三轴测图（简称斜三测）：$p\neq q\neq r$。

机械工程中常用的是正等测和斜二测。本章将重点介绍正等轴测图的画法，简要介绍斜二等轴测图的画法。

6.1.4 轴测图的投影特性

由于轴测图是用平行投影法得到的，所以它具有如下的投影特性。

1）平行性

凡空间相互平行的直线，它们的轴测投影仍相互平行，因此物体上平行于三根坐标轴的线段在轴测图上仍平行于相应的轴测轴。

2）定比性

凡物体上与坐标轴平行线段的轴测投影与空间线段长度之比，等于相应的轴向伸缩系数。因此，凡平行于三根坐标轴的线段，在轴测图上具有度量性；凡不平行于三根坐标轴的线段，就不再具有度量性。画轴测图时，物体上与坐标轴平行的线段的轴测投影可根据平行性确定其方向，根据定比性确定其投影长度。

6.2　正等轴测图

6.2.1　轴间角和轴向伸缩系数

为了使正等轴测图的三个轴向伸缩系数相等，就必须使直角坐标系的三根坐标轴与投影面的夹角相等，通过计算可知，这三个夹角都为 $35°16'$，三个轴间角都为 $120°$（见图 6-2）。因此，三个轴向伸缩系数 $p=q=r=\cos 35°16'≈0.82$。为了便于作图，国家标准规定，取 $p=q=r=1$，称为简化的轴向伸缩系数，此时画出的正等轴测图沿各轴向的长度都分别放大了约 $1/0.82≈1.22$ 倍，但形状仍然不变，于是通常都直接用简化系数来画正等轴测图。

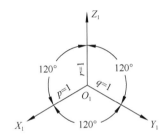

图 6-2　正等轴测图的轴间角和轴向伸缩系数

6.2.2　平面立体正等轴测图的画法

绘制物体的轴测图，通常采用坐标法、切割法和叠加法，其中坐标法是最基本的画法，切割法和叠加法是建立在坐标法的基础上针对组合体所采用的画法。

1．坐标法

根据物体的特点，先在物体上选定一个合适的直角坐标系 $OXYZ$ 作为度量基准，然后根据物体上每一点的坐标，定出它在轴测图上的位置，此法称为坐标法。

例 6-1　画出图 6-3 所示的正六棱柱的正等轴测图。

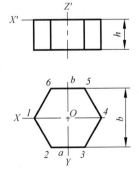

图 6-3　正六棱柱的两面投影

解 （1）形体分析，确定坐标轴。如图 6-3 所示，将正六棱柱的顶面和底面水平放置，其顶面各顶点分别为 1、2、3、4、5、6，直角坐标系原点 O 放在顶面中心位置，并画出相应的坐标轴。

（2）作轴测轴，由 1、4、a、b 的坐标在其对应的轴测轴上得到 1_1、4_1 和 a_1、b_1 ［见图 6-4（a）］。

（3）通过 a_1、b_1 作 X 轴的平行线，根据 X 坐标在平行线上求得 2_1、3_1 和 5_1、6_1 点，然后顺次连接成顶面 ［见图 6-4（b）］。

（4）由点 6_1、1_1 和 2_1、3_1 沿 Z 轴量取 h，得 7_1、8_1 和 9_1、10_1 ［见图 6-4（c）］。

（5）顺次连接 7_1、8_1、9_1、10_1，加粗可见轮廓线，作图结果如图 6-4（d）所示。

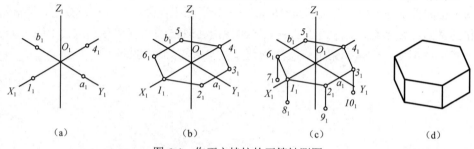

|（a）|（b）|（c）|（d）|

图 6-4　作正六棱柱的正等轴测图

在轴测图中，应用粗实线画出物体的可见轮廓，为了使画出的图形明显起见，通常不画出物体的不可见轮廓，上例中原点放在顶面有利于沿 Z 轴方向从上向下量取棱柱高度 h，避免画出多余的作图线，使作图简化。

2．切割法

切割法又称方箱法，适合于绘制由基本体切割而成的组合体的轴测图，它是以坐标法为基础的。先用坐标法画出完整的基本体，然后按形体分析的方法逐块切去多余的部分。

例 6-2 画出图 6-5（a）所示垫块的正等轴测图。

解 （1）根据尺寸 a、b、h 先画出完整的长方体 ［见图 6-5（b）］；

（2）根据尺寸 c 和 d 用正垂面在左上角切去一个三棱柱 ［见图 6-5（c）］；

（3）根据尺寸 e 和 f，用铅垂面切去左前方的三棱柱 ［见图 6-5（d）］；

（4）擦去作图线，描深可见部分即完成作图 ［见图 6-5（e）］。

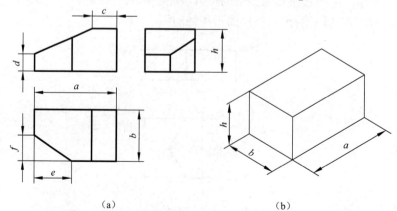

|（a）|（b）|

图 6-5　垫块的正等轴测图

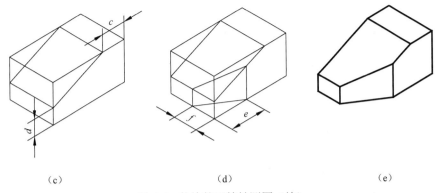

（c）　　　　　　　　　（d）　　　　　　　　　（e）

图 6-5　垫块的正等轴测图（续）

3．叠加法

叠加法是先将物体分成几个简单的组成部分，再按照它们之间的相对位置画出各部分的轴测图，并根据彼此表面的过渡关系，最终得到物体轴测图的方法。

例 6-3　画出图 6-6（a）所示平面立体的正等轴测图。

解　（1）用形体分析的方法将物体分解为底板 *I*、竖板 *II*、肋板*III*和肋板*IV*共 4 个部分 [见图 6-6（a）]。

（2）先根据尺寸 *a*、*b*、*c* 画出底板的形状 [见图 6-6（b）]。

（3）在底板上方按尺寸 *d* 和 *h* 画出竖板 *II*，竖板的背面与底板后面平齐 [见图 6-6（c）]。

（4）在底板上方和竖板前方画出肋板*III*和肋板*IV*，两肋板位于底板的两侧 [见图 6-6（d）]。

（5）擦去作图辅助线和不可见轮廓线，描深后即得物体的轴测图 [见图 6-6（e）]。

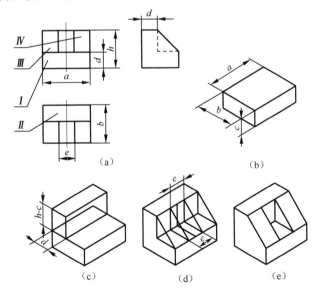

（a）　　　　　　　　　　　（b）

（c）　　　　　　　（d）　　　　　　　（e）

图 6-6　叠加法画正等轴测图

切割法和叠加法都是根据形体分析法得出的，在绘制复杂零件的轴测图时，通常需灵活运用上述三种绘图方法，同时充分利用轴测图的投影特性来画图。

6.2.3　回转体正等轴测图的画法

常见的回转体有圆柱、圆锥、圆球和圆台等。在作回转体的轴测图时，首先要解决圆的轴测图画法问题。当圆平行于任何一个坐标面时，其圆的正等测图均是椭圆。设在一个正方体的表面上，分别有三个内切圆，它们分别平行于坐标面 XOY、XOZ、YOZ，它的轴测图如图 6-7 所示。

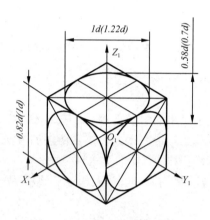

图 6-7　平行于坐标面圆的正等轴测图

三个正方形表面投影后均变为菱形，于是正方形内的三个内切圆则变为椭圆。这就是菱形法画近似椭圆的依据。

1．椭圆的长、短轴方向

椭圆的长轴方向与外切菱形的长对角线方向相同，与相应的轴测轴垂直。

平行于 XOY 坐标面的圆：轴测图上椭圆的长轴与 O_1Z_1 轴垂直，短轴平行于 O_1Z_1 轴。

平行于 YOZ 坐标面的圆：轴测图上椭圆的长轴与 O_1X_1 轴垂直，短轴平行于 O_1X_1 轴。

平行于 XOZ 坐标面的圆：轴测图上椭圆的长轴与 O_1Y_1 轴垂直，短轴平行于 O_1Y_1 轴。

注：本章中无下角标的坐标是空间直角坐标系，有下角标的是空间直角坐标在轴测投影面上的投影。

椭圆的长轴与菱形的长对角线重合，短轴与菱形的短对角线重合。

2．椭圆的长、短轴尺寸

当采用轴向伸缩系数 0.82 作图时，椭圆长轴的长度等于圆的直径 d，短轴的长度为 $0.58d$；而当采用简化伸缩系数 1 作图时，椭圆长轴的长度为 $1.22d$，短轴的长度为 $0.7d$。

绘制平行于坐标面圆的正等测图，通常采用近似作图法——菱形法，即首先画出圆的外切正方形的正等轴测图，通过作图找出四个圆心，画出首尾相切的四段圆弧近似代替椭圆，所以这种画法也称作"四心椭圆法"，下面介绍这一作图过程。

（1）通过圆心 O 作坐标轴 OX 和 OY，再作四边平行于坐标轴的圆的外切正方形，切点为 1、2、3、4［见图 6-8（a）］。

（2）作轴测轴 O_1X_1、O_1Y_1，从点 O_1 沿轴向按圆半径量得切点 1_1、2_1、3_1、4_1，过这四点作轴测轴的平行线，得到菱形，并作菱形的对角线 A_1C_1、B_1D_1［见图6-8（b）］。

（3）过短对角线顶点 A_1、C_1 与对边中点作连线，在菱形的长对角线上得到两个交点 E_1、F_1，这两个点及 A_1、C_1 就是代替椭圆弧的四段圆弧的中心［见图6-8（c）］。

（4）分别以 A_1、C_1 为圆心，$A_1 1_1$ 为半径画圆弧 $1_1 2_1$、$3_1 4_1$；再以 E_1 和 F_1 为圆心，$E_1 4_1$ 为半径画圆弧 $2_1 3_1$、$1_1 4_1$［见图6-8（d）］。

（5）加深四段圆弧，即得近似椭圆，完成全图［见图6-8（e）］。

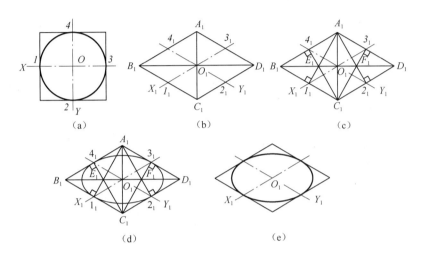

图6-8　菱形法作近似椭圆

例6-4　已知圆柱的主、俯视图［见图6-9（a）］，作圆柱的正等轴测图。

解　首先以圆柱底面圆心为坐标原点、圆柱轴线为 OZ 轴建立直角坐标系；根据上述菱形法做出底面圆的正等轴测图；由于圆柱的上、下两个圆互相平行、大小相等，所以沿 O_1Z_1 方向量取 O_1O_2 等于圆柱的高 h，得到 O_2，以 O_2 为圆心画出顶面圆的正等轴测图；然后作两椭圆的外公切线，擦去多余的作图线，描深可见轮廓线，即得圆柱的正等轴测图［见图6-9（d）］。

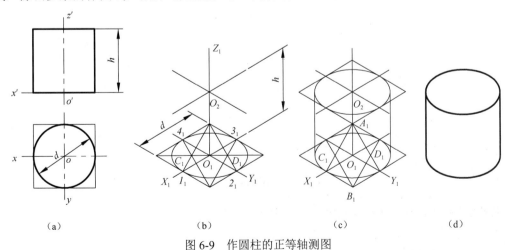

图6-9　作圆柱的正等轴测图

例6-5　已知圆锥台的主、左视图［见图6-10（a）］，作圆锥台的正等轴测图。

解 画圆锥台正等轴测图的方法与画圆柱正等轴测图的方法近似，不同的只是两个底圆的直径不同，同时要注意，图示圆锥台的轴线是垂直于正面的，因此两个底圆是位于 *YOZ* 坐标面及其平行面上的。作图方法和步骤如下：

（1）根据所给出的视图 [见图 6-10（a）]，画轴测轴及顶圆与底圆的外切正方形的正等轴测图 [见图 6-10（b）]。

（2）用菱形法作近似椭圆，并作两椭圆的外公切线 [见图 6-10（c）]。

（3）擦去多余作图线，描深全图 [见图 6-10（d）]。

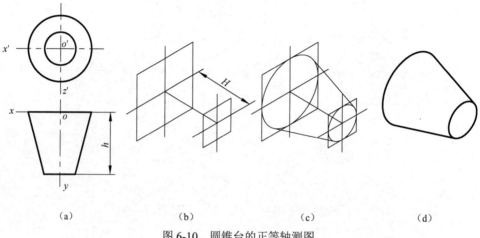

（a）	（b）	（c）	（d）

图 6-10　圆锥台的正等轴测图

6.2.4　圆角的正等轴测图画法

在机件上经常会遇到由 1/4 圆柱面形成的圆角轮廓，画图时就需画出 1/4 圆柱，这样的结构在轴测图上近似为 1/4 椭圆弧，因此，这些圆角可参照菱形法画椭圆进行作图。如图 6-11 所示，每段圆弧的圆心都是过外切菱形各边中点所作垂线的交点，如 O_1、O_2，大小圆弧半径也就随之而定。

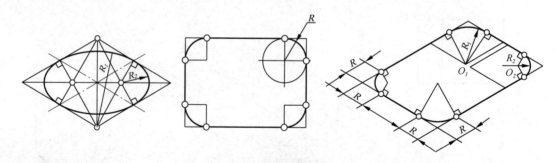

图 6-11　1/4 圆弧的正等轴测图

例 6-6 画带所圆角的长方体底板的正等轴测图。

解 （1）根据所给出的视图 [见图 6-12（a）]，画出长方体的轴测图，并在其上由顶面上前方两角点沿两边分别截取半径 *R*，得切点 *1*、*2*、*3*、*4* [见图 6-12（b）]。

（2）过 *1*、*2*、*3*、*4* 分别作垂直于两棱边的直线，得交点 O_1、O_2，分别以 O_1、O_2 为圆心，

$O_1 1$、$O_2 3$ 为半径画圆弧，$\overset{\frown}{12}$、$\overset{\frown}{34}$ 即顶面圆角的正等轴测图 [见图 6-12（c）]。

（3）底面圆角与顶面圆角大小、形状完全一样，分别将顶面圆角的圆心 O_1、O_2 沿 Z_1 轴向下移动 h（底板高度），得到底面圆弧的圆心 O_3、O_4，再分别以 O_3、O_4 为圆心，$O_1 1$ 和 $O_2 3$ 为半径作圆弧与底面上两棱边相切 [见图 6-12（d）]。

（4）画出与右边上、下两圆公切的轮廓线。

（5）擦去多余作图线，加深即完成全图 [见图 6-12（e）]。

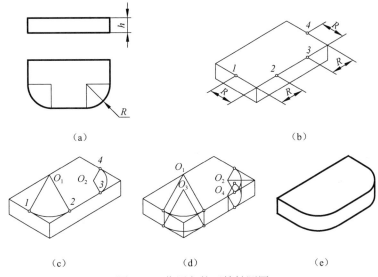

图 6-12　作圆角的正等轴测图

6.2.5　组合体正等轴测图的画法

画组合体正等轴测图的基本方法与画组合体三视图一样，应先用形体分析法，分析组合体的组成部分、连接形式和相对位置，然后逐个画出各组成部分的正等轴测图，最后按照它们的连接形式，完成轴测图。

例 6-7　已知轴承座的三视图，如图 6-13（a）所示，画出它的正等轴测图。

解　（1）形体分析。这个轴承座由底板（四棱柱）、U 形竖板、三角肋板 3 部分组成。因轴承座左右对称，故把坐标原点 O 定在图 6-13（a）所示的位置。

（2）作轴测轴，画出底板的外轮廓，以及底板上凹槽的结构 [见图 6-13（b）]。

（3）在底板上方画出竖板及三角肋板 [见图 6-13（c）]。

（4）画竖板上部半圆端和圆孔及底板上的圆角和圆孔 [见图 6-13（d）]。

（5）擦去多余作图线，描深后即得全图 [见图 6-13（e）]。

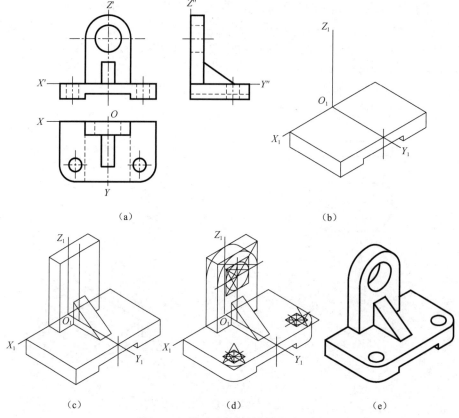

（a）　　　　　　　　　　　（b）

（c）　　　　　　　　　（d）　　　　　　　　　（e）

图 6-13　轴承座的正等轴测图画法

6.2.6　正等轴测草图的绘制

轴测草图是指目测估计实物各部分的尺寸比例，不用尺规徒手绘制的轴测图。在构思新机器或新结构时，可先用轴测草图将其概貌初步表达出来，再进一步画出多面正投影草图，最后再用尺规仔细完成设计图。

绘制正等轴测草图时，可用图 6-14 所示的方法绘制轴测轴，常采用"方箱法"——先画出基本体的包容长方体，再绘制出其准确形状的方法。

对于圆柱的正等轴测草图，如图 6-15 所示，可先画出圆柱前端面圆的投影椭圆的外切菱形，再按圆柱长度画出其包容长方体，最后画出相应的椭圆及椭圆弧，完成圆柱的正等轴测草图。

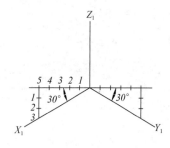

图 6-14　绘制轴测轴

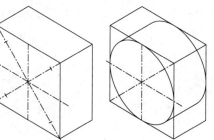

图 6-15　圆柱正等轴测草图的画法

如图 6-16 所示为用"方箱法"画组合体正等轴测草图的过程。

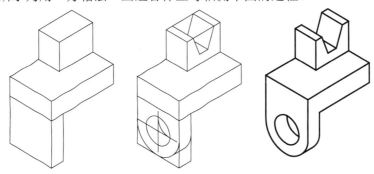

图 6-16　方箱法画正等轴测草图

利用正等轴测网格纸可以更快、更好地画出正等轴测草图，如图 6-17 所示。

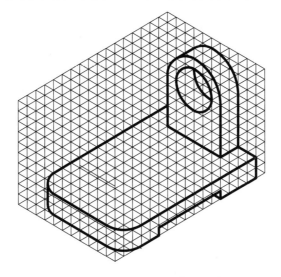

图 6-17　用网格纸绘制正等轴测草图

6.3　斜二等轴测图

6.3.1　轴间角和轴向伸缩系数

工程上常用斜二等轴测图来表达立体的形状，此时规定 XOZ 坐标面平行于轴测投影面，因此，轴间角 $\angle X_1 O_1 Z_1 = 90°$，轴向伸缩系数 $p = r = 1$。为便于作图，一般取 $q = 0.5$，轴间角 $\angle X_1 O_1 Y_1 = 135°$ 或者 $\angle Z_1 O_1 Y_1 = 45°$，如图 6-18 所示。这时，物体上凡与 XOZ 坐标面平行的平面在轴测图上均反映实形。

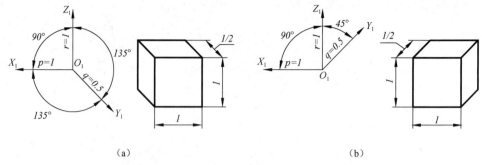

（a）　　　　　　　　　　　　　　　　（b）

图 6-18　斜二等轴测图轴间角和轴向伸缩系数

6.3.2　平行于坐标面的斜二等轴测图的画法

如图 6-19 所示，按照图 6-18（a）设定轴间角和轴向伸缩系数，平行于 *XOZ* 面的圆的轴测投影反映实形，平行于 *XOY* 和 *YOZ* 面的圆的轴测投影为椭圆，其中椭圆 *1* 的长轴对 O_1X_1 轴偏转 7°，椭圆 *2* 的长轴对 O_1Z_1 轴偏转 7°。

由于画椭圆比较烦琐，因此，当平行于 *XOY* 或 *YOZ* 的平面上有圆时，一般不选用斜二等轴测图。

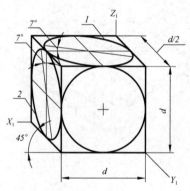

图 6-19　平行于坐标平面的斜二等轴测图

6.3.3　斜二等轴测图的画法

例 6-8　根据圆盘主、左视图［见图 6-20（a）］，作其斜二等轴测图。

解　（1）由于圆盘上所有圆均平行，因此，选择斜二等轴测图，并使 *XOZ* 坐标面平行于圆平面，*Y* 轴与孔的轴线重合［见图 6-20（a）］。

（2）画出轴测轴，按 *q*=0.5 在 *Y* 轴上定出 O_1、O_2、O_3 的位置，［见图 6-20（b）］。

（3）在图 6-20（a）中量取半径由前向后画出各个圆，并画出与 *Y* 轴平行的切线，如图 6-20（c）。

（4）擦去多余作图线，描深后即得全图［见图 6-20（d）］。

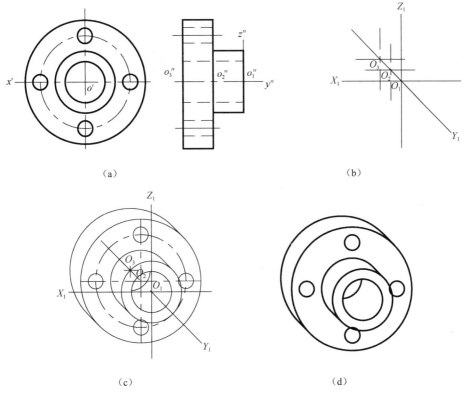

（a）　　　　　　　　　　　　　　（b）

（c）　　　　　　　　　　　　　　（d）

图 6-20　斜二等轴测图画法示例

小　　结

本章介绍了轴测投影图的基础知识和术语，以及正等轴测图和斜二等轴测图的画法。

（1）轴测投影图是具有立体感的单面投影图，根据投影方向的不同分为正轴测投影图和斜轴测投影图，其中最常见的是正等轴测图和斜二等轴测图。

（2）正等轴测投影图是投影线与投影面垂直的轴测投影图，其三个轴间角相等，都等于 120°，三个轴向伸缩系数相等，简化后都等于 1。

（3）斜二等轴测投影图是投影线与投影面倾斜的轴测投影图，其中一个轴间角等于 90°，另两个轴间角为 135°，两个轴向伸缩系数相等，等于 1，另一个轴向伸缩系数等于 1/2。

（4）轴测投影图的画法有坐标法、切割法和叠加法。

① 坐标法：根据物体的特点，先在物体上选定一个合适的直角坐标系 OXYZ 作为度量基准，然后根据物体上每一点的坐标，定出它在轴测图上的位置。

② 切割法又称方箱法，适用于绘制由基本体切割而成的组合体的轴测图，它是以坐标法为基础，先用坐标法画出完整的基本体，然后按形体分析的方法逐块切去多余的部分。

③ 叠加法是先将物体分成几个简单的组成部分，再按照它们之间的相对位置画出各部分的轴测图，并根据彼此表面的过渡关系，最终得到物体轴测图的方法。

（5）轴测草图是指目测估计实物各部分的尺寸比例，不用尺规而徒手绘制的轴测图。

第 7 章

机件的常用表达方法

机件是机器、部件和零件的总称。在实际工程中，由于使用场合和要求的不同，机件结构形状也各不相同。国家标准（GB16675.1—1996）规定：在绘制技术图样时，应首先考虑看图方便。根据物体的结构特点，选用适当的表示方法。在完整、清晰地表示物体形状的前提下，力求制图简便。本章将介绍机件的各种常用表达方法。

7.1 视图

视图主要用来表达机件的外部结构形状，视图通常有基本视图、向视图、局部视图和斜视图。

7.1.1 基本视图

为了清晰地表达机件上、下、左、右、前、后的不同形状，在原三面投影体系的基础上，增设三个投影面，形成如图 7-1（a）所示的六面投影体系，这六个投影面称为基本投影面。

将机件放在六面投影体系中，分别向六个基本投影面投射，所得的视图称为基本视图。这六个视图分别是由前向后、由上向下、由左向右投射所得的主视图、俯视图和左视图，以及由右向左、由下向上、由后向前投射所得的右视图、仰视图和后视图。各基本投影面的展开方式如图 7-1（b）所示，展开后各视图的配置如图 7-2 所示。

基本视图具有"长对正、高平齐、宽相等"的投影规律，如图 7-2 所示。即主、俯和仰视图长对正（后视图同样反映零件的长度尺寸，但不与上述三视图对正），主、左、右、后视图高平齐，左、右、俯、仰视图宽相等。另外，主视图与后视图、左视图与右视图、俯视图与仰视图还具有轮廓对称的特点。

在实际画图时，应根据机件形状，选用必要的基本视图。

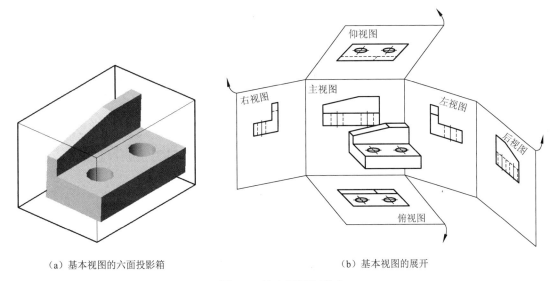

（a）基本视图的六面投影箱　　　　　　　　（b）基本视图的展开

图 7-1　基本视图的形成

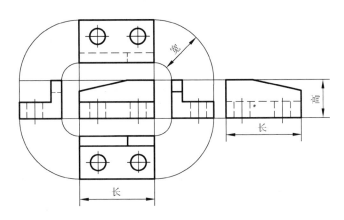

图 7-2　基本视图的配置及投影规律

7.1.2　向视图

　　向视图是可以自由配置的视图。有时为了将所选用的视图匀称地布置在图纸上，需将基本视图中的某些视图平移至合适的位置，如图 7-3（b）所示。为了便于识图，向视图必须进行标注，即在向视图的上方标注"X"（"X"为大写的拉丁字母），在相应的视图附近用箭头指明投影方向，并标注上相同的字母。表示投影方向的箭头尽可能配置在主视图上，只有表示后视投影方向的箭头才配置在其他的视图上。

7.1.3　局部视图

　　将机件的某一部分向基本投影面投影，所得到的视图叫做局部视图。画局部视图的主要目的是为了减少作图工作量。如图 7-4 所示机件，当画出其主、俯视图后，仍有两侧的凸台没有表达清楚，因此，需要画出表达该部分的局部左视图和局部右视图。

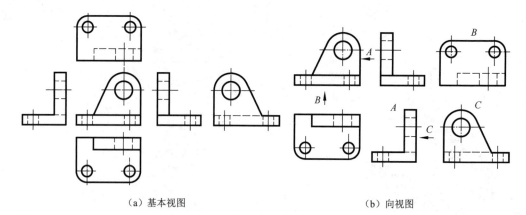

（a）基本视图   （b）向视图

图 7-3   向视图及其标注

　　作图时，一般应在局部视图上方标上视图的名称"X"（"X"为大写字母），在相应的视图附近用箭头指明投影方向，并注上同样的字母。当局部视图按投影关系配置，中间又无其他图形隔开时，可省略各标注。局部视图可按基本视图的配置形式配置，图 7-4 中的俯视图也可按向视图的配置形式配置并标注。

　　局部视图的断裂边界应以波浪线表示。当所表示的局部结构是完整的，且外形轮廓线又是封闭线框时，波浪线可以省略不画，如图 7-4（b）中的局部视图 B 所示。

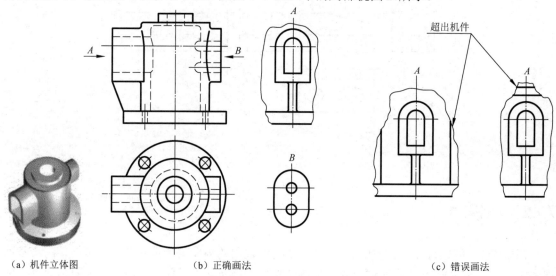

（a）机件立体图   （b）正确画法   （c）错误画法

图 7-4   局部视图的画法

7.1.4   斜视图

　　机件向不平行于任何基本投影面的平面投影所得的视图称为斜视图。斜视图主要用于表示机件上倾斜部分的实形。如图 7-5 所示的连接弯板，其倾斜部分在基本视图上不能反映实形，为此，可选用一个新的投影面，使它与机件的倾斜部分表面平行，然后将倾斜部分向新投影面投影，这样便可在新投影面上反映实形。

　　斜视图一般按向视图的形式配置并标注，必要时也可配置在其他的适当位置，在不引起误解时，允许将视图旋转配置，表示该视图名称的大写拉丁字母应靠近旋转符号的箭头端，如图7-5（b）所示，也允许将旋转角度标注在字母之后。

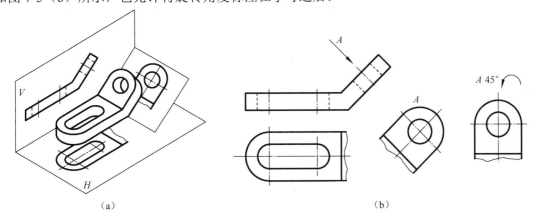

（a） （b）

图 7-5 斜视图及其标注

7.2 剖视图

如果仅用视图去表达机件，那么孔、槽及相关结构的投影就难免是虚线，这样不利于看图，也不便于标注尺寸，而剖视图可以清晰地表达机件的内部结构和形状，如图7-6所示。

7.2.1 剖视图的概念

1．剖视图的形成

图7-6（a）是机件的三视图，主视图中有多条虚线。

图7-6（b）表示剖视图的形成过程。假想用剖切面从适当的位置剖开机件，移去观察者和剖切平面之间的部分，将其余的部分向投影面投射，同时在剖面区域内填充规定的剖面符号，用这种方法所得到的图形称为剖视图。假想的剖切和移去，使得剩余部分的孔、槽及相关结构的轮廓线变为可见，它们的投影画成粗实线，图形清晰，便于读图和标注尺寸，如图7-6（c）所示。剖切是一种假想，其他视图仍应完整画出，故图7-6（d）是错误画法。

2．剖切平面位置的选择

因为画剖视图的目的在于清楚地表达机件的内部结构，因此，应尽量使剖切平面通过内部结构比较复杂的部位（如孔、沟槽）的对称平面或轴线。另外，为便于看图，剖切平面应取平行于投影面的位置，这样可在剖视图中反映出所剖切到的部分实形。

3．剖面区域的填充

剖切平面与机件接触的部分称为剖面。剖面是剖切平面和物体相交所得的交线围成的图形。为了区别剖到和未剖到的部分，要在剖到的实体部分上画上剖面符号，如图7-6（c）所示。

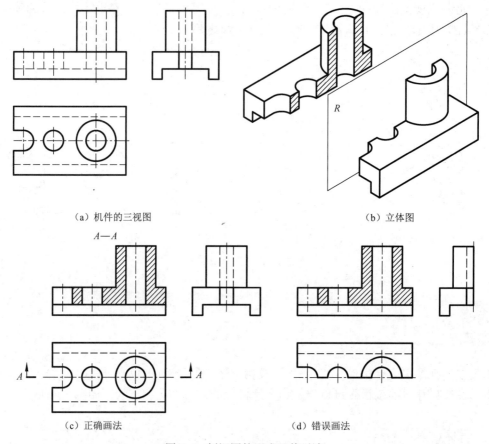

（a）机件的三视图　　　　　　　　　　　（b）立体图

（c）正确画法　　　　　　　　　　　（d）错误画法

图 7-6　剖视图的形成及其画法

　　为了区别被剖机件的材料,国家标准 GB 4457.5—1984 规定了各种材料的剖面符号的画法,见表 7-1。

表 7-1　剖面符号

材 料 名 称	剖 面 符 号	材 料 名 称	剖 面 符 号
金属材料（已有规定剖面符号者除外）		砖	
线圈绕组元件		玻璃及供观察用的其他透明材料	
转子、电枢、变压器和电抗器等的叠钢片		液体	
型砂、填砂、粉末冶金、砂轮、陶瓷刀片和硬质合金刀片等		非金属材料（已有规定剖面符号者除外）	

　　注：① 剖面符号仅表示材料的类别,材料的名称和代号必须另行注明。

　　　　② 叠钢片的剖面线方向,应与束装中叠钢片的方向一致。

　　　　③ 液面用细实线绘制。

4．剖视图的标注及配置

剖视图需进行标注，如图 7-6（c）所示。标注内容包括剖切线、剖切符号及字母。

剖切线实际上是剖切平面的迹线，是指示剖切平面位置的线，一般用细点画线画出，也可省略不画。

剖切符号由粗短画和箭头组成，其中，粗短画表示剖切面的起始处、终止处和转折处。箭头表示投影方向，画在剖切面起始处和终止处的粗短画外侧。

字母用来描述剖视图的名称。用大写英文字母"X"水平书写在箭头的外侧和表示转折的粗短画线附近，并在相应的剖视图上方水平标出同名"X—X"符号。同一张图样上如有几个剖视图，字母不得重复。

剖视图既可按基本视图的形式配置，也可按向视图的形式配置。

剖视图如满足以下三个条件，可不加标注，如图 7-6（c）可以省略标注。

（1）剖切平面是单一的，而且是平行于基本投影面的平面。

（2）剖视图配置在相应的基本视图位置。

（3）剖切平面与机件的对称面重合。

凡完全满足以下两个条件的剖视图，在断开线的两端可以不画箭头，如图 7-7（a）所示。

（1）剖切平面是基本投影面的平行面。

（2）剖视图配置在基本视图位置，而中间又没有其他图形间隔。

5．绘制剖视图应注意的问题

绘制剖视图应注意如下问题。

（1）剖切是一种假想，其他视图仍应完整画出。图 7-6（d）中俯视图和左视图均只画了机件的一半，是错误画法。

（2）剖切平面位置要选择得当，一般剖切平面应通过内腔结构的轴线或对称平面，以表达被剖切结构的实形，并且剖切平面应尽可能多地通过内腔结构。

（3）剖切面后方的可见部分要全部画出，不能出现漏线和多线，如图 7-7 所示。

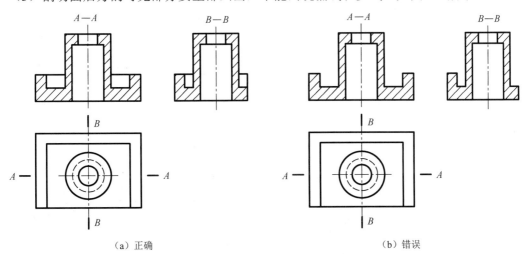

（a）正确　　　　　　　　　　　　　　　（b）错误

图 7-7　剖视图的形成及其画法

（4）视图中一般不画出虚线，只有在不影响剖视图清晰，同时又可减少视图时，才画很少的虚线来表达，如图 7-8（a）所示。

（5）当剖视图上已经表达清楚的结构，而在其他视图上此部分结构的投影为虚线时，其虚线也可省略不画，如图 7-8（b）所示，但没有表达清楚的结构，允许画少量虚线。

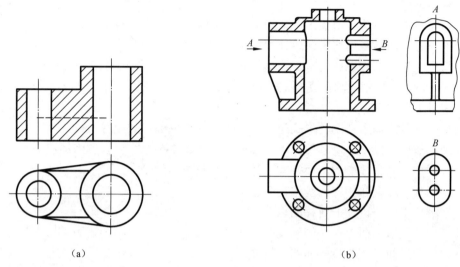

（a）   （b）

图 7-8　虚线的处理

（6）机件上肋板剖切的画法：国家标准规定，对于机件的肋板（起加强支撑作用的结构），纵剖时（剖切面与肋板的对称面平行或重合），肋板按不剖处理，不画剖面线，并用粗实线把肋板与邻接部分隔开；横剖时（剖切面与肋板的对称面垂直），肋板与机件其他部分的剖视画法相同，如图 7-9 所示。

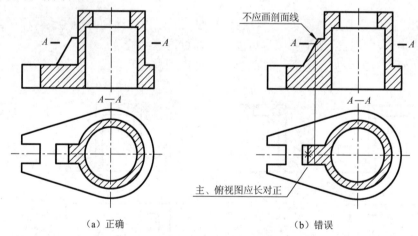

（a）正确   （b）错误

图 7-9　剖视图中肋板的画法

7.2.2　剖视图的种类及其画法

剖视图分为全剖视图、半剖视图和局部剖视图。

1．全剖视图

用剖切面完全地剖开机件所得的剖视图称为全剖视图。

全剖视图一般用于表达内腔形状较复杂，外观形状简单的机件，如图 7-10 所示的机件，假想用一个剖切平面沿机件的前后对称面将它完全剖开，移去前半部分，将剩下的部分向正立投影面投射，画出的剖视图就是该机件的全剖视图。

如图 7-11（a）所示的机件，其外形简单，内形较复杂，左右对称，上下和前后不对称。假想用通过大阶梯孔的轴线并平行于水平投影面的剖切平面完全地剖开机件，移去机件剖切平面上方的部分，将机件剩下的部分向水平投影面投射，所得到的剖视图就是全剖视图，如图 7-11（b）所示。

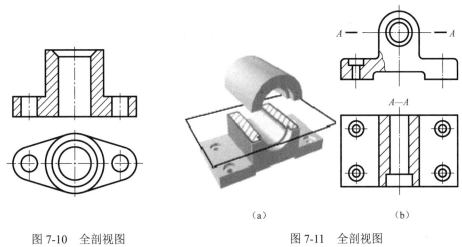

（a）   （b）

图 7-10　全剖视图　　　　　　　　　图 7-11　全剖视图

2．半剖视图

当机件具有对称平面，在垂直于对称平面的投影面上投影时，以对称中心线（细点画线）为界，一半画成视图，用于表达外部结构形状，另一半画成剖视图，用于表达内部结构形状，这样组合的图形称为半剖视图。如图 7-12（a）所示的机件，内、外形状都比较复杂，如果主视图采用全剖视图，则顶板下的凸台就不能表达出来；如果俯视图采用全剖视图，则长方形顶板及其四个小孔的形状和位置都不能表达，为了清楚地表达此机件的内、外形，可采用如图 7-12（c）所示的半剖视图。

半剖视图适用于以下两种情况。

（1）在与机件的对称平面相垂直的投影图上，如果机件的内腔、外观形状都需要表达，则可以以图形的对称中心线为界绘制成半剖视图。

（2）当机件的结构接近于对称，而且不对称部分已另有视图表示清楚时，也可画成半剖视图。

在半剖视图中应注意以下几点。

（1）视图和剖视图的分界线只能是点画线。

（2）视图表达外形，剖视图表达内形，故视图中的虚线不必画出。

（3）由于采用了半剖，机件结构的形状以半代全，在标注这些机件的尺寸时，采用单箭头尺寸线全数值的方法进行标注。

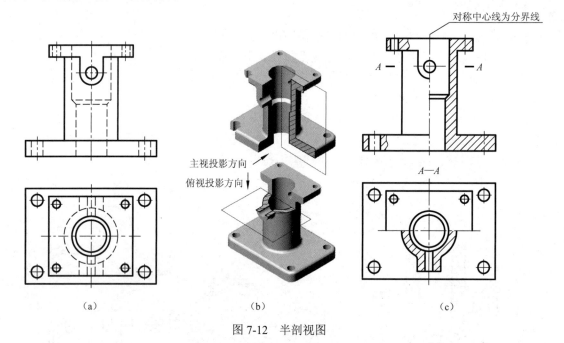

图 7-12　半剖视图

3．局部剖视图

当机件尚有部分的内部结构形状未表达清楚，但又没有必要做全剖视或不适合做半剖视时，可用剖切平面局部地剖开机件，所得的剖视图称为局部剖视图，如图 7-13 所示。局部剖切后，机件断裂处的轮廓线用波浪线表示。为了不引起读图的误解，波浪线不要与图形中的其他图线重合，也不要画在其他图线的延长线上，图 7-14 所示为波浪线的错误画法。

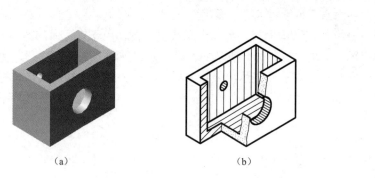

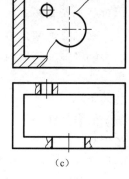

图 7-13　局部剖视图

应该指出的是，如图 7-15 所示的机件，虽然对称，但由于机件的轮廓线与中心线重合，因此不宜采用半剖视而采用了局部剖视，并且局部剖视范围的大小视机件的具体结构形状而定，可大可小。

局部剖视图比较灵活，剖切范围的大小可根据机件的结构确定，而且在一个视图上可以取多个局部剖视。恰当地运用局部剖视图可以使图形清晰并减少视图数量，但在同一视图中局部剖视的数量不宜过多，以免支离破碎，给读图带来不便。

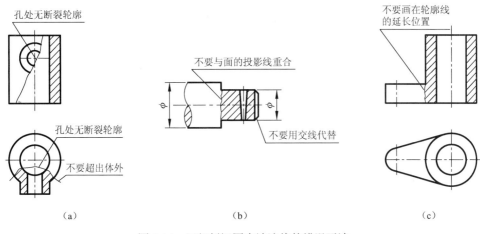

图 7-14　局部剖视图中波浪线的错误画法

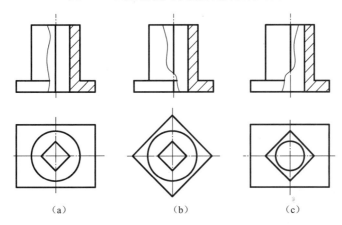

图 7-15　局部剖视图断开（波浪线）位置的正确选择

7.2.3　剖切面的类型

获得三种剖视图的剖切面和剖切方法有单一剖切面剖切、几个相交的剖切平面剖切、几个平行的剖切平面剖切，以及组合的剖切平面剖切。

1．单一剖切面

单一剖切面用得最多的是投影面的平行面，前面所举图例中的剖视图都是用这种平面剖切得到的。

单一剖切面还可以用垂直于基本投影面的平面，当机件上有倾斜部分的内部结构需要表达时，可和画斜视图一样，选择一个与所需表达部分平行的投影面，然后再用一个平行于这个投影面的剖切平面剖开机件，向这个投影面投影，这样所得到的剖视图称为斜剖视图，简称斜剖视图。

斜剖视图主要用于表达倾斜部分的结构，机件上与基本投影面平行的部分在斜剖视图中不反映实形，一般应避免画出，常将它舍去画成局部视图。

画斜剖视图时应注意以下几点：

（1）斜剖视图最好配置在与基本视图的相应部分保持直接投影关系的地方，标注出剖切位置和字母，并用箭头表示投影方向，还要在该斜剖视图上方用相同的字母标明视图的名称，如图7-16（b）所示。

（2）为使视图布局合理，可将斜剖视图保持原来的倾斜程度，平移到图纸上适当的地方。为了画图方便，还可以把图形旋转一定的角度，但此时须在图名之后加注旋转符号，如图7-16（c）所示，旋转角度应小于90°。

（3）当斜剖视图的剖面线与主要轮廓线平行时，剖面线可改为与水平线成30°或60°角，原图形中的剖面线仍与水平线成45°角，但同一机件中剖面线的倾斜方向应大致相同。

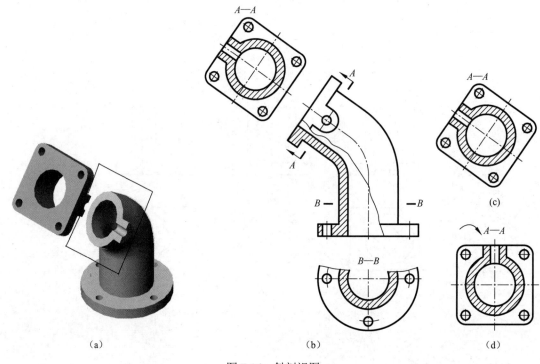

图7-16　斜剖视图

2．几个相交的剖切平面

当机件的内部结构形状用一个剖切平面不能表达完全，且这个机件在整体上又具有回转轴时，可用两个相交的剖切平面剖开，这种剖切方法称为旋转剖，如图7-17（b）所示的俯视图为旋转剖切后所画出的全剖视图。

采用旋转剖画剖视图时，首先把由倾斜平面剖开的结构连同有关部分旋转到与所选定的基本投影面平行，然后再进行投影，使剖视图既反映实形又便于画图。需要注意以下几点。

（1）旋转剖必须标注，标注时，在剖切平面的起、讫、转折处画上剖切符号，标上同一字母，并在起讫处画出箭头表示投影方向，在所画的剖视图的上方中间位置用同一字母写出其名称"×—×"，如图7-17（b）所示。

（2）在剖切平面后的其他结构一般仍按原来位置投影，如图7-17（b）中小油孔的两个投影。

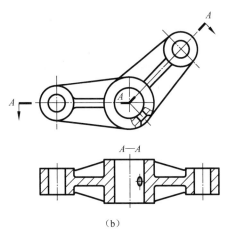

（a）　　　　　　　　　　　　　（b）

图 7-17　旋转剖视图 1

（3）当剖切后产生不完整要素时，应将该部分按不剖画出，如图 7-18 所示。

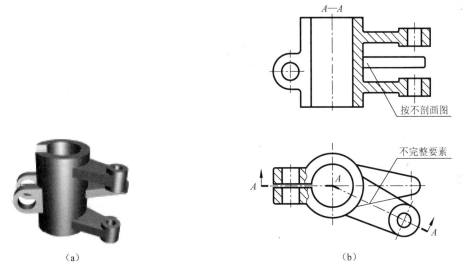

（a）　　　　　　　　　　　　　（b）

图 7-18　旋转剖视图 2

3．几个平行的剖切平面

当机件上有较多的内部结构形状，而它们的轴线不在同一平面内时，可用几个互相平行的剖切平面剖切，这种剖切方法称为阶梯剖。图 7-19 所示机件是用了两个平行的剖切平面剖切后画出的"A—A"全剖视图。

采用阶梯剖画剖视图时，各剖切平面剖切后所得的剖视图是一个图形，不应在剖视图中画出各剖切平面的界线，如图 7-19（d）所示；在图形内也不应出现不完整的结构要素，如图 7-19（e）所示。

阶梯剖的标注与旋转剖的标注要求相同。在相互平行的剖切平面的转折处的位置不应与视图中的粗实线（或虚线）重合或相交，如图 7-19 所示。当转折处的地方很小时，可省略字母。

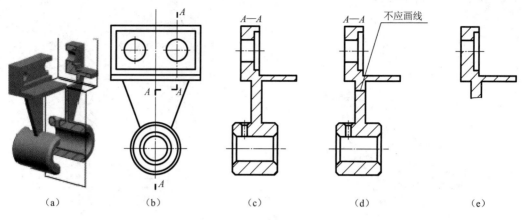

图 7-19　阶梯剖的画法

4．组合剖切面

上述三种剖切面可以单独使用，也可以组合起来使用，用组合的剖切平面剖开机件的方法常称为复合剖视图，复合剖视图的画法和标注与用几个相交的剖切平面所获得的剖视图相同，如图 7-20 所示。

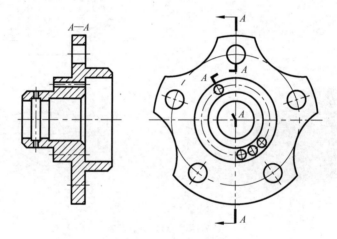

图 7-20　复合剖视图

7.3　断面图

7.3.1　断面图的概念

假想用剖切平面把机件的某处切断，仅画出断面的图形，此图形称为断面图（简称断面）。如图 7-21 所示吊钩，只画了一个主视图，并在几处画出了断面形状，就把整个吊钩的结构形状表达清楚了，比用多个视图或剖视图显得更为简便、明了。

断面与剖视的区别在于：断面只画出剖切平面和机件相交部分的断面形状，而剖视则要把断面和断面后可见的轮廓线都画出来，如图 7-22 所示。

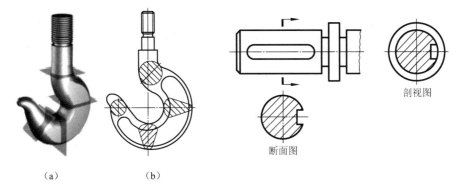

（a）　　　　　　（b）

图 7-21　吊钩的断面图　　　　　　　图 7-22　断面和剖视

7.3.2　断面图的种类

断面图按其在图纸上配置的位置不同，分为移出断面图和重合断面图。

1．移出断面图

画在视图轮廓线以外的断面，称为移出断面图，例如，图 7-23（a）、（b）、（c）和（d）均为移出断面图。

移出断面图的轮廓线用粗实线表示，图形位置应尽量配置在剖切位置符号或剖切平面迹线的延长线上（剖切平面迹线是剖切平面与投影面的交线），如图 7-23（a）和（b）所示。也允许放在图中的任意位置，如图 7-23（c）和（d）所示。当断面图形对称时，也可将断面图画在视图的中断处，如图 7-24 所示。

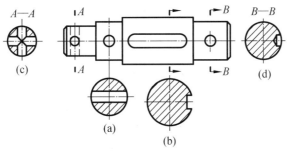

图 7-23　移出断面图

一般情况下，画断面图时只画出剖切的断面形状，但当剖切平面通过机件上回转面形成的孔或凹坑的轴线时，这些结构按剖视画出，如图 7-23（a）、（c）和（d）所示。当剖面通过非圆孔会导致出现完全分离的两个断面时，这种结构也应按剖视画出，如图 7-25 所示。

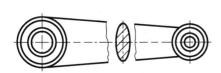

图 7-24　断面图形配置在视图中断处

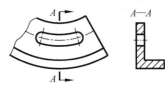

图 7-25　剖面通过非圆孔的情况

153

2．重合断面图

画在视图轮廓线内部的断面称为重合断面图，如图 7-21 和图 7-26（b）所示都是重合断面图。重合断面图的轮廓线用细实线绘制，剖面线应与断面图形的对称线或主要轮廓线成 45°角。当视图的轮廓线与重合断面图的轮廓线相交或重合时，视图的轮廓线仍要完整地画出，不得中断，如图 7-26（c）所示的画法是错误的。

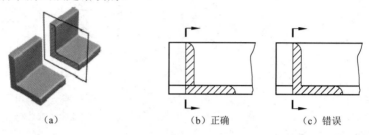

（a）　　　　　　　　（b）正确　　　　　（c）错误

图 7-26　重合断面图的画法

表 7-2 列出了画断面图时几个应注意的问题。

表 7-2　断面图正误对照表

说　明	正	误
① 断面应符合投影关系		
② 当剖切平面通过回转而形成孔（或凹坑）等结构时，这些结构按剖视画出（即外轮廓封闭）		
③ 重合断面的轮廓线应为细实线		
④ 断面应与零件轮廓线垂直。如由两个或多个相交平面切出的移出断面，中间应断开		

3．断面图的标注

断面图的一般标注要求见表 7-3。

表 7-3 断面图的标注

断面种类及位置		移出断面图		重合断面图
		在剖切位置延长线上	不在剖切位置延长线上	
断面图形	对称	省略标注，如图 7-23（a）所示，以断面中心线代替剖切位置线	画出剖切位置线，标注断面图的名称，如图 7-23（c）所示	省略标注，如图 7-21（b）所示
	不对称	画出剖切位置线与投影方向的箭头，如图 7-23（b）所示	画出剖切位置线，并给出投影方向，标注断面图的名称，如图 7-23（d）所示	画出剖切位置线与投影方向上的箭头，如图 7-26（b）所示

7.4 习惯画法和简化画法

对机件上的某些结构，国家标准 GB/T 16675.1—1996 规定了习惯画法和简化画法，现分别介绍如下。

7.4.1 断裂画法

对于较长的机件，如轴、连杆、筒、管和型材等，若沿长度方向的形状一致或按一定规律变化时，为节省图纸和画图方便，可将其断开后缩短绘制，但要标注机件的实际尺寸。

画图时，可用图 7-27 所示的方法表示。折断处的表示方法一般有两种，一是用波浪线断开，如图 7-27（a）所示，另一种是用双点画线断开，如图 7-27（b）所示。

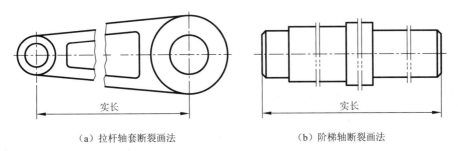

（a）拉杆轴套断裂画法   （b）阶梯轴断裂画法

图 7-27 两种断裂画法

7.4.2 局部放大图

当机件的某些局部结构较小，在原定比例的图形中不易表达清楚或不便标注尺寸时，可将此局部结构用较大比例单独画出，这种图形称为局部放大图，如图 7-28 所示，此时，原视图中该部分结构可简化表示。局部放大图可画成剖视、断面或视图。

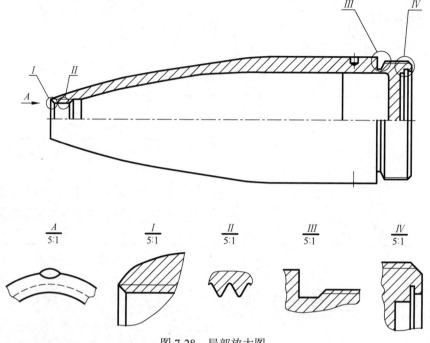

图 7-28　局部放大图

7.4.3　其他习惯画法和简化画法

（1）当机件具有若干相同结构（齿、槽等），并按一定规律分布时，只需要画出几个完整的结构，其余用细实线连接，在零件图中则必须注明该结构的总数，如图 7-29 所示。

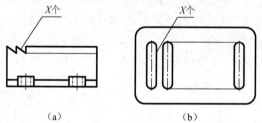

图 7-29　规律分布的若干相同结构的简化画法

（2）若干直径相同且成规律分布的孔（圆孔、螺孔及沉孔等），可以仅画出一个或几个，其余只需用点画线表示其中心位置，在零件图中应注明孔的总数，如图 7-30 所示。

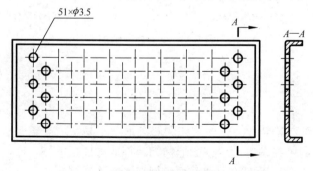

图 7-30　规律分布的相同孔的简化画法

（3）对于机件的肋、轮辐及薄壁等，如按纵向剖切，这些结构都不画剖面符号，而用粗实线将它与其邻接的部分分开。当零件回转体上均匀分布的肋、轮辐、孔等结构不处于剖切平面上时，可将这些结构旋转到剖切平面上画出，如图7-31所示。

（4）当某一图形对称时，可画略大于一半［见图7-31（b）］的俯视图，在不引起误解的情况下，对于对称机件的视图也可只画出一半或 1/4，此时必须在对称中心线的两端画出两条与其垂直的平行细实线，如图7-32所示。

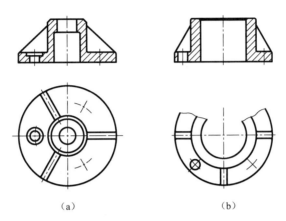

（a）　　　　　　　　　　　（b）

图 7-31　回转体上均匀分布的肋和孔的画法

（5）对于网状物、编织物或机件上的滚花部分，可以在轮廓线附近用细实线局部示意画出，并在图上或技术要求中注明这些结构的具体要求，如图7-33所示。

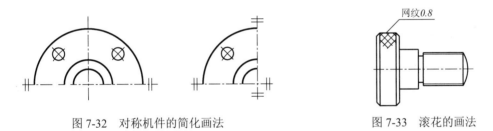

图 7-32　对称机件的简化画法　　　　　　图 7-33　滚花的画法

（6）当图形不能充分表达平面时，可用平面符号（相交的两条细实线）表示，如图 7-34所示。

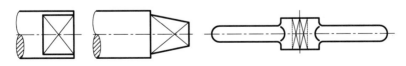

图 7-34　表示平面的简化画法

（7）机件上的一些较小结构，如果在一个图形中已表达清楚，那么其他图形可简化或省略，如图7-35所示。

（8）机件上斜度不大的结构，如果在一个图形中已表达清楚时，那么其他图形可按小端画出，如图7-36所示。

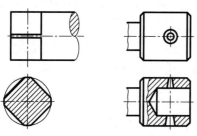

图 7-35　机件上较小结构的简化画法

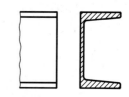

图 7-36　斜度不大结构的简化画法

（9）圆柱形轴上钻小孔、铣键槽等出现的交线，允许省略，如图 7-37 所示用轮廓线代替交线。

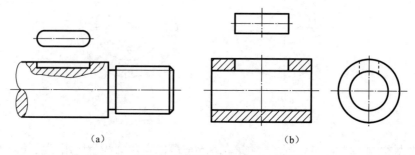

（a）　　　　　　　　　　　（b）

图 7-37　零件上对称结构局部剖视图的简化画法

7.5　综合举例

　　本章前几节介绍了机件的各种表达方法，在选择机件表达方案时，应根据机件的具体情况，首先考虑主体结构和整体结构的表达，然后针对次要结构及细小部位进行修正和补充，做到完整、清晰地表达机件。

　　绘制图样时，确定机件表达方案的原则是：在完整、清晰地表达机件各部分内、外形结构及相对位置的前提下，力求看图简便，绘图简单，视图数量最少。

　　同一机件可以考虑多种表达方案，每一种方案总会有其优点和不足，需根据机件的具体结构，尽量选择合理的图样画法。下面利用支架零件来说明机件表达方案的选择。

　　例 7-1　机件表达方法综合应用举例，如图 7-38 所示。

　　分析：

　　此图样用了四个视图表达图 7-38（a）所示的支架。主视图最能显示该支架的形状特征，并将它作局部剖视表示孔；外形部分表达了肋板、圆柱和斜板的外部结构形状及其连接关系；为了表示十字肋板的形状，采用了一个移出断面图；为了表示斜板的实形，采用了斜视图；为了表示水平圆柱与十字肋板的连接关系，采用了局部视图。整个表达方案既作图简便，又清晰地表达了支架的结构形状。

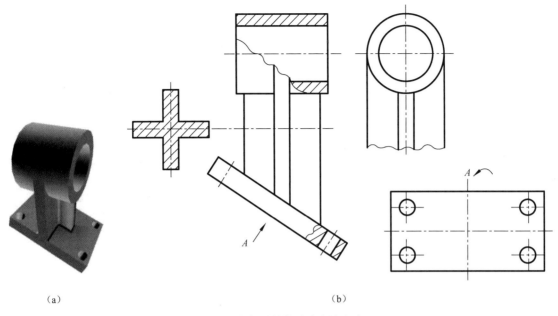

（a）　　　　　　　　　　　　　　　　　（b）

图 7-38　支架零件的综合表达方案

小　结

本章主要学习了视图、剖视图、断面图、简化画法和其他规定画法等内容。

1. 视图

将机件向投影面投射所得的图形称为视图，它用来表达机件的外部结构形状，包括基本视图、向视图、局部视图和斜视图 4 种。

2. 剖视图

剖视图是假想用一平面剖开机件，将位于观察者与剖切面之间的部分移去，将剩余部分向投射面投射所得的图形。

剖视图分为全剖视图、半剖视图和局部剖视图三种。

国家标准将剖切面分为三类，即单一剖切面、几个平行的剖切面，以及几个相交的剖切面。

3. 断面图

断面图是假想用剖切面将机件某处切断，仅画出剖切面与机件实体接触部分的图形。

断面图分为移出断面图和重合断面图。

4. 局部放大图、简化画法及其他规定画法

Chapter **8**

第 8 章

标准件与常用件

机器的功能不同，所含零件的种类和形状也不同。但有一些零件被广泛、大量地在各种机器上频繁使用，如螺栓、螺钉、螺母、键、销、齿轮及轴承等。为了减轻设计工作量，提高设计速度和产品质量，降低成本，缩短生产周期和便于组织专业化协作生产，对这些面广量大的零件，从结构、尺寸到成品质量，国家标准都有明确的规定。凡全部符合标准规定的零件称为标准件；只有部分结构和尺寸实行了标准化的零件，习惯上称为常用件。零件中已标准化的结构称为标准结构要素，如螺纹、轮齿等。

在绘制标准件和标准结构要素时，要注意完整的表示方法由图形、尺寸和规定的标记组成，缺一不可。在标注标准件和标准结构要素时，一般只给出几个主要尺寸，其余则根据规定的标记从相应的标准中查出。有些标准的结构要素还有规定画法，如螺纹、轮齿等。凡有规定画法的按规定画，其余的则按正投影画。

8.1　螺纹的画法及标注

8.1.1　螺纹的形成

平面图形（三角形、矩形、梯形等）绕一圆柱（圆锥）做螺旋运动，形成一圆柱（圆锥）螺旋体。工业上，常将螺旋体称为螺纹。在外表面上加工的螺纹，称为外螺纹［见图 8-1（a）］；在内表面上加工的螺纹，称为内螺纹［见图 8-1（b）］。

如图 8-1 所示，在加工螺纹的过程中，由于刀具的切入（或压入）构成了凸起和沟槽两部分，凸起的顶端称为螺纹的牙顶，沟槽的底部称为螺纹的牙底。

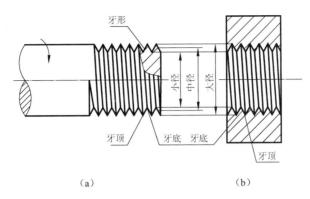

图 8-1　外螺纹和内螺纹

8.1.2　螺纹的结构和要素

1. 螺纹末端

为了防止外螺纹起始圈损坏和便于装配，通常在螺纹起始处加工成一定形式的末端，如图 8-2 所示。

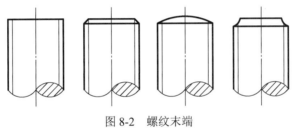

图 8-2　螺纹末端

2. 螺纹收尾、退刀槽和肩距

车削螺纹的刀具将近螺纹末尾时要逐渐离开工件，因而螺纹末尾附近的螺纹牙形不完整，图 8-3（a）中标有尺寸的一段长度称为螺尾。有时为了避免产生螺尾，在该处预制出一个退刀槽，如图 8-3（b）和（c）所示。螺纹至台肩的距离称为肩距，如图 8-3（d）所示。

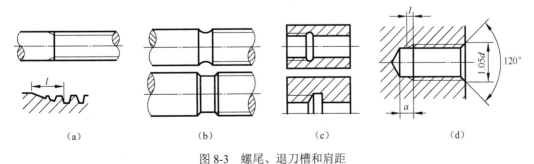

图 8-3　螺尾、退刀槽和肩距

3．螺纹的要素

（1）螺纹牙形是指通过螺纹轴线的螺纹牙齿的剖面形状，如三角形、梯形及锯齿形等。

（2）大径是螺纹的最大直径，也称公称直径。螺纹大径是与外螺纹牙顶或内螺纹牙底相切的假想圆柱面的直径，内螺纹用 D 表示，外螺纹用 d 表示；小径是与外螺纹牙底或内螺纹牙顶相切的假想圆柱面的直径，分别用 d_1（D_1）表示；在大、小径之间设想有一圆柱，其母线通过牙形上沟槽和凸起宽度相等处，则该假想圆柱的直径称为螺纹中径，分别用 d_2（D_2）表示，如图 8-1 所示。

（3）旋向有左旋或右旋。逆时针旋转时旋入的为左旋，顺时针旋转时旋入的为右旋，如图 8-4（a）所示为左旋，图 8-4（b）所示为右旋。

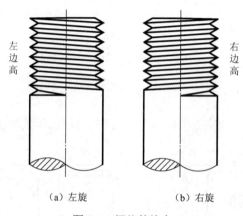

（a）左旋　　　　　　（b）右旋

图 8-4　螺纹的旋向

（4）线数指在同一圆柱面上切削螺纹的条数。如图 8-5 所示，只切削一条的称为单线螺纹，切削两条的称为双线螺纹。通常把切削两条及两条以上的称为多线螺纹。

（5）螺距与导程。螺纹相邻两牙在中径线上对应点之间的轴向距离称为螺距，用 P 表示。导程是指同一条螺旋线上相邻两牙沿中径线上对应两点之间的轴向距离，用 P_h 表示。单线螺纹螺距和导程相同，如图 8-5（a）所示，而多线螺纹螺距等于导程除以线数。

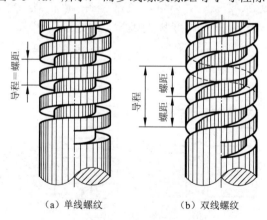

（a）单线螺纹　　　　　　（b）双线螺纹

图 8-5　螺纹的线数

只有当内、外螺纹的牙形、大径、旋向、线数和螺距等要素相同时，内、外螺纹才能装配到一起。

8.1.3　螺纹的分类

螺纹按用途分为两大类，即连接螺纹和传动螺纹，见表 8-1。

表 8-1　螺纹的分类

螺纹分类	螺纹种类	外形及牙形图	牙形符号	螺纹种类	外形及牙形图	牙形符号
连接螺纹	粗牙普通螺纹	60°	M	非螺纹密封的管螺纹	55°	G
	细牙普通螺纹			用螺纹密封的管螺纹	55°	RC Rₚ R
传动螺纹	梯形螺纹	30°	Tr	锯齿形螺纹	3° 30°	B

1．连接螺纹

常用的有四种标准螺纹，即粗牙普通螺纹、细牙普通螺纹、管螺纹和锥管螺纹。

上述四种螺纹牙形皆为三角形，其中普通螺纹的牙形为等边三角形（牙形角为 60°）。细牙和粗牙的区别是在大径相同的条件下，细牙螺纹比粗牙螺纹的螺距小。管螺纹和锥管螺纹的牙形为等腰三角形（牙形角为 55°），螺纹尺寸以英寸为单位，并以 25.4mm 螺纹长度中的螺纹牙数来表示螺纹的螺距。管螺纹多用于管件和薄壁零件的连接，其螺距与牙形均较小，见附表 A4-1。

2．传动螺纹

传动螺纹是用做传递动力或运动的螺纹，常用的有两种标准螺纹。

1）梯形螺纹

梯形螺纹牙形为等腰梯形，牙形角为 30°，它是最常用的传动螺纹，其各部分尺寸见附表 A2-1。

2）锯齿形螺纹

锯齿形螺纹是一种受单向力的传动螺纹，牙形为不等腰梯形，牙形轮廓一侧与铅垂线的夹角为 30°，另一侧为 3°，形成 33° 的牙形角。

以上是牙形、大径和螺距都符合国家标准的螺纹，称为标准螺纹。若螺纹仅牙形符合标准，大径或螺距不符合标准，则称为特殊螺纹。牙形不符合标准者，称为非标准螺纹（如方牙螺纹）。

下面讨论4个例题，以进一步熟悉螺纹各要素之间的关系及螺纹标准。

例 8-1 有一牙形为等边三角形，公称直径为36、螺距为2的螺纹是否为标准螺纹？

解： 由所给条件查表可知，牙形剖面为等边三角形的螺纹是普通螺纹。

在附表 A1-1 普通螺纹的直径与螺距中，可查到公称直径 36（在第一系列中），再沿横向查螺距，在细牙栏中又可查到螺距 2。因此，所给螺纹是标准细牙普通螺纹。

例 8-2 已知粗牙普通螺纹的公称直径为20，试查出它的小径应为多少？

解： 在附表 A1-1 普通螺纹的基本尺寸中，竖向查公称直径 20，由公称直径 20 向右与螺纹小径一栏往下，相交处查得 17.294 即所求小径尺寸。

例 8-3 试查出管螺纹尺寸代号为 1（G1）的螺纹大径、螺距和每 25.4mm 中的螺纹牙数。

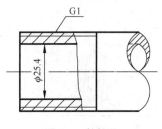

图 8-6 管螺纹

解： 在附表 A4-1 非螺纹密封的管螺纹中的螺纹尺寸代号 1 处，横向可查出所需的数据：螺纹大径为 33.249，螺距 P=2.309，每 25.4mm 中的螺纹牙数 n=11。

这里需要注意以下两个问题。

（1）管螺纹的螺纹尺寸代号是指管螺纹所在管子孔径的近似值，不是管子的外径。如图 8-6 所示的 G1 是在孔径为 $\phi25.4$ 管子的外壁上加工的螺纹，该螺纹的实际大径为 33.249。

（2）管螺纹是用每 25.4mm 中的螺纹牙数表示螺距的，计算后均为小数（如 G1 的 n=11，其螺距 P=25.4÷11=2.309）。

例 8-4 试查出公称直径 d=36 的梯形螺纹（Tr36），螺距 P=6 的中径、大径和小径。

解： 在附表 A2-1 梯形螺纹中的公称直径 36 处，螺距有 3、6、10 三种，在螺距 P=6 的位置横向可找到所需数据：中径 d_2=33，大径 d=37，外螺纹小径 d_1=29。

8.1.4 螺纹的规定标注

国标规定，应标出螺纹的牙形符号、公称直径×导程（螺距）、旋向、螺纹的公差带代号及螺纹旋合长度代号。各种螺纹的标注内容与标注方法见表 8-2。螺纹公差带是由中径和顶径的公差等级数字和基本偏差代号所组成的（内螺纹用大写字母，外螺纹用小写字母），例如，6H、6g 等。如果螺纹的中径公差带与顶径公差带不同，则分别注出，例如：

$$M10-5g\ 6g$$

5g、6g 分别表示中径和顶径的公差带代号。如果中径与顶径公差带代号相同，则只注一个代号，例如：

$$M10×1-5H$$

螺纹的旋合长度规定为短（S）、中（M）、长（L）三种。在一般情况下，不标注螺纹旋合长度。必要时，加注旋合长度代号 S 或 L，见表 8-2。

标注特殊螺纹时其牙形代号前应加注"特"字。

表 8-2　各种螺纹的标注内容与标注方法

螺纹种类	图　例	说　明	螺纹种类	图　例	说　明
普通螺纹（单线）	**1. 粗牙普通螺纹** M10-5g6g-S 顶径公差带代号 中径公差带代号 M10LH-7H-L 中径和顶径公差带代号 左旋 M10-5g6g　（不标注螺纹旋合长度） **2. 细牙普通螺纹** M10×1.5-5g6g	（1）不标注螺距 （2）右旋省略不标注，左旋要标注 （3）一般情况下，不标注螺纹旋合长度，其螺纹公差带按中等旋合长度来确定 （1）要标注螺距 （2）其他规定同上	梯形螺纹（单线或多线）	**1. 单线梯形螺纹** Tr40×7 螺距 公称直径 **2. 多线梯形螺纹** Tr40×14(P7)LH 左旋 螺距 导程 公称直径	（1）要标注螺距 （2）多线要标注导程 （3）右旋省略不标注，左旋要标注
管螺纹（单线）	**1. 非螺纹密封的内管螺纹** G1/2 **2. 非螺纹密封的外管螺纹** G1/2A 公差等级为A级G1/2A	（1）不标注螺距 （2）右旋省略不标注，左旋要标注 （3）G 右边数字为管螺纹尺寸代号	锯齿形螺纹（单线或多线）	**1. 单线锯齿形螺纹** B40×7 螺距 公称直径 **2. 多线锯齿形螺纹** B40×14(P7) 螺距 导程 公称直径	

8.1.5　螺纹的规定画法

1．外螺纹的画法

国标规定，螺纹的牙顶（大径）及螺纹终止线用粗实线表示，牙底（小径）用细实线表示，在平行于螺杆轴线的投影面的视图中，螺杆的倒角或倒圆部分也应画出，在垂直于螺纹轴线的投影面的视图中，表示牙底的细实线圆只画约 3/4 圈，此时螺纹的倒角规定省略不画，如图 8-7 所示。

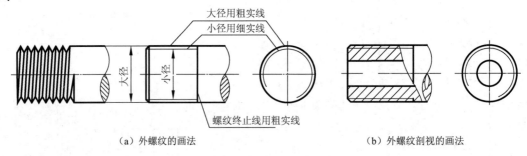

（a）外螺纹的画法　　　　　　　（b）外螺纹剖视的画法

图 8-7　外螺纹的画法

2．内螺纹的画法

图 8-8 所示是内螺纹的画法。当剖开表示时［见图 8-8（a）］，牙底（大径）为细实线，牙顶（小径）及螺纹终止线为粗实线。不剖开表示时［见图 8-8（b）］，牙底、牙顶和螺纹终止线皆为虚线。在垂直于螺纹轴线的投影面的视图中，牙底仍画成约为 3/4 圈的细实线，并规定螺纹孔的倒角也可省略不画。

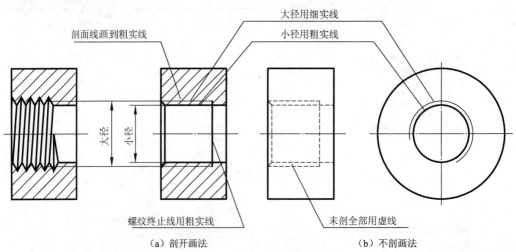

（a）剖开画法　　　　　　　　　（b）不剖画法

图 8-8　内螺纹的画法（1）

在绘制不穿通的螺孔时，一般应将钻孔深度和螺纹部分的深度分别画出，如图 8-9（a）所示。当需要表示螺纹收尾时，螺尾部分的牙底用与轴线成 30°角的细实线表示，如图 8-9（b）所示。图 8-9（c）所示为螺纹孔中相贯线的画法。

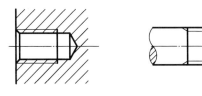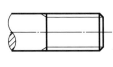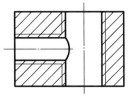

（a）不通螺孔的画法　　　　　（b）螺纹收尾的画法　　　　　（c）螺纹孔中相贯线的画法

图 8-9　内螺纹的画法（2）

3．内、外螺纹连接的画法

图 8-10 表示装配在一起的内、外螺纹连接的画法。国标规定，在剖视图中表示螺纹连接时，其旋合部分应按外螺纹的画法表示，其余部分仍按各自的画法表示。当剖切平面通过螺杆轴线时，实心螺杆按不剖绘制。

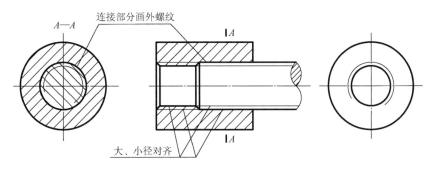

图 8-10　内、外螺纹连接的画法

4．非标准螺纹的画法

画非标准牙形的螺纹时，应画出螺纹牙形，并标出所需的尺寸及有关要求，如图 8-11 所示。

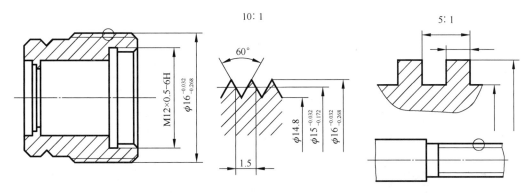

图 8-11　非标准螺纹的画法

8.2 螺纹连接件

8.2.1 螺纹连接件的种类及用途

常用的螺纹连接件有螺栓、双头螺柱、螺钉、螺母和垫圈等，如图 8-12 所示。

六角头螺栓	双头螺柱	六角螺母	六角开槽螺母
内六角圆柱头螺钉	开槽圆柱头螺钉	半圆头螺钉	开槽沉头螺钉
平垫圈	弹簧垫圈	圆螺母用止动垫圈	圆螺母　　　紧定螺钉

图 8-12　常用的螺纹连接件

螺栓、双头螺柱和螺钉都是在圆柱上切削出螺纹，起连接作用的，其长短决定于被连接零件的有关厚度。螺栓用于被连接件允许钻成通孔的情况，如图 8-13 所示。双头螺柱用于被连接零件之一较厚或不允许钻成通孔的情况，故两端都有螺纹，一端螺纹用于旋入被连接零件的螺孔内，如图 8-14 所示。螺钉则用于不经常拆开和受力较小的连接中，按其连接方式可分为螺钉连接（见图 8-15）和紧定螺钉连接（见图 8-16）。

8.2.2 螺纹连接件的规定标记

标准的螺纹连接件，都有规定的标记，标记的内容有名称、标准编号，以及螺纹规格×公称长度。举例如下。

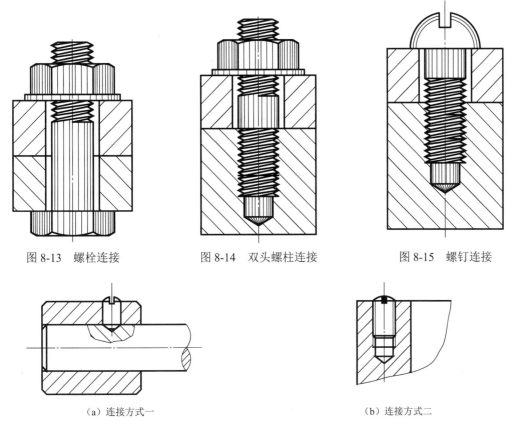

图 8-13 螺栓连接　　　　图 8-14 双头螺柱连接　　　　图 8-15 螺钉连接

（a）连接方式一　　　　　　　　　　　　　　（b）连接方式二

图 8-16 紧定螺钉连接

（1）螺栓

GB /T5782—2000—M12×80：表示螺纹规格为 M12，公称长度 $l=80$mm，性能等级为 8.8 级，A 级的六角头螺栓。

（2）螺柱

GB /T 897—2000—AM10×50：表示两端均为粗牙普通螺纹，螺纹规格为 M10，公称长度 $l=50$mm，性能等级为 4.8 级，A 型，$b_\mathrm{m}=d$ 的双头螺柱。

（3）螺钉

GB /T 65—2000—M5×20：表示螺纹规格为 M5，公称长度 $l=20$mm，性能等级为 4.8 级的开槽圆柱头螺钉。

（4）螺母

GB /T6170—2000—M12：表示螺纹规格为 M12，性能等级为 10 级，不经表面处理，A 级的 1 型六角螺母。

（5）垫圈

GB /T 97.1—2002—8—140HV：表示公称尺寸 $d=8$mm，性能等级为 140HV，不经表面处理的平垫圈。

螺纹连接件的标准，见附录 A。

8.2.3　螺纹连接件的画法

1．按国标规定的数据画图

例 8-5　画出螺母 GB /T 6170—2000—M24 的两个视图，画法如下：

（1）查国标，由附表 A8-1 查得：D=24、c=0.8、d_s=25.9、d_w=33.2、e=39.55、m=21.5、m'=16.2、s=36。

（2）画图，按所查出的数据画图，其步骤如下：

① 以 s=36 为直径作圆，如图 8-17（a）所示；

② 作圆的外切正六边形，并以 m=21.5 作六棱柱，如图 8-17（b）所示；

③ 以 D=24，画 3/4 圆（螺纹大径），并以 D_1=20.752（从附表 A1-1 查得）画圆（螺纹小径），如图 8-17（c）所示；

④ 以 d_w=33.2 为直径画圆，找出点 $1'$、$2'$，过点 $1'$、$2'$作与端面成 30°角的斜线，并做出截交线，如图 8-17（d）所示；

⑤ 描深，如图 8-17（e）所示。

所有螺纹连接件都可用上述方法画出零件工作图。

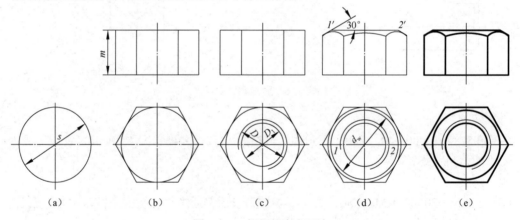

图 8-17　螺母的查表画法

2．按比例画图

为了提高画图速度，螺纹连接件各部分的尺寸（除公称长度外）都可按 d（或 D）的一定比例画出，称为比例画法（也称简化画法）。画图时，螺纹连接件的公称长度 l 仍由被连接零件的有关厚度决定。

各种常用螺纹连接件的比例画法，见表 8-3。

8.2.4　螺纹连接件连接的画法

图 8-18 是 4 种螺纹连接件连接的画法。

表 8-3 各种常用螺纹连接件的比例画法

名　　称	比 例 画 法
螺栓、螺母	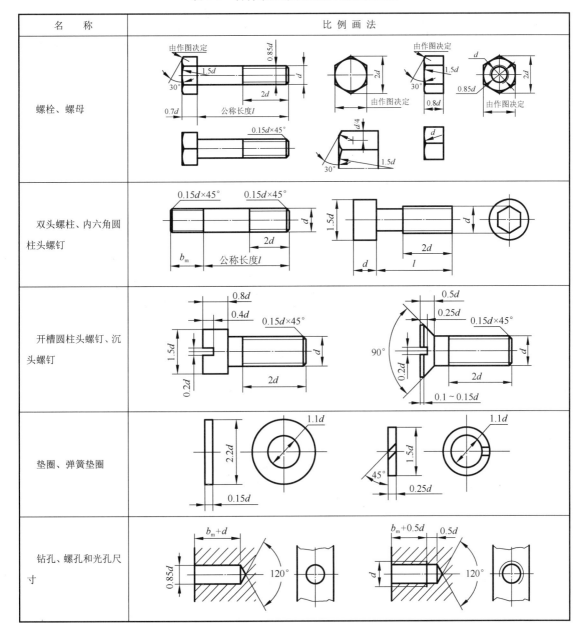
双头螺柱、内六角圆柱头螺钉	
开槽圆柱头螺钉、沉头螺钉	
垫圈、弹簧垫圈	
钻孔、螺孔和光孔尺寸	

1．具体画图（用比例画法）步骤（以螺栓连接为例）

① 定出基准线，如图 8-19（a）所示；

② 画出螺栓的两个视图（螺栓为标准件不剖），螺纹小径可暂不画，如图 8-19（b）所示；

③ 画出被连接的两板（要剖，孔径为 1.1d），如图 8-19（c）所示；

④ 画出垫圈（不剖）的三视图，如图 8-19（d）所示；

⑤ 画出螺母（不剖）的三视图，在俯视图中应画螺栓，如图 8-19（e）所示；

⑥ 画出剖开处的剖面线（注意剖面线的方向、间隔），补全螺母的截交线，全面检查、描深，如图 8-19（f）所示。

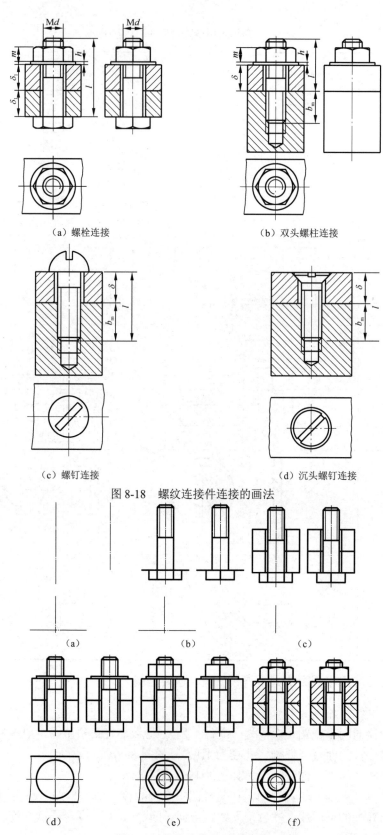

（a）螺栓连接　　　　　　　　　（b）双头螺柱连接

（c）螺钉连接　　　　　　　　　　（d）沉头螺钉连接

图 8-18　螺纹连接件连接的画法

（a）　　　　　　（b）　　　　　　（c）

（d）　　　　　　（e）　　　　　　（f）

图 8-19　螺栓连接的画图步骤

2．螺纹连接件公称长度 *l* 的确定

由图 8-18（a）可得出，*l* 的大小可按下式计算：

$$l > \delta_1 + \delta_2 + h + m$$

一般螺栓末端伸出螺母约为 0.3*d*。

设 $d=20$，$\delta_1=32$，$\delta_2=30$，

则 $l > \delta_1 + \delta_2 + h + m = 32 + 30 + 0.15d + 0.8d = 81$

l 值应比 81 约大 0.3*d*，即 87，在标准件公称长度 *l* 常用数列中可查出与其相近的数值为：*l*=90。

双头螺柱的公称长度 *l* 是指双头螺柱上无螺纹部分长度与拧螺母一侧螺纹长度之和，而不是双头螺柱的总长。由图 8-18（b）中可看出：

$$l > \delta + h + m$$

双头螺柱及螺钉的旋入端长度 b_m 可按表 8-4 选取。

螺孔深度一般取 $b_m+0.5d$，钻孔深度一般取 b_m+d，如图 8-20 所示。

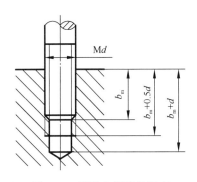

图 8-20　钻孔和螺孔的深度

表 8-4　旋入端长度 b_m

被旋入零件的材料	旋入端长度 b_m
钢、青铜	$b_m=d$
铸　铁	$b_m=1.25d$ 或 $1.5d$
铝	$b_m=2d$

3．画螺纹连接件连接的注意点

螺纹连接件连接的画法比较烦琐，容易出错。下面以双头螺柱连接图为例做正误对比（见图 8-21）。

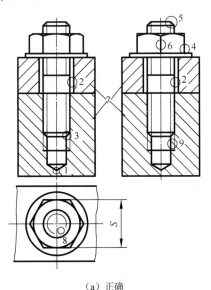

（a）正确

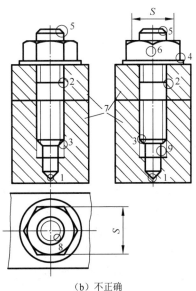

（b）不正确

图 8-21　双头螺柱连接的画法

① 钻孔锥角应为 120°；

② 被连接件的孔径为 1.1*d*，此处应画两条粗实线；

③ 内、外螺纹大、小径应对齐，小径与倒角无关；

④ 左、俯视图宽应相等；

⑤ 应有螺纹小径（细实线）；

⑥ 应有交线（粗实线）；

⑦ 同一零件在不同视图上剖面线间隔都应相同；

⑧ 应有 3/4 圈细实线，倒角圆不用画。

⑨ 剖面线应画到粗实线处。

8.3 键、销连接

8.3.1 键连接

键通常用来连接轴和装在轴上的转动零件，如齿轮、带轮等，起传递扭矩的作用。

根据具体的使用要求不同，相应的键有多种类型，如平键、半圆键和勾头楔键等，如图 8-22 所示，它们都是标准件。在此，只介绍应用最多的普通平键及其连接。普通平键有三种结构形式，即圆头普通平键（A 型）、平头普通平键（B 型）和单圆头普通平键（C 型），如图 8-24（a）所示。在标记时，A 型平键省略字母 A，而 B 型、C 型应写出字母 B 或 C。

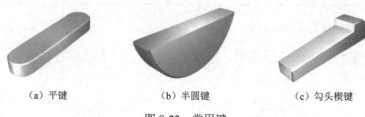

（a）平键　　　　　　　　　　（b）半圆键　　　　　　　　　（c）勾头楔键

图 8-22　常用键

普通平键的公称尺寸为 *b*×*h*（键宽×键高），可根据轴的直径 *d* 由 GB 1096—1990 中直接查表得到；键的长度一般比相应的轮毂长度短 5～10mm，并取相近的标准值。图 8-23（a）是轴上键槽的常用表示法和尺寸标法，图 8-23（b）是轮毂上键槽的常用表示法和尺寸标法。图中相关尺寸可由 GB 1095—2003 查表（见附表 B1-1）得到。

普通平键标记示例：

键 B18×100　GB 1095—2003

表示键宽 *b*=18mm，键长 *L*=100mm，键高 *h*=11mm 的平头（B 型）普通平键。

图 8-24（b）是普通平键连接的装配图画法。其中主视图为通过轴的轴线和键的纵向对称平面剖切后画出的，根据国家标准规定，此时轴和键均按不剖绘制。为了表示键在轴上的装配情况，轴采用了局部剖视，左视图为全剖视。在图中，键的两侧与下底面分别与轮毂和轴上键槽的两侧面、轴上键槽的底面相接触，应画一条线；而键的上顶面与轮毂上键槽的底面之间应留有空隙，故画成两条线。

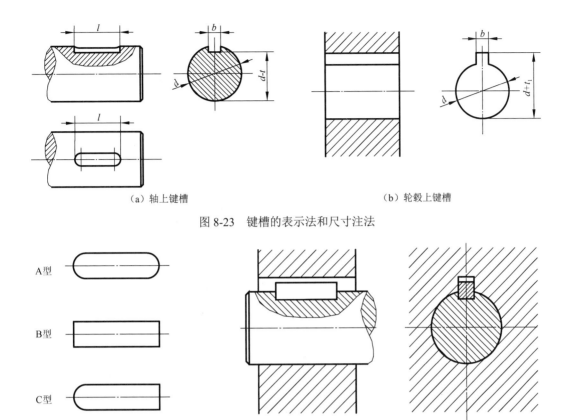

（a）轴上键槽　　　　　　　　　　　　（b）轮毂上键槽

图 8-23　键槽的表示法和尺寸注法

A 型

B 型

C 型

（a）　　　　　　　　　　　　　　　（b）

图 8-24　普通平键的结构形式和装配图画法

8.3.2　销连接

销主要用于两零件之间的连接或定位，但连接时只能传递不太大的转矩。

常用的销有圆柱销、圆锥销和开口销三种，如图 8-25 所示。销是标准件，其结构形式、尺寸和标记国家标准都给出了相应的规定，画图时可根据需要从有关标注中（见附表 B2-1、B3-1、B4-1）查出各项数据。

（a）圆柱销　　　　　　（b）圆锥销　　　　　　（c）开口销

图 8-25　销

图 8-26 所示为三种常用销的连接画法，当剖切平面通过销的基本轴线时，销作不剖处理。

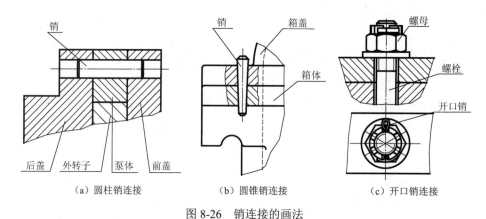

（a）圆柱销连接　　　　　　（b）圆锥销连接　　　　　　（c）开口销连接

图 8-26　销连接的画法

8.4　齿轮

8.4.1　齿轮的作用及分类

齿轮是机械传动中广泛应用的传动零件，它的主要作用是传递动力，改变运动的速度和回转的方向。

齿轮的种类很多，常用的有以下三种（见图 8-27）：

① 圆柱齿轮用于两平行轴之间的传动；

② 锥齿轮用于两相交轴之间的传动；

③ 蜗轮、蜗杆用于两垂直交叉轴之间的传动。

圆柱齿轮按其齿形方向可分为直齿、斜齿和人字齿，这里主要介绍直齿圆柱齿轮的基础知识和规定画法。

（a）圆柱齿轮　　　　　　　（b）锥齿轮　　　　　　　（c）蜗轮、蜗杆

图 8-27　齿轮

8.4.2　齿轮各部分的名称及几何尺寸的计算

1. 齿轮各部分的名称

轮齿是齿轮的主要结构，有标准可循。凡符合国家标准中所规定的为标准齿轮。在标准齿轮的基础上，轮齿作某些改变的为变位齿轮。这里只介绍标准齿轮。

齿轮各部分的名称及代号，如图 8-28 所示。

（1）齿顶圆。

通过轮齿顶部的圆称为齿顶圆，其直径用 d_a 表示。

（2）齿根圆。

通过轮齿根部的圆称为齿根圆，其直径用 d_f 表示。

（3）分度圆。

标准齿轮的齿槽宽 e（相邻两齿廓在某圆周上的弧长）与齿厚 s（一个齿两侧齿廓在某圆周上的弧长）相等的圆称为分度圆。它是设计、制造齿轮时计算各部分尺寸的基准圆，其直径用 d 表示。

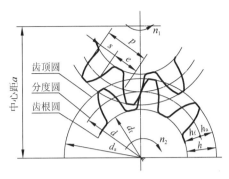

图 8-28　齿轮各部分名称

（4）齿距。

分度圆上相邻两齿廓对应点之间的弧长称为齿距，用 p 表示。

（5）齿高。

轮齿在齿顶圆和齿根圆之间的径向距离称为齿高，用 h 表示。

齿顶高：轮齿在齿顶圆和分度圆之间的径向距离称为齿顶高，用 h_a 表示。

齿根高：轮齿在齿根圆和分度圆之间的径向距离称为齿根高，用 h_f 表示。

（6）中心距。

两啮合齿轮轴线之间的距离，用 a 表示。

2．直齿圆柱齿轮的基本参数

（1）齿数。

齿轮上轮齿的个数，用 z 表示。

（2）模数。

齿轮的齿数 z、齿距 p 和分度圆 d 之间有如下关系：

$$\pi d = zp，即 d = zp/\pi$$

由于式中出现了无理数 π，不便计算和标准化，令 $p/\pi = m$，即 $d = mz$。显然，模数 m 是反映轮齿大小和强度的一个参数，其值越大，表示齿轮的承载能力越大。

为了便于齿轮的制造，模数已经标准化，我国的标准模数值见表 8-5。

表 8-5　渐开线圆柱齿轮标准模数 m（GB 1357—1987）

1	1.25	1.5	2	2.5	3	4	5	6	8	10
注：1．本表只列入 1～10mm 的标准数（标准模数从 0.1～50mm）；										
2．本表只列入应优先被采用的第一系列模数值；										

（3）压力角。

压力角为两啮合齿轮的齿廓在接触点处的受力方向与运动方向之间的夹角。若接触点在分度圆上，则为两齿廓公法线与两分度圆公切线的交角，用 α 表示。我国标准齿轮分度圆上的压力角为 20°，通常所说的压力角是指分度圆上的压力角。

3．直齿圆柱齿轮各部分尺寸的计算公式

齿轮的基本参数 z、m 和 α 确定之后，齿轮各部分的尺寸可按表 8-6 中的公式计算。

表 8-6　外啮合标准直齿圆柱齿轮几何尺寸计算公式

基本参数：模数 m、齿数 z、压力角 20°		
各部分名称	代号	计算公式
分度圆直径	D	$d=mz$
齿顶高	h_a	$h_a=m$
齿根高	h_f	$h_f=1.25m$
齿顶圆直径	d_a	$d_a=m(z+2)$
齿根圆直径	d_f	$d_f=m(z-2.5)$
齿距	P	$p=\pi m$
分度圆齿厚	s	$s=0.5\pi m$
中心距	a	$a=0.5(d_1+d_2)=0.5m(z_1+z_2)$

8.4.3　齿轮的画法

1．单个齿轮的画法

单个齿轮一般采用全剖的非圆视图和端视图两个视图来表示（见图 8-29）。

（1）在视图中，齿顶圆和齿顶线用粗实线表示。分度圆和分度线用点画线表示（分度线应超出轮廓 2～3mm）。齿根圆和齿根线画细实线或省略不画。

（2）在剖视图中，齿根线用粗实线表示，轮齿部分不画剖面线。在端视图中，齿根圆用细实线表示或省略不画。

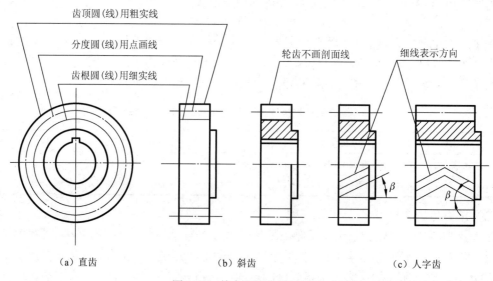

（a）直齿　　　　（b）斜齿　　　　（c）人字齿

图 8-29　单个圆柱齿轮的画法

（3）齿轮的其他结构按投影关系画出。

2．一对圆柱齿轮啮合画法

当两标准齿轮相互啮合时，两轮分度圆处于相切位置，此时分度圆又称为节圆。啮合区的规定画法如下：

（1）在投影为圆的视图（端视图）中，两齿轮的分度圆相切。齿顶圆和齿根圆有两种画法：

① 啮合区的齿顶圆画粗实线，齿根圆画细实线，或省略不画，如图 8-30（a）所示。

② 啮合区的齿顶圆省略不画，整个齿根圆可都不画，如图 8-30（b）所示。

（2）在非圆投影的剖视图中，两轮分度线重合，画点画线。齿根线画粗实线。齿顶线的画法是将一个轮的轮齿作为可见部分画成粗实线，另一个轮的轮齿被遮住部分画成虚线，如图 8-30（a）所示。

（3）在非圆投影的外形图中，啮合区的齿顶线和齿根线不必画出，分度圆画成粗实线，如图 8-30（c）所示。

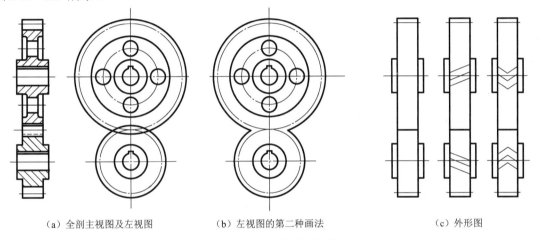

（a）全剖主视图及左视图　　　　（b）左视图的第二种画法　　　　（c）外形图

图 8-30　圆柱齿轮啮合的画法

8.5 滚动轴承

滚动轴承是一种支撑旋转轴的组件。它具有摩擦力小，结构紧凑的优点，已被广泛用于机器或部件中，滚动轴承也是标准件。在此介绍三种常用的深沟球轴承、圆锥滚子轴承和推力球轴承的画法和标记。

8.5.1 滚动轴承的结构、类型及代号

1．滚动轴承的结构

滚动轴承的种类很多，但其结构大体相同，如图 8-31 所示，一般由外圈、内圈、滚动体及保持架组成。内圈上有凹槽，以形成滚动体圆周运动时的滚动道。保持架把滚动体彼此隔开，

避免滚动体相接触，以减小摩擦与磨损。滚动体有球、圆柱滚子和圆锥滚子等。使用时，外圈装在机座的孔内，固定不动；而内圈套在转动轴上，随轴转动。

2．滚动轴承的类型

滚动轴承按其所能承受的载荷方向分为如下几种。

（1）向心轴承，主要用于承受径向载荷，如图 8-31（a）中的深沟球轴承所示。

（2）推力轴承，只承受轴向载荷，如图 8-31（b）中的推力球轴承所示。

（3）向心推力轴承，能同时承受径向载荷和轴向载荷，如图 8-31（c）中的圆锥滚子轴承所示。

（a）深沟球轴承　　　　　　（b）推力球轴承　　　　　　（c）圆锥滚子轴承

图 8-31　滚动轴承

3．滚动轴承的代号

滚动轴承的代号可查阅国家标准 GB/T 272—1993，代号由前置代号、基本代号和后置代号组成。其排列顺序为：

前置代号　基本代号　后置代号

（1）基本代号表示滚动轴承的基本类型、结构和尺寸，是滚动轴承代号的基础。基本代号由滚动轴承的类型代号、尺寸系列代号和内径代号组成。

① 类型代号：用阿拉伯数字或者大写英文字母表示，见表 8-7。

表 8-7　滚动轴承的类型代号

代　　号	轴 承 类 型	代　　号	轴 承 类 型
0	双列角接触球轴承	6	深沟球轴承
1	调心球轴承	7	角接触球轴承
2	调心滚子轴承和推力调心滚子轴承	8	推力圆柱滚子轴承
3	圆锥滚子轴承	N	圆柱滚子轴承（双列或多列用字母 NN 表示）
4	双列深沟球轴承	U	外球面轴承
5	推力球轴承	QJ	四点接触球轴承

② 尺寸系列代号：由轴承的宽（高）度系列代号和直径系列代号组合而成，一般用两位数字表示。它表示同一内径的轴承，其内、外圈的宽度和厚度不同，其承载能力也不同。向心轴承、推力轴承的尺寸系列代号见表 8-8。

③ 内径代号：内径代号表示轴承的公称直径（轴承内圈的孔径），一般也由两位数字组成。当内径尺寸在 20～80mm 的范围内变化时，内径尺寸=内径代号×5。

例如：轴承代号 6206

6——类型代号，表示深沟球轴承；

2——尺寸系列代号，原位 02，对此种轴承首位 0 省略；

06——内径代号（内径尺寸=6×5=30mm）。

表 8-8　滚动轴承的尺寸系列代号

直径系列代号	向心轴承									推力轴承		
	宽度系列代号									高度系列代号		
	8	0	1	2	3	4	5	6	7	9	1	2
	尺寸系列代号											
7	—	—	17	—	37	—	—	—	—	—	—	—
8	—	08	18	28	38	48	58	68	—	—	—	—
9	—	09	19	29	39	49	59	69	—	—	—	—
0	—	00	10	20	30	40	50	60	70	90	10	—
1	—	01	11	21	31	41	51	61	71	91	11	—
2	82	02	12	22	32	42	52	62	72	92	12	22
3	83	03	13	23	33	—	—	—	73	93	13	23
4	—	04	—	24	—	—	—	—	74	94	14	24
5	—	—	—	—	—	—	—	—	—	95	—	—

（2）滚动轴承代号中的前置代号和后置代号是轴承在结构形状、尺寸、公差及技术要求等有改变时，在其基本代号的左、右添加的补充代号。需要时可查阅有关国家标准。

滚动轴承的标记内容：名称、代号和国标。

例如：滚动轴承　6206　GB/T 276—1994

8.5.2　滚动轴承的画法

滚动轴承的画法见表 8-9。滚动轴承有简化画法和规定画法。用简化画法绘制滚动轴承时，应采用通用画法或特征画法，但在同一图样中一般只采用一种画法，这里只介绍规定画法和特征画法。

表 8-9　常用滚动轴承的规定画法和特征画法

轴承类型	规定画法	特征画法
深沟球轴承		

续表

轴承类型	规定画法	特征画法
圆锥滚子轴承	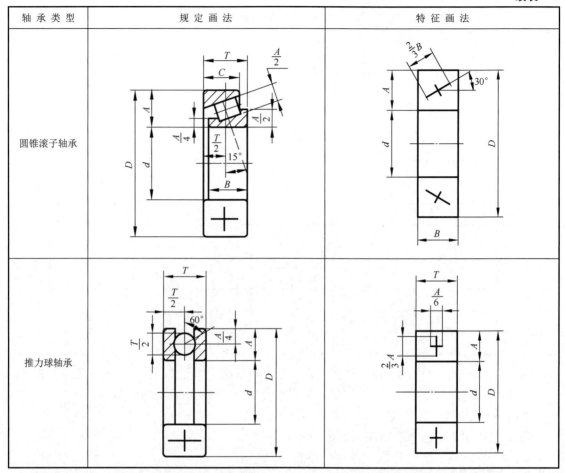	
推力球轴承		

在规定画法、通用画法和特征画法中的各种符号、矩形线框和轮廓线均用粗实线绘制。

当采用规定画法画滚动轴承的剖视图时，轴承的滚动体不画剖面线，其各套圈可画成方向和间距相同的剖面线。在不引起误解时，也允许不画。

8.6 弹簧

弹簧的种类很多，常见的有金属螺旋弹簧和涡卷弹簧等，如图 8-32 所示。根据受力情况的不同，螺旋弹簧又分为压缩弹簧［见图 8-32（a）］、拉伸弹簧［见图 8-32（b）］和扭转弹簧［见图 8-32（d）］三种。本节只介绍圆柱螺旋压缩弹簧的画法和尺寸关系。

（a）压缩弹簧　　　（b）拉伸弹簧　　　（c）涡卷弹簧　　　（d）扭转弹簧

图 8-32　常用弹簧种类

8.6.1 圆柱螺旋压缩弹簧的各部分名称和尺寸关系

参看图 8-32（a）和图 8-33。为了使压缩弹簧的端面与轴线垂直，在工作时受力均匀，在制造时将两端几圈并紧、磨平，称为支撑圈。两端支撑圈总数常采用 1.5 圈、2 圈和 2.5 圈三种形式。除支撑圈外，中间那些保持相等节距、产生弹力的圈称为有效圈，有效圈数是计算弹簧刚度时的圈数。弹簧参数已标准化，在设计时选用即可。下边给出与画图有关的几个参数。

（1）簧丝直径 d：制造弹簧的钢丝直径，按标准选取。

（2）弹簧中径 D：弹簧的平均直径，按标准选取；

弹簧内径 D_1：弹簧的最小直径，$D_1=D-d$；

弹簧外径 D_2：弹簧的最大直径，$D_2=D+d$。

（3）有效圈数 n，支撑圈数 n_2 和总圈数 n_1，它们之间的关系为 $n_1=n+n_2$，有效圈数 n 按标准选取。

（4）节距 t：两相邻有效圈截面中心线的轴向距离，按标准选取。

（5）自由高度 H_0：弹簧无负荷时的高度，$H_0=nt+2d$。

计算后取标准中的相近值。圆柱螺旋压缩弹簧的尺寸及参数由 GB/T 2089—1994 规定。

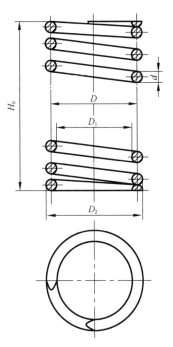

图 8-33 圆柱螺旋压缩弹簧的画法

8.6.2 圆柱螺旋压缩弹簧的规定画法

圆柱螺旋压缩弹簧的规定画法有以下几点。

（1）螺旋压缩弹簧在平行于轴线的投影面上的视图中，其各圈的轮廓线应画成直线，如图 8-33 所示。

（2）螺旋压缩弹簧在图上均可画成右旋，但左旋螺旋弹簧不论画成右旋或左旋，一律要加注"左"字。

（3）有效圈数在 4 圈以上的螺旋压缩弹簧，中间各圈可以省略不画（见图 8-33）。当中间各圈省略后，图形的长度可适当缩短。

（4）因为弹簧画法实际上只起一个符号作用，所以以螺旋压缩弹簧要求在两端并紧、磨平时，不论支撑圈数为多少，均可按图 8-33 的形式绘制。支撑圈数在技术条件中另加说明。

（5）在装配图中，当弹簧中间各圈采用省略画法时，弹簧后面被挡住的结构一般不画，可见部分画到弹簧钢丝的剖面轮廓或中心线处［见图 8-34（a）］。

（6）在装配图中，螺旋弹簧被剖切时，簧丝直径小于 2mm 的剖面可以用涂黑表示［见图 8-34（b）］。当簧丝直径小于 1mm 时，可采用示意画法［见图 8-34（c）］。

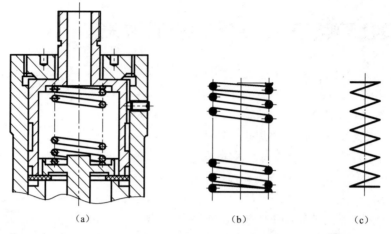

（a）　　　　　　（b）　　　　　　（c）

图 8-34　装配图中的弹簧画法

8.6.3　圆柱螺旋压缩弹簧的画图步骤

已知圆柱螺旋压缩弹簧的簧丝直径 $d=6$，弹簧中径 $D=35$，节距 $t=1$，有效圈数 $n=6.5$，右旋，其作图步骤如图 8-35 所示。

（1）算出弹簧自由高度 H_0，用 D 及 H_0 画出长方形 $ABCD$［见图 8-35（a）］。

（2）画出支撑圈部分直径与簧丝直径相等的圆和半圆［见图 8-35（b）］。

（3）画出有效圈数部分直径与簧丝直径相等的圆［见图 8-35（c）］。先在 CD 上根据节距 t 画出圆 2 和 3；然后从 1、2 和 3、4 的中点作水平线与 AB 相交，画出圆 5 和圆 6。

（4）按右旋方向作相应圆的公切线及剖面线，即完成作图［见图 8-35（d）］。

在装配图中画处于被压缩状态的螺旋压缩弹簧时，H_0 改为实际被压缩后的高度，其余画法不变。

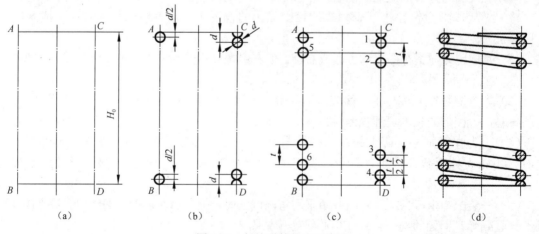

（a）　　　　　　（b）　　　　　　（c）　　　　　　（d）

图 8-35　螺旋弹簧的画图步骤

8.6.4　圆柱螺旋压缩弹簧的标记

弹簧的标记由名称、形式、尺寸、标准编号、材料牌号及表面处理组成。

例如，YA 型弹簧，材料直径为 1.2mm，弹簧中径为 8mm，自由高度为 40mm，刚度、外径、自由高度的精度为 2 级，材料为碳素弹簧钢丝 B 级，则表面镀锌处理的左旋弹簧的标记为：

YA 1.2×8×40—2 左　GB/T 2089—1994　B 级—D—Zn

小　结

　　螺纹连接件、键、销、滚动轴承等均属标准件，它们的形式、尺寸大小及技术要求均已标准化。齿轮和弹簧的某些结构与尺寸已部分标准化，应用也很广泛，称为常用件。国家标准规定了它们的简化画法、标记与标注，设计时必须遵照执行。

　　螺纹是内、外螺纹装配在一起成对使用的，使用时必须保证螺纹的五个要素（牙形、大径、旋向、线数、螺距与导程）完全一致。

　　螺纹分连接螺纹和传动螺纹，连接螺纹有普通螺纹与管螺纹之分。普通螺纹又有粗牙与细牙之分，它们的特征代号为 M。管螺纹有非螺纹密封与用螺纹密封两种，非螺纹密封的管螺纹的特征代号为 G，用螺纹密封的管螺纹又有圆锥内螺纹、圆柱内螺纹和圆锥外螺纹之分，其特征代号分别为 R_c、R_p、R 表示。标准传动螺纹有梯形螺纹和锯齿形螺纹，它们的特征代号分别为 Tr、B。各种内、外螺纹的画法，国家标准作了统一规定，并通过标记的内容不同加以区别。

　　螺纹连接件包括螺栓、双头螺柱、螺钉、螺母及垫圈等。螺栓、双头螺柱、螺钉的规格尺寸是公称直径和公称长度，螺母、垫圈的规格尺寸是公称直径，它们是根据设计要求确定的，其余尺寸均可根据规定标记从相应的标准中查得。螺纹连接件在装配图中的画法应按国标规定画出。

　　键是连接并传递扭矩的零件，键的规格尺寸是键宽 b 和键长 l。销是起连接和定位作用的零件。销的规格尺寸是公称直径 d 和长度 l，其余尺寸可从有关标准中查得。

　　齿轮是传递动力、改变转速和旋转方向的零件，本章着重介绍了直齿圆柱齿轮，它的轮齿各部分尺寸由齿数 z、模数 m 按公式计算求得，m 有统一的标准。画齿轮图时，轮齿部分的画法及两齿轮啮合时的画法均应按国标规定画出。

　　滚动轴承是用于支撑旋转轴的一种标准组件，一般由内圈、外圈、滚动体、保持架 4 部分组成，画装配图时，只需根据内径、外径、宽度等主要尺寸按简化画法或规定画法画出即可。

　　弹簧是一种能储存能量的常用零件。

　　本章的重点是螺纹及螺纹连接件、圆柱齿轮。

第 9 章

零件图

9.1　零件图的内容

　　零件是组成机器或部件的最小单元。制造机器时往往先加工出零件，再将零件按一定的方式组装成机器。如图 9-1 所示，机用虎钳是用来夹持工件的一种工具，它主要是由固定钳身、活动钳身、钳口板、丝杠和套螺母等零件组成的。

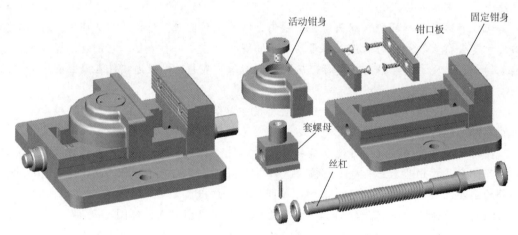

图 9-1　机用虎钳

　　用来表达零件形状、尺寸和技术要求的图样称为零件图，如图 9-2 所示。零件图是加工、制造零件的依据，它反映了设计者的设计意图，表达机器或部件对零件的要求，是生产中最重要的技术文件之一。

　　从图 9-2 所示的丝杠零件图可以看出，一张完整的零件图应包括以下基本内容。

　　（1）一组视图。

　　用视图、剖视、断面等表达方法来正确、完整、清晰地表达出零件的各部分结构形状。

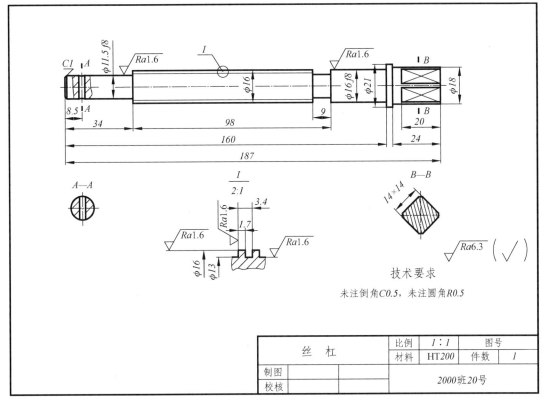

图 9-2　丝杠零件图

（2）一组完整的尺寸。

正确、完整、清晰、合理地标注加工和检验零件时所需的全部尺寸。

（3）必要的技术要求。

用规定的符号、数字或文字来说明零件在制造和检验时应该达到的技术指标称为技术要求，包括表面结构要求、尺寸公差、形位公差、热处理要求等。

（4）标题栏。

标题栏位于图框的右下角，用于填写零件的名称、数量、材料、比例、图号及设计、绘图人员的签名等内容。

9.2　典型零件的视图与尺寸

9.2.1　零件的视图选择原则

零件的视图选择原则：在完整、正确、清晰地表达各部分结构形状和大小的前提下，力求画图简便，视图数量最少。

因此，必须对零件进行结构形状的分析、功能分析、加工方法分析和工艺结构分析，以便根据零件的结构特点，选择主视图和其他视图。

1．主视图的选择

在表达零件的一组视图中，主视图是核心，选择零件主视图，应遵循下列原则：

（1）形状特征原则。

形状特征原则要求主视图应尽可能反映零件的主要形状特征。图 9-3 为一阀体零件，选择图示箭头方向作为主视图投影方向并全剖，则能表达阀体的内部形状特征以及各组成部分的相对位置，较好地反映了阀体零件的主要形状特征。

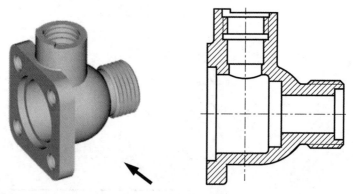

图 9-3　阀体主视图

（2）加工位置原则。

加工位置原则要求按零件在机床上的主要加工位置画出零件主视图，便于加工时看图和测量。例如，一般轴类零件主要在车床、磨床上加工，主视图将其轴线画成水平线，即符合加工位置原则。如图 9-4 所示的回转轴主视图，通常轴、套、轮、盘等由回转体构成的零件，它们的主视图一般应将其轴线水平画出。

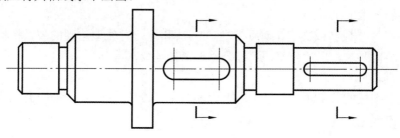

图 9-4　回转轴主视图

（3）工作位置原则。

工作位置原则要求将主视图按零件在机器中工作时的位置画出，便于根据零件间装配关系分析零件的结构形状。如图 9-5 所示，通常箱体、支架等零件可按零件在机器或部件中的工作位置来选择主视图。

总之，选择零件主视图时，应该以形状特征原则为主，同时兼顾加工位置原则和工作位置原则。

2．其他视图的选择

主视图确定以后，针对零件的内外结构形状，还需要选择其他视图及适当的表达方法，如剖视图、断面图等来补充主视图表达的不足。如图 9-6 所示的回转轴零件视图对于轴上的键槽采用了移出断面来表达其深度。在选择这些视图时，应该考虑下列因素：

图 9-5　支架类零件

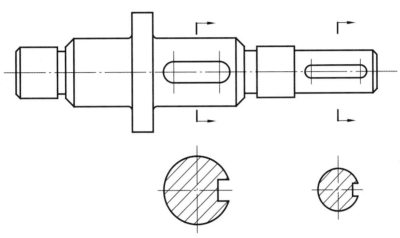

图 9-6　回转轴零件视图

（1）应考虑除主视图外，零件还有哪些结构形状未表达清楚或不够清楚，优先选择其他基本视图，并根据零件内外结构等，采用相应的剖视图和断面图。对于尚未表达清楚的零件的局部或细部结构，还可选用局部视图、斜视图或局部放大图等表达方法。

（2）应使每个视图和表达方法都有表达侧重点，并相互补充。

（3）零件的视图选择应考虑图纸幅面的合理利用。

对于同一零件，特别是结构形状较为复杂的零件，可选择不同的表达方案，进行分析比较，最后确定一个较好的方案。

9.2.2　典型零件的视图选择

零件的种类很多，结构形状也千差万别，根据其结构和用途的特点，一般将零件分为轴套类、轮盘类、叉架类、箱体类四种典型零件。

1. 轴套类零件

（1）常见轴套类零件。

常见轴套类零件有回转轴、销、套筒等。

轴类零件主要用来支撑传动零件（如齿轮、皮带轮等）和传递动力；套类零件一般安装在轴上或孔中，用来定位、支撑、保护传动零件。

（2）结构和工艺特点。

这类零件主要由同轴的回转体构成。零件上通常有中心孔、螺纹、键槽、销孔、倒角、退刀槽等。机械加工方式以车削、磨削为主。

（3）视图表达特点（见图9-7）。

主视图常按其主要加工位置（轴线水平）放置，键槽、孔等结构一般面向观察者。

一般采用断面图、局部视图和局部放大图等方式来表达键槽、退刀槽或其他细小结构。

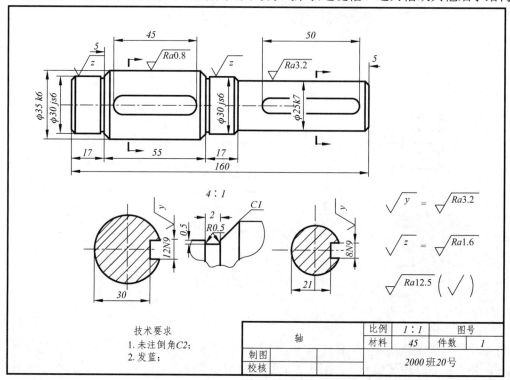

技术要求
1. 未注倒角C2；
2. 发蓝；

轴			比例	1：1	图号	
			材料	45	件数	1
制图			2000班20号			
校核						

图9-7　主轴零件图

2. 轮盘类零件

（1）常见轮盘类零件。

常见轮盘类零件有带轮、端盖、轴承盖等。

轮盘类零件主要包括轮类与盘盖类零件。轮类零件一般通过键、销与轴连接来传递动力和扭矩；盘盖类零件可起支撑、定位和密封等作用。图9-8为泵盖零件和轴承盖零件。

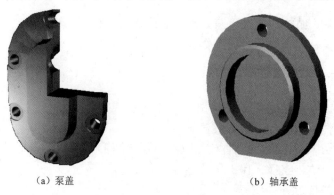

（a）泵盖　　　　　　　　　　　（b）轴承盖

图9-8　轮盘类零件

（2）结构和工艺特点。

这类零件的结构特点是大都由同一轴线的回转体组成，轴向尺寸较小，径向尺寸较大，其上常有安装孔、螺纹孔、键槽、凸台，还有轮辐、肋板等结构。坯料多为铸、锻件。以车削加工为主。

（3）视图表达特点。

主视图一般按加工位置水平放置，但有些较复杂的盘盖类零件，因加工工序较多，主视图也可按工作位置画出。

视图表达一般需要两个或两个以上基本视图。根据结构特点，视图如果具有对称面时，可作半剖视图；若无对称面时，可作全剖视图或局部剖视图。其他结构形状如轮辐和肋板等可用移出断面或重合断面，也可用简化画法，如图9-9所示的泵盖零件图。

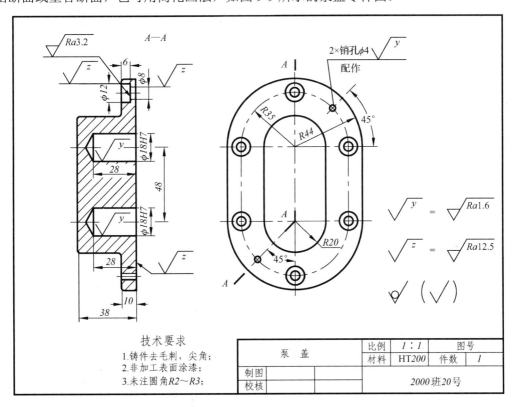

图9-9　泵盖零件图

3．叉架类零件

（1）常见叉架类零件。

常见叉架类零件有支架、叉架、托架等。叉架类零件包括各种叉杆和支架，通常起传动、连接、支撑等作用，多为铸件或锻件，如图9-10所示的叉架类零件。

（2）结构和工艺特点。

这类零件的形体较为复杂并且不规则，一般具有肋板、杆、座、轴孔、耳板、螺孔等结构。

（3）视图表达特点。

由于叉架类零件的结构较为复杂，各加工表面往往在不同的机床上进行加工，因此它的零件图均按工作位置放置，而不考虑其加工位置。有些叉架类零件在机器上的工作位置正好处于倾斜状态，为了便于制图，也可将其位置放正，选择最能反映其结构特征的投影方向作为主视图的投影方向。

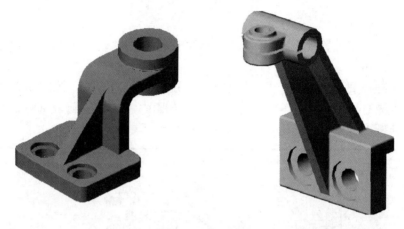

图 9-10　叉架类零件

　　由于叉架类零件形状一般不太规则，通常具有倾斜结构，仅采用基本视图往往不能清晰地表达某些部分的详细结构或实形，因此常采用局部视图、斜视图、断面、局部剖视图和斜剖视图等表达方法，如图 9-11 所示的托架零件图。

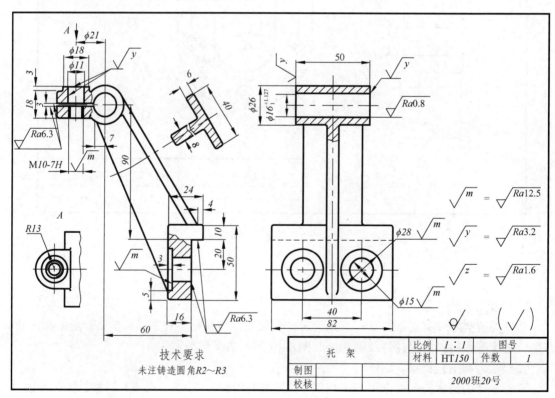

图 9-11　托架零件图

4. 箱体类零件

（1）常见箱体类零件。

常见箱体类零件有泵体、阀体、减速器箱体，以及其他各种用途的箱体、机壳等。

箱体类零件一般是机器的主体零件，许多其他零件都要安装在它的内部或外部，因此结构较复杂，一般都是铸件。如图9-12所示为箱体类零件。

（a）减速器下箱体　　　　　　　　　　　　　　（b）机壳

图9-12　箱体类零件

（2）结构和工艺特点。

箱体类零件一般起支撑、包容其他零件的作用，所以多数是中空的壳体，具有内腔和壁，此外还常具有轴孔、轴承孔、凸台和肋板等结构。

为了使其他零件能安装在箱体上，以及将箱体再安装到机座上，因此箱体零件上通常有安装底板、法兰、安装孔和螺纹孔等结构。

（3）视图表达特点。

箱体零件由于加工工序比较多，装夹位置不固定，因此，它的零件图均按工作位置放置，而不考虑其加工位置。这样放置还可使它与在装配图中的位置一致，有利于看图和了解其工作情况。确定放置位置后，主视图应根据箱体的主要结构特征选择。箱体类零件通常都采用剖视图来表达其内部结构，对零件的外形也要采用相应的视图表达清楚。对于一些简单的箱体，一般2～3个视图就足以表达清楚，但对于一些复杂的箱体，有时需要较多的视图和剖视图，并配合其他各种方法才能表达清楚。

图9-13是一箱体零件图，它采用了三个基本视图来表达箱体的结构形状。其中主视图采用了全剖视图，左视图为半剖视图，考虑到箱体前后对称的结构特点，俯视图采用了对称画法。

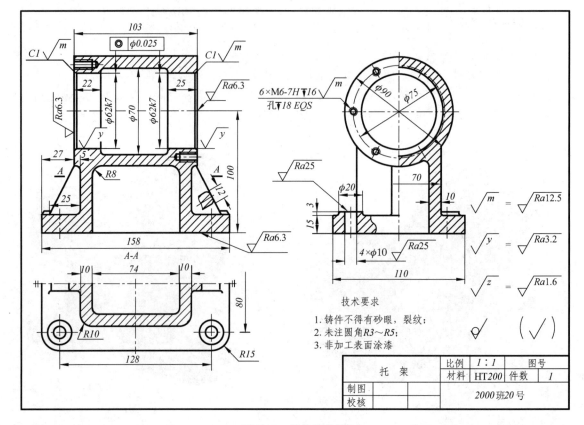

图 9-13　箱体零件图

9.3　零件上的常见工艺结构

零件的结构形状主要是由零件在机器中的使用要求决定的，但是制造、加工方法对零件的结构也有一定的要求，这种由加工方法、加工工艺所确定的零件结构称为零件的工艺结构。

9.3.1　铸造零件的工艺结构

1．拔模斜度（起模斜度）

用铸造的方法制造零件毛坯时，为便于从砂型中取出模型，一般沿模型拔模方向做成一定的斜度，称为拔模斜度（起模斜度）。铸造零件的拔模斜度较小时，在图中可不画，也不用标注，必要时可在技术要求中说明；斜度较大时，则要画出，并且标注斜度，如图 9-14 所示。

2．铸造圆角

为便于铸件造型时拔模，同时防止在浇铸时铁水将砂型转角处冲坏，以及冷却时产生缩孔和裂缝，需要将铸件的转角处制成圆角，这种圆角称为铸造圆角，如图 9-15 所示。铸造圆角半径一般取壁厚的 0.2～0.4 倍，尺寸可在技术要求中统一注明。

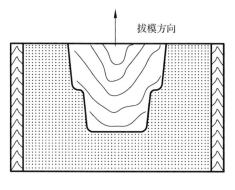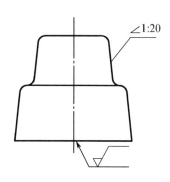

图 9-14　拔模斜度

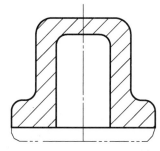

缩孔　　　　裂缝

技术要求
1. 未注圆角R5.

图 9-15　铸造圆角

铸件毛坯上的某些表面常需进行切削加工，这时铸造圆角被削平。

3．铸件壁厚

用铸造方法制造零件的毛坯时，为了避免浇注后零件各部分因冷却速度不同而产生缩孔或裂纹，铸件的壁厚应保持均匀或逐渐过渡，如图 9-16 所示。

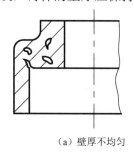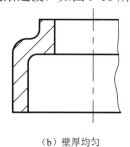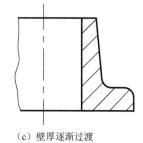

（a）壁厚不均匀　　　　（b）壁厚均匀　　　　（c）壁厚逐渐过渡

图 9-16　铸件壁厚

4．过渡线

铸件两表面相交时，表面交线因圆角的存在使得交线不很明显，画图时两表面交线仍按原位置画出，但交线的两端与轮廓线的圆角之间应留有间隙，这时交线称为过渡线。过渡线的画法与相贯线的画法基本相同，图 9-17 所示为几种过渡线的画法。

（1）两曲面相交时，轮廓线相交处画出圆角，过渡线两端与圆角处与轮廓线间留出间隙［见图 9-17（a）］。

（2）两曲面相切时切点处过渡线留有间隙［见图 9-17（b）］。

（3）平面与平面、平面与曲面过渡线画法［见图 9-17（c）］。

（4）肋板与立体相交，肋板断面头部为长方形时，过渡线为直线，且平面轮廓线的端部稍向外弯［见图 9-17（d）］。

（5）肋板与立体相交，肋板断面头部为半圆时，过渡线为向内弯的曲线［见图 9-17（e）］。

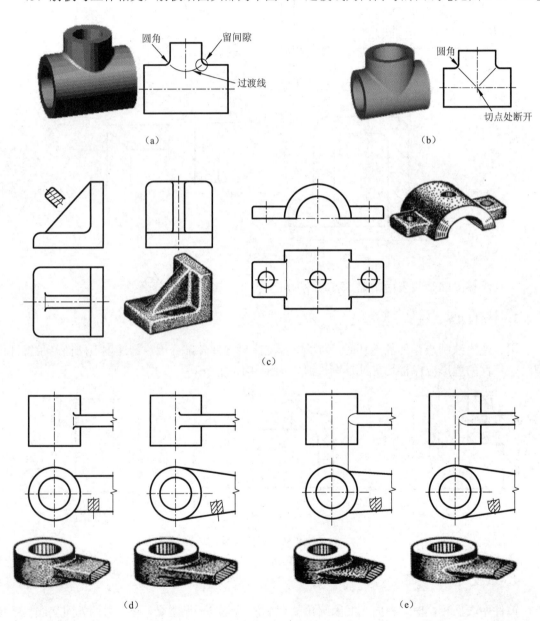

图 9-17　过渡线

9.3.2　零件加工的工艺结构

1．倒角和圆角

为了去除零件加工表面转角处的毛刺、锐边以便于零件的装配，一般需要在轴和孔的端部加工成倒角［见图 9-18（a）］；通常倒角角度为 45°，有时也可以为 30°或 60°等角度，其画法与尺寸标注如图 9-18（b）所示。在不至于引起误解的情况下，45°小倒角允许省略不画，但需标注尺寸。重要倒角的大小应根据轴径（孔径）查阅相关手册。

为了避免阶梯轴轴肩的根部因应力集中而容易产生断裂，常在轴肩的根部加工成圆角过渡，称为圆角，其画法与尺寸标注如图 9-18（b）所示。在不至于引起误解的情况下，零件的小圆角允许省略不画，但需注尺寸。圆角的半径大小应根据轴径（孔径）查阅相关手册。

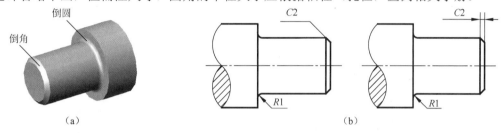

图 9-18　倒角、圆角

2．退刀槽和砂轮越程槽

在切削加工，特别是在车螺纹和磨削时，为便于退出刀具或使砂轮可稍微越过加工表面，常在待加工面的末端先车出退刀槽或砂轮越程槽，如图 9-19 所示。退刀槽画法与标注如图 9-20 所示。砂轮越程槽画法与标注如图 9-21 所示。退刀槽与砂轮越程槽的尺寸是标准的，可查阅有关标准。

（a）退刀槽　　　　　　　　　　　　（b）砂轮越程槽

图 9-19　退刀槽、砂轮越程槽

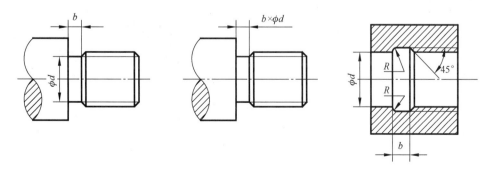

图 9-20　退刀槽画法与标注

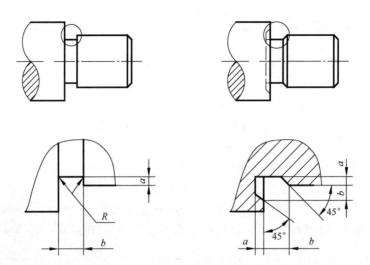

图 9-21　砂轮越程槽画法与标注

3．凸台与凹坑

零件上与其他零件的接触面，一般都要进行加工。为减少加工面积并保证零件表面之间有良好的接触，常在铸件上设计出凸台和凹坑，如图 9-22 所示。

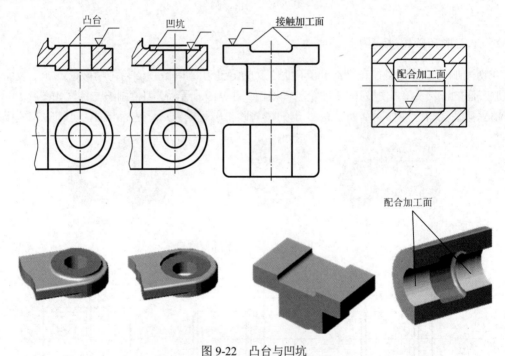

图 9-22　凸台与凹坑

4．钻孔结构

零件上有不同用途和不同形式的孔，常用钻头加工而成。图 9-23 为一钻头模型。

用钻头加工一个不通孔时，在孔的底部有一个 120° 的锥角，钻孔深度是圆柱部分的深度（不包括锥坑深度）。在钻阶梯孔时，阶梯孔的过渡处有 120°的锥台，其画法与尺寸标注如图 9-24 所示。

用钻头钻孔时，要求钻头轴线尽量垂直于被钻孔的端面，以保证钻孔，避免钻头折断。因此，钻斜孔时，宜增设凸台或凹坑，还要尽可能避免单边加工。图 9-25 表示三种钻孔端面的正确结构。

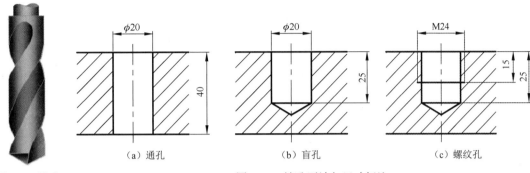

图 9-23 钻头

（a）通孔　　　　（b）盲孔　　　　（c）螺纹孔

图 9-24　钻孔画法与尺寸标注

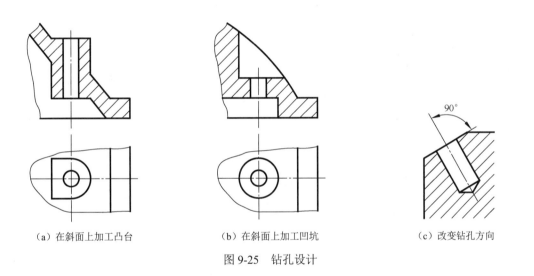

（a）在斜面上加工凸台　　　　（b）在斜面上加工凹坑　　　　（c）改变钻孔方向

图 9-25　钻孔设计

9.4　零件上技术要求的注写

在零件图中，除了要正确地表达零件的结构形状和尺寸外，还要用符号标注或用文字直接说明零件在加工、检验、装配和使用时的技术要求。

零件图中的技术要求主要包括以下内容：① 零件的材料及毛坯要求；② 零件的表面结构；③ 零件的尺寸公差、形状和位置公差；④ 零件的热处理、涂镀、修饰、喷漆等要求；⑤ 零件的检测、验收、包装等要求。

本节主要介绍表面结构、尺寸公差、形状和位置公差等技术要求的基本内容及其标注方法。

9.4.1　表面结构的图样表示法

表面结构是表面粗糙度、表面波纹度、表面缺陷、表面纹理和表面几何形状的总称。

1. 表面粗糙度的基本概念

零件被加工的表面，无论看起来多么光亮，在放大镜或显微镜下都可以看到许多加工留下的微小凹凸不平的刀痕。表面粗糙度就是指零件加工表面上具有的较小间距和峰谷所组成的微观几何形状特征，如图 9-26 所示。

表面粗糙度表明了零件被加工表面在微小的区间内高低不平的程度，对零件的配合质量、耐磨性、抗腐蚀性、疲劳强度、密封性和外观等都有影响，是评价零件表面质量的一项重要技术指标。零件的表面粗糙度直接与加工工艺和加工成本有关，其数值越小，零件被加工表面越光滑，但加工成本越高。因此，应在满足零件使用要求的前提下，合理地选择各个表面的表面粗糙度数值。

2. 评定表面结构常用的轮廓参数

零件表面结构的状况可由三个参数组评定：轮廓参数、图形参数、支承率曲线参数。其中轮廓参数是我国机械图样中目前最常用的评定参数。本节仅介绍轮廓参数中评定粗糙度轮廓（R 轮廓）的两个高度参数 Ra 和 Rz。

（1）轮廓算术平均偏差 Ra：指在一个取样长度内，纵坐标 $z(x)$ 绝对值的算术平均值（见图 9-27）。Ra 用电动轮廓仪测量，运算过程由仪器自动完成。

（2）轮廓的最大高度 Rz：指在同一取样长度内，最大轮廓峰高与最大轮廓谷深之和的高度（见图 9-27）。

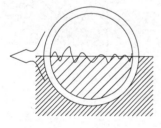

图 9-26　表面粗糙度示意图

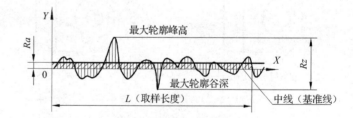

图 9-27　轮廓算术平均偏差 Ra 和轮廓的最大高度 Rz

轮廓算术平均偏差 Ra 的数值，国家标准有规定，见表 9-1。优先选用表中的第一系列。

表 9-1　轮廓算术平均偏差 Ra 的数值（GB/T1031—1995）　　单位：μm

第 一 系 列	0.012	0.025	0.050	0.100	0.20	0.40	0.80
	1.6	3.2	6.3	12.5	23.0	50.0	100
第 二 系 列	0.008	0.010	0.016	0.020	0.032	0.040	0.063
	0.080	0.125	0.160	0.25	0.32	0.50	0.63
	1.00	1.25	2.00	2.50	4.00	5.00	8.00
	10.00	16.00	20.00	32.00	40.00	63.00	80.00

3．标注表面结构的图形符号

（1）标注表面结构要求时的图形符号及意义，见表9-2。

表9-2　表面结构要求的图形符号

符　号	意 义 及 说 明	表面结构要求的注写位置
 （基本图形符号）	基本图形符号，表示表面可用任何方法获得。基本图形符号仅用于简化代号标注，没有补充说明时不能单独使用	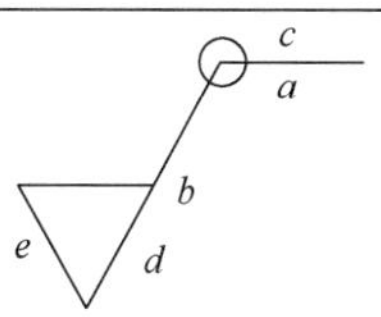 a—注写表面结构的单一要求；
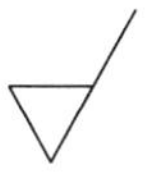 （扩展图形符号）	扩展图形符号，在基本图形符号加一短画线，表示表面是用去除材料的方法获得，如车削、铣削、磨削等机械加工	a 和 b：a 注写第一表面结构要求；b 注写第二表面结构要求；
 （扩展图形符号加圆）	扩展图形符号，在基本图形符号加一小圆，表示表面是用不去除材料方法获得，如铸、锻、冲压变形等，或者是用于保持原供应状况的表面	c—注写加工方法、表面处理、涂层等工艺要求，如车、磨、镀等；
 （完整图形符号）	完整图形符号，当要求标注表面结构特征的补充信息时，应在基本图形符号的长边上加一横线	d—注写所要求的表面纹理和纹理的方向，如"＝"、"X"、"M"；e—注写所要求的加工余量（mm）

（2）表面结构要求的图形符号的画法如图9-28所示。

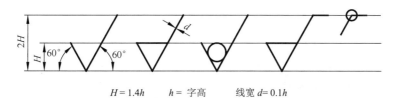

$$H = 1.4h \qquad h = 字高 \qquad 线宽\ d = 0.1h$$

图9-28　表面结构要求的图形符号的画法

（3）在表面结构要求中，表面粗糙度轮廓算术平均偏差 Ra 的标注见表9-3。

表9-3　表面粗糙度轮廓算术平均偏差 Ra 的代号及其含义

序　号	代　号	意 义
1	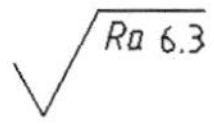 $\sqrt{}\ Ra\ 6.3$	表示用任何方法获得的零件表面，表面粗糙度 Ra 的最大允许值为6.3μm
2	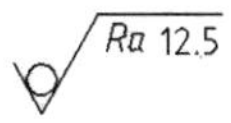 $\sqrt{}\ Ra\ 12.5$	表示用不去除材料的加工方法获得的表面，表面粗糙度符 Ra 的最大允许值为12.5μm，或表示用在保持原供应状态的表面，Ra 的最大允许值为12.5μm
3	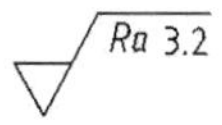 $\sqrt{}\ Ra\ 3.2$	表示用去除材料方法获得的表面，表面粗糙度符号 Ra 的最大允许值为3.2μm
4	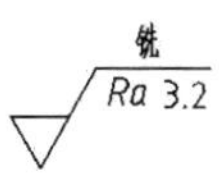 铣 $\sqrt{}\ Ra\ 3.2$	表示用铣削去除材料的加工方法获得的零件表面，表面粗糙度符号 Ra 的最大允许值为3.2μm

4.表面结构要求在图样上的标注方法

表面结构符号中注写了具体参数代号及数值等要求后，即称为表面结构代号。表面结构要求在图样中的标注就是表面结构代号在图样中的标注。具体标注方法如下。

（1）表面结构要求对每一表面一般只标注一次，并尽可能注在相应的尺寸及其公差的同一视图上。除非另有说明，所标注的表面结构要求是对完工零件表面要求。

（2）表面结构的标注和读取方向与尺寸的标注和读取方向一致。表面结构要求可标注在轮廓线上，其符号应从材料外指向并接触表面，如图 9-29 所示。必要时，表面结构也可用带箭头或黑点的指引线引出标注，如图 9-30 所示。

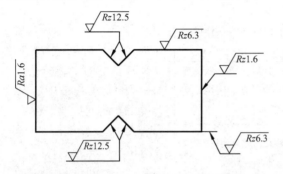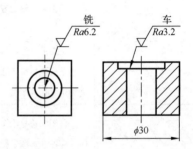

图 9-29　表面结构要求在轮廓线上的标注　　　　图 9-30　用指引线引出标注表面结构要求

（3）在不引起误解时，表面结构要求可以标注在给定的尺寸线上，如图 9-31 所示。

（4）表面结构要求可标注在几何公差框格的上方，如图 9-32 所示。

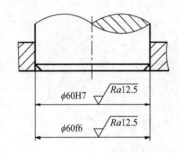

图 9-31　表面结构要求标注在尺寸线上　　　　图 9-32　表面结构要求标注在几何公差框格的上方

（5）圆柱和棱柱的表面结构要求只标注一次，如图 9-33（a）所示。如果每个棱柱表面有不同的表面结构要求，则应分别单独标注，如图 9-33（b）所示。

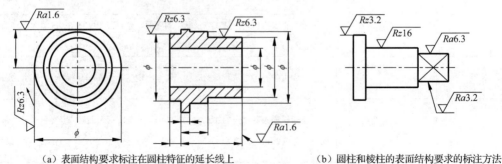

（a）表面结构要求标注在圆柱特征的延长线上　　（b）圆柱和棱柱的表面结构要求的标注方法

图 9-33　圆柱和棱柱表面结构标注要求

5. 表面结构要求在图样中的简化注法

（1）如果工件的全部（或多数）表面有相同的表面结构要求时，则其表面结构要求可统一标注在图样的标题栏附近（不同的表面结构要求应直接标注在图形中）。此时，表面结构要求的符号后面加圆括号，并在圆括号内给出基本符号，如图 9-34 所示。

（2）为了简化标注方法，或者标注位置受到限制时，可标注简化符号，但要在图形右侧或标题栏附近注明这些符号的意义，如图 9-35 所示。

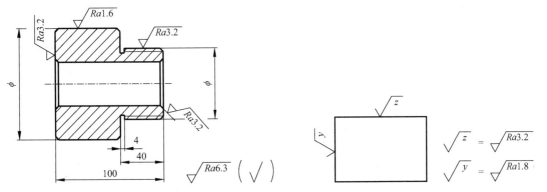

图 9-34　大多数表面有相同表面结构要求简化注法　图 9-35　在图纸空间有限时表面结构要求的简化注法

（3）只用表面结构符号的简化注法。如图 9-36 所示，用表面结构符号以等式的形式给出多个表面共同的表面结构要求。

（a）未指定工艺方法　　　　　　　（b）要求去除材料　　　　　　　（c）不允许去除材料

图 9-36　多个表面结构要求的简化注法

（4）由几种不同的工艺方法获得的同一表面，当需要明确每种工艺方法的表面结构要求时，可按图 9-37 所示进行标注（图中 Fe 表示基本材料为钢；Ep 表示加工工艺为电镀）。

（5）标注键槽工作面、倒角、圆角的表面结构要求时，可以简化标注，如图 9-38 所示。

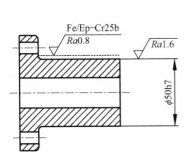

图 9-37　同时给出镀覆前后的表面结构
要求的标注方法

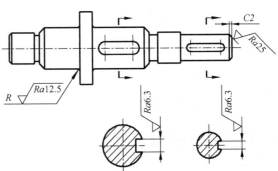

图 9-38　键槽、倒角、圆角的表面结构简化标注

6. 表面结构要求中表面粗糙度 Ra 的选用（见表9-4）

表面粗糙度 Ra 的选用原则：零件表面粗糙度参数的选用，应该既要满足零件表面功用要求，又要考虑经济合理性。

选用时要注意以下问题。

（1）在满足功用的前提下，尽量选用较大的表面粗糙度数值，以降低生产成本。

（2）一般情况下，零件的接触表面比非接触表面的粗糙度参数值要小。

（3）受循环载荷的表面及易引起应力集中的表面，表面粗糙度参数值要小。

（4）配合性质相同，零件尺寸小的比尺寸大的表面粗糙度参数值要小；同一公差等级，小尺寸比大尺寸、轴比孔的表面粗糙度参数值要小。

（5）运动速度高、单位压力大的摩擦表面比运动速度低、单位压力小的摩擦表面的粗糙度参数值要小。

（6）要求密封性、耐腐蚀的表面粗糙度参数值要小。

表面粗糙度 Ra 的选用参照生产中的实例，用类比法确定。

表9-4　表面结构要求中表面粗糙度 Ra 的选用

Ra（μm）	表面外观情况	主要加工方法	运用举例
50	明显可见刀痕	粗车、粗铣、粗刨、钻、粗纹锉刀和粗砂轮加工	粗糙度数值最大的加工表面，一般很少运用
25	可见刀痕		
12.5	微见刀痕	粗车、刨、立铣、平铣、钻	不接触表面、不重要的接触面，如螺钉孔、倒角、机座底面等
6.3	可见加工痕迹	精车、精铣、精刨，铰、镗、精磨等	没有相对运动的零件接触面，如箱、盖、套筒要求紧贴的表面，键和键槽的工作表面；相对运动速度不高的接触面，如支架孔、衬套、带轮轴孔的工作面等
3.2	微见加工痕迹		
1.6	看不见加工痕迹		
0.8	可辨加工痕迹方向	精车、精铰、精拉、精镗、精磨等	要求很好配合的接触面，如滚动轴承的配合表面、锥销孔等；相对运动速度较高的接触面，如滑动轴承的配合表面、齿轮轮齿的工作表面等
0.4	微辨加工痕迹方向		
0.2	不可辨加工痕迹方向		
0.1	暗光泽面	研磨、抛光、超级精细研磨等	精密量具的表面、极重要零件的摩擦面，如汽缸的内表面、精密机床的轴颈、坐标镗床的主轴颈等
0.05	亮光泽面		
0.025	镜状光泽面		
0.012	雾状镜面		

9.4.2　极限与配合

1. 互换性概念

在现代机器制造业中，为了达到成批或大批量生产的目的，必须按照互换性的原则进行生产。所谓互换性，是指在相同规格的一批零件中，任取一个，不需挑选或修配，就能顺利地装配成符合要求的产品，满足使用要求。它可以提高效率，降低成本，保证质量。

零件的尺寸是保证零件互换性的重要几何参数，为了使零件具有互换性，要求有配合关系的尺寸在一个允许的范围内波动。同时，装配在一起的两个零件由于使用要求不同，结合松紧程度也不同。因此，根据互换性原则，制定了极限与配合的国家标准。

2. 极限的基本概念

以图 9-39 为例来说明极限的基本概念。

（1）基本尺寸。设计时依据零件的使用要求确定的尺寸。基本尺寸可以是一个整数值，也可以是一个小数值。

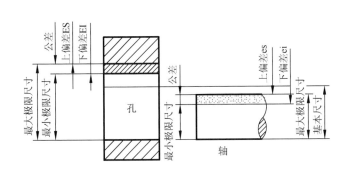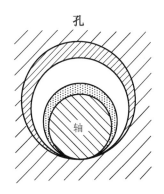

图 9-39　极限的基本概念

（2）实际尺寸。实际测量得到的某一孔或轴的尺寸。

（3）极限尺寸。允许（尺寸变化）的两个极限值。它是以基本尺寸为基数来确定的。两个极限值中较大的一个，称为最大极限尺寸；较小的一个，称为最小极限尺寸。

（4）尺寸偏差。某一尺寸减去其基本尺寸所得的代数差。偏差可以为正、负或零。偏差有上偏差和下偏差。

$$\begin{cases} 上偏差 = 最大极限尺寸 - 基本尺寸 \\ 下偏差 = 最小极限尺寸 - 基本尺寸 \end{cases}$$

国标规定：孔的上、下偏差代号分别用 ES、EI 表示；轴的上、下偏差代号分别用 es、ei 表示，见表 9-5。

表 9-5　上、下偏差符号

	孔	轴
上偏差	ES	es
下偏差	EI	ei

（5）尺寸公差。允许尺寸的变动量。

$$尺寸公差 = 最大极限尺寸 - 最小极限尺寸 = 上偏差 - 下偏差$$

例 9-1　已知一根轴的直径为 $\phi 20^{+0.025}_{+0.009}$，计算各参数。

基本尺寸：　　$\phi 20$

最大极限尺寸：$\phi 20.025$

最小极限尺寸：$\phi 20.009$

零件合格条件：$\phi 20.009 \leqslant$ 实际尺寸 $\leqslant \phi 20.025$

上偏差 = 20.025-20 = +0.025

下偏差 = 20.009-20 = +0.009

公差 = +0.025-(+0.009) = 0.016

（6）零线、公差带及公差带图：在图 9-40 所示公差带示意图中，零线是表示基本尺寸的一条直线。当零线画成水平位置时，正偏差位于其上方负偏差位于其下方。单位为毫米（mm）或微米（μm）。代表上、下偏差的两条直线所确定的区域为公差带，它相对于零线的位置由基本偏差来确定。公差带图是将尺寸公差与基本尺寸的关系，按一定比例放大画成的简图。

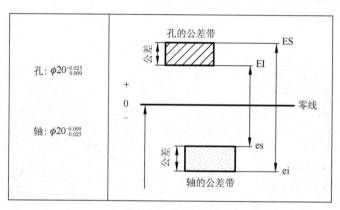

图 9-40　公差带示意图

（7）公差等级和标准公差。

公差等级：表示尺寸精确程度的等级。国家标准将公差等级分为 20 级：IT01，IT0，IT1，IT2，…，IT18。其中"IT"表示标准公差，数字表示公差等级的代号。从 IT01 到 IT18，精度等级依次降低。

标准公差：标准公差是国家标准《极限与配合》中规定的任一公差。标准公差数值见附录D2-1，标准公差的数值由基本尺寸和公差等级共同确定。

① 对于一定的基本尺寸，公差等级越高，标准公差值越小，尺寸的精确程度越高。

② 对于相同的公差等级，基本尺寸越大，标准公差值越大。

（8）基本偏差。基本偏差用于确定公差带相对于零线位置的上偏差或下偏差，一般是指较为靠近零线的那个偏差。

根据实际需要，国家标准分别对孔和轴各规定了 28 种不同的基本偏差，如图 9-41 所示。轴和孔的基本偏差数值见附表 D3-1 和附表 D3-2。

从基本偏差系列图 9-41 可知：

① 基本偏差用拉丁字母表示，大写字母代表孔，小写字母代表轴。

② 轴的基本偏差从 a～h 为上偏差，从 j～zc 为下偏差。js 的上、下偏差分别为+和-。

③ 孔的基本偏差从 A～H 为下偏差，从 J～ZC 为上偏差。JS 的上、下偏差分别为+和-。

④ 基本偏差系列图只表示了公差带的各种位置，所以只画出属于基本偏差的一端，另一端是开口的。轴和孔的另一偏差可根据轴和孔的基本偏差和标准公差，按以下代数式计算：

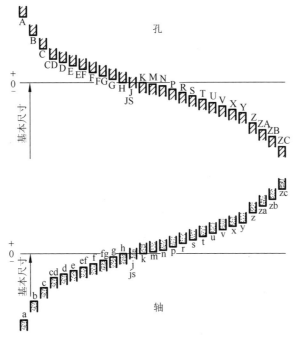

图 9-41　基本偏差系列图

轴的上偏差（或下偏差）：es=ei+IT　　或　ei=es-IT；

孔的上偏差（或下偏差）：ES=EI+IT　　或　EI=ES-IT。

（9）公差带代号。公差带代号由基本偏差代号中的拉丁字母和表示公差等级的数字组成，并且要用同一号字母书写，如 ϕ35H7、ϕ35f6 中 H7、f6 等。

例 9-2　解释公差带代号 ϕ50H8 和 ϕ50f7（见图 9-42）的含义。

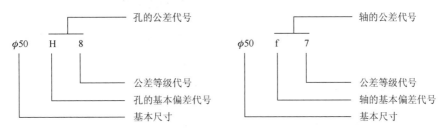

图 9-42　公差带代号的含义

ϕ50H8 的含义：基本尺寸为 ϕ50，公差等级为 8 级，基本偏差为 H 的孔的公差带。

ϕ50f7 的含义：基本尺寸为 ϕ50，公差等级为 7 级，基本偏差为 f 的轴的公差带。

注意，区别孔与轴的方法：看基本偏差代号是大写字母还是小写字母即可。

3．配合的基本概念

配合就是机器在装配时，基本尺寸相同的相互配合的孔和轴公差带之间的关系。

孔和轴配合时，由于它们的实际尺寸不同，将产生"间隙"或"过盈"。孔的尺寸减去相配合轴的尺寸所得的代数为 σ，当 σ 为正时将产生间隙（即孔大于轴），当 σ 为负时将产生过盈（即轴大于孔），如图 9-43 所示。

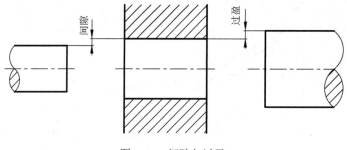

图 9-43　间隙与过盈

1）配合种类

根据设计和工艺的实际需要，国家标准将配合分为间隙配合、过渡配合和过盈配合三大类。

（1）间隙配合是具有间隙（包括最小间隙为零）的配合。该配合孔的公差带完全在轴的公差带之上（孔的实际尺寸≥轴的实际尺寸），如图 9-44（a）所示。当互相配合的两个零件需相对运动或要求拆卸很方便时，则需采用间隙配合。

（2）过盈配合是具有过盈（包括最小过盈为零）的配合。该配合孔的公差带完全在轴的公差带之下（孔的实际尺寸≤轴的实际尺寸），如图 9-44（b）所示。当相互配合的两个零件需牢固连接、保证相对禁止或传递动力时，则需采用过盈配合。

（3）过渡配合是可能具有间隙或过盈的一种配合。该配合孔的公差带与轴的公差带相互重叠，如图 9-44（c）所示。过渡配合常用于不允许有相对运动，轴与孔对中要求高，且又需拆卸的两个零件间的配合。

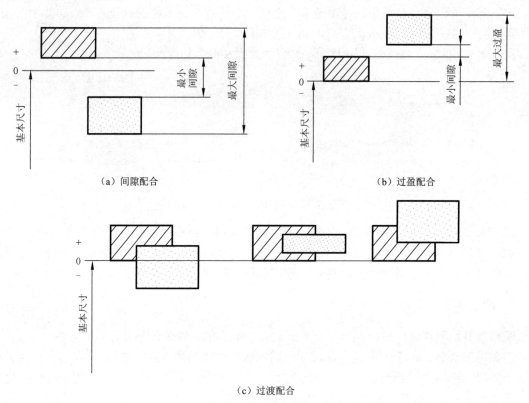

（a）间隙配合　　　　　　　　　　　　（b）过盈配合

（c）过渡配合

图 9-44　配合种类

2）配合制度

在制造配合的零件时，使其中的一种零件作为基准件，它的基本偏差一定，通过改变另一种非基准件的基本偏差来获得各种不同性质配合的制度称为基准制。

为了便于选择配合，减少零件加工的专用刀具和量具，国家标准规定了两种基准制。

（1）基孔制。基本偏差为一定的孔的公差带，与不同基本偏差的轴的公差带形成各种配合的一种制度，如图 9-45 所示。基孔制的孔称为基准孔。国标规定基准孔的下偏差为零，"H"为基准孔的基本偏差。

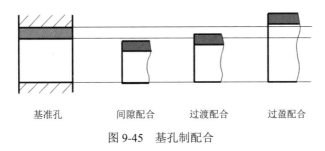

图 9-45　基孔制配合

（2）基轴制。基本偏差为一定的轴的公差带与不同基本偏差的孔的公差带形成各种配合的制度，如图 9-46 所示。基轴制的轴称为基准轴。国家标准规定基准轴的上偏差为零，"h"为基轴制的基本偏差。

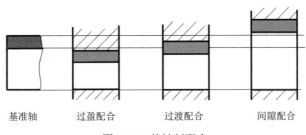

图 9-46　基轴制配合

3）配合代号

配合代号由组成配合的孔、轴的公差带代号组成，写成分数形式，分子为孔的公差带代号，分母为轴的公差带代号，例如，H8/s7、K7/h6，也可写成 $\dfrac{H8}{s7}$、$\dfrac{K7}{h6}$。

4）优先配合和常用配合

国家标准根据机械工业产品生产使用的需要，考虑到定值刀具、量具的统一，规定了一般用途孔公差带为 105 种，轴公差带为 119 种以及优先选用的孔、轴公差带。国标还规定轴、孔公差带中组合成基孔制常用配合为 59 种，优先配合为 13 种；基轴制常用配合为 47 种，优先配合为 13 种，见附表 D1-1 和附表 D1-2。应尽量选用优先配合和常用配合。

为了便于使用，国家标准对所规定的孔、轴公差带列有极限偏差表，见附表 D3-1、附表 D3-2。

4. 极限与配合在图样上的标注

1）在装配图中的标注

在装配图中标注直径尺寸配合代号时，必须在基本尺寸的右边用分数形式进行标注，其分子为孔的公差带代号，分母为轴的公差带代号，如图 9-47（a）所示。

　　与滚动轴承相配合的孔和轴，通常只标注孔和轴自身的公差带代号，如图 9-47（b）所示。

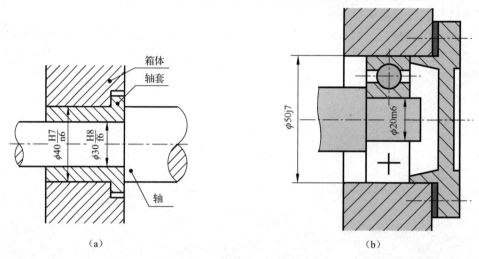

（a）　　　　　　　　　　　　　　　　（b）

图 9-47　装配图中配合的标注

2）在零件图中的标注

在零件图中标注直径尺寸的公差有三种形式。

（1）标注公差带的代号。这种标法可和专用量具检验零件统一起来，以适应大批量生产的要求。它不需要标注偏差数值，如图 9-48（a）所示。

（2）标注偏差数值。这种标法主要用于小量或单件生产，以便加工和检验时节省时间，如图 9-48（b）所示。

（3）公差带代号和偏差数值要一起标注，偏差值要加上括号，如图 9-48（c）所示。

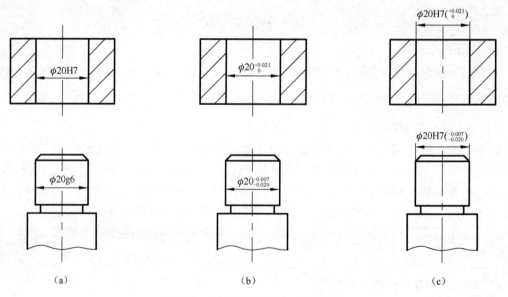

（a）　　　　　　　　　（b）　　　　　　　　　（c）

图 9-48　零件图中尺寸公差的标注

9.4.3　表面形状和位置公差（GB/T 1182—1996 等）

1．表面形状和位置公差的概念

机械零件在加工中的尺寸误差，根据使用要求用尺寸公差加以限制。而加工中对零件的几何形状和相对几何要素的位置误差则由形状和位置公差加以限制。形状和位置公差合称形位公差。因此，它和表面粗糙度、公差与配合共同成为评定产品质量的重要技术指标。

1）形状公差

指实际形状对理想形状的允许变动量。如图 9-49 所示圆柱体，即使在尺寸合格时，也有可能出现一端大，另一端小或中间细两端粗等情况，其截面也有可能不圆，这种情况属于形状方面的误差。

图 9-49　形状公差示意图

2）位置公差

指实际位置对理想位置的允许变动量。如图 9-50 所示阶梯轴，加工后可能出现各轴段不同轴线的情况，这种情况属于位置方面的误差。

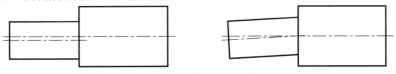

图 9-50　位置公差示意图

2．形状与位置公差的基本符号（见表 9-6）

表 9-6　形状与位置公差的基本符号（GB/T 1182—1996）

分　类	项　目	符　号	分　类	项　目	符　号
形状公差	直线度	——	位置公差	平行度	//
	平面度	▱	定向	垂直度	⊥
	圆度	◯		倾斜度	∠
	圆柱度	⌭		同轴度	◎
	线轮廓度	⌒	定位	对称度	═
	面轮廓度	⌓		位置度	⊕
			跳动	圆跳动	↗
				全跳动	↗↗

3．形状与位置公差代号

形状与位置公差代号包括形位公差项目符号、形位公差框格、指引线、形位公差数值、有关符号及基准代号字母。形位公差框格和指引线用细实线水平或竖直画出，如图 9-51（a）所示。基准符号由粗短线、圆圈（细实线）和基准字母组成，如图 9-51（b）所示。

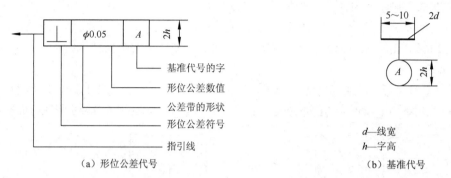

（a）形位公差代号 （b）基准代号

图 9-51　形位公差代号与基准代号

4．形状与位置公差

形状与位置公差标注示例如图 9-52 所示。

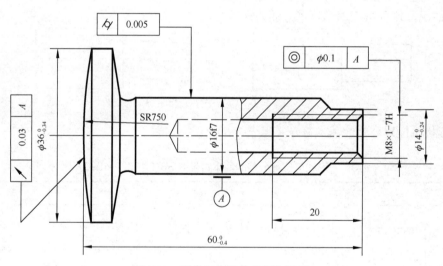

图 9-52　形状与位置公差标注示例

9.5　零件的测绘

零件的测绘即根据实际零件对其进行结构分析、测量尺寸，制定技术要求。测绘时，首先以徒手画出零件草图，然后根据该草图画出零件工作图。

9.5.1 零件的测绘方法和步骤

（1）了解和分析零件。

为了做好零件的测绘工作，首先要分析了解零件在机器或部件中的位置、与其他零件的关系，然后分析其结构形状和特点，以及零件的名称、用途、材料等。

（2）确定零件的表达方案。

首先要根据零件的结构形状特征、工作位置及加工位置等情况选择主视图；然后选择其他视图，如剖视图、断面图等，要以完整、清晰地表达零件结构形状为原则。以图 9-53 压盖为例，选择其加工位置方向为主视图，并作全剖视图，用于表达压盖轴向板厚、圆筒长度、三个通孔等内外结构形状。选择左视图，用于表达压盖的菱形结构和三个孔的相对位置。

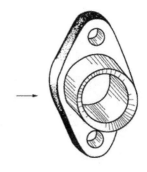

图 9-53　压盖立体图

（3）绘制零件草图。

零件测绘工作一般多在生产现场进行，因此不便于用绘图工具和仪器绘图，多以草图形式绘图。以目测估计图形与实物的比例，按一定画法要求徒手（或部分使用绘图工具）绘制的图，称为草图。零件草图是绘制零件图的依据，必要时还可以直接用于生产，因此它必须包括零件图的全部内容。

注意：草图绝对不可有潦草之意。

绘制零件草图的步骤如下：

（1）布置视图，画主视图、左视图的定位线。布置视图时要考虑标注尺寸的位置［见图 9-54（a）］。

（2）目测比例、徒手绘图。从主视图入手按投影关系完成各视图、剖视图［见图 9-54（b）］。

（3）画剖面线；选择尺寸基准，画出尺寸界线、尺寸线和箭头［见图 9-54（c）］。

（4）标注尺寸；根据压盖各表面的工作情况，标注表面粗糙度代号、确定尺寸公差；标注技术要求和标题栏［见图 9-54（d）］。

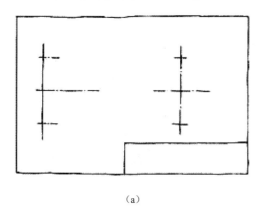

（a）

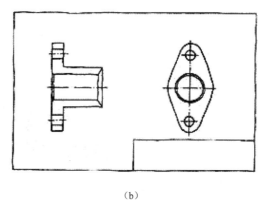

（b）

图 9-54　压盖草图

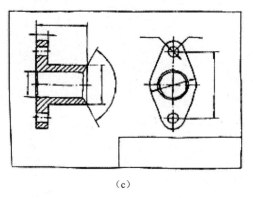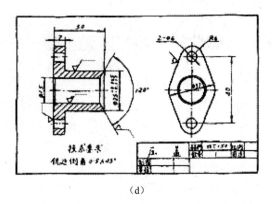

（c）　　　　　　　　　　　　　　　　　　（d）

图 9-54　压盖草图（续）

（4）整理零件草图。

复核整理零件草图，再根据零件草图绘制压盖的工作图。

9.5.2　零件尺寸的测量

（1）测量尺寸要求。

测量尺寸时要合理选用量具，并要注意正确使用各种量具。例如，测量毛面的尺寸时，选用钢尺和卡钳；测量加工表面的尺寸时，选用游标尺、分厘卡或其他适当的测量手段。这样既保证了测量的精确度，又维护了精密量具的使用寿命。对于某些用现有量具不能直接测量的尺寸，要善于根据零件的结构特点，考虑采用比较准确而又简便的测量方法。零件上的键槽、退刀槽、紧固件通孔和沉孔等标准结构，可量取其相关尺寸后查表得到。

（2）常用测量工具。

常用测量工具如图 9-55 所示。

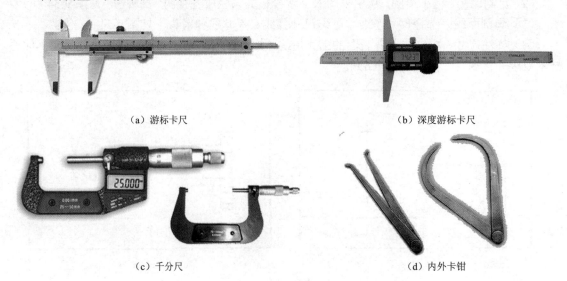

（a）游标卡尺　　　　　　　　　　　　　　（b）深度游标卡尺

（c）千分尺　　　　　　　　　　　　　　（d）内外卡钳

图 9-55　常用测量工具

（3）常用测量方法

常用测量方法如图 9-56 所示。

（a）测量厚度

（b）测量高度

（c）测量中心距

（d）测量螺距

图 9-56　常用测量方法

9.5.3　零件测绘时的注意事项

①　零件的制造缺陷，如砂眼、气孔、刀痕、磨损等都不应画出。

②　零件上因制造、装配需要而形成的工艺结构，如铸造圆角、倒角等必须画出。

③　有配合关系的尺寸（如配合的孔与轴的直径），一般只要测出它的基本尺寸。其配合性质和相应的公差值，应在分析考虑后，再查阅有关手册确定。

④　没有配合关系的尺寸或不重要的尺寸，允许将测量所得尺寸进行适当调整。

⑤　对螺纹、键槽、轮齿等标准结构的尺寸，应把测量的结果与标准值对照，一般均采用标准的结构尺寸，以利于制造。

9.6　看零件图的方法

看零件图是指在拿到一张零件图后，通过对图中内容的理解和分析，以及对图中所表达的零件的结构形状、尺寸大小、技术要求等内容进行具体分析和全面综合，从而理解设计意图，拟订合理的加工方案，或进一步研究零件设计的合理性，以得到不断改进和创新的过程。

9.6.1 看零件图的要求

通过对零件图的阅读，应达到以下要求：
① 了解零件的名称、材料和用途。
② 了解组成零件各部分结构形状特点、功用、相对位置关系及其大小。
③ 了解零件的加工工艺及技术要求。

9.6.2 看零件图的方法和步骤

（1）概括了解。

通过看标题栏，了解零件的名称、材料、比例等，并大致了解零件的作用。

（2）视图分析。

根据零件图中的视图布局，先找出主视图和基本视图、局部视图等，然后分析各视图之间的相互关系及其所表达的内容，特别是要弄清楚各个图形的来历，表达的是零件哪部分的结构，剖视图、断面图则应弄清楚具体的剖切方法、剖切位置、剖切目的及其彼此间的投影关系等。

（3）形体分析。

首先根据零件的构成规律和相关知识，用形体分析法将零件按功能分解为几个较大部分，如工作部分、连接部分、安装部分和支撑部分等，找出零件的每一部分各通过哪些视图表达，明确每一结构在各视图中的轮廓投影范围以及各部分之间的相对位置关系。在此基础上，仔细分析每一结构的局部细小结构和形状。在形体分析过程中，要注意机件表达方法中的一些规定画法和简化画法，以及一些具有特征内涵的尺寸（如 ϕ、M、$S\phi$、SR 等），最后，想象出零件的完整形状。

（4）尺寸分析。

根据零件的类别和整体形状，分析长、宽、高各方向的尺寸基准，弄清哪些是主要基准和主要尺寸，根据尺寸标注的形式，找出各结构形体的定形尺寸和定位尺寸。

（5）分析技术要求。

根据图上标注的表面粗糙度、尺寸公差、形位公差及其他技术要求，明确主要加工面和重要尺寸，确定零件的质量指标，以便确定合理的加工工艺方法。

（6）综合归纳。

综合上面的分析，在对零件的结构形状特点、功能作用等有了全面了解之后，才能对设计者的意图有较深的理解，对零件的作用、加工工艺和制造要求有较明确的认识，从而达到读懂零件图的目的。在读图过程中，上述各步骤是相互穿插进行的。

9.6.3 读图举例

以图 9-57 为例，具体说明整个读图的过程。

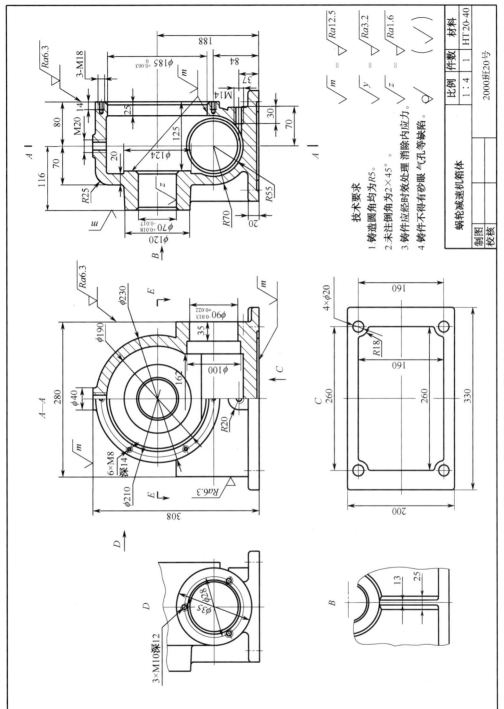

技术要求

1.铸造圆角均为R5。
2.未注倒角为2×45°。
3.铸件应经时效处理 消除内应力。
4.铸件不得有砂眼 气孔等缺陷。

$$\sqrt{m} \quad = \quad \sqrt[Ra12.5]{}$$

$$\sqrt{y} \quad = \quad \sqrt[Ra3.2]{}$$

$$\sqrt{z} \quad = \quad \sqrt[Ra1.6]{}$$

$$\sqrt{} \quad (\quad \sqrt{} \quad)$$

比例	件数	材料
1:4	1	HT20-40

| 2000班20号 | |

蜗轮减速机箱体

制图
校核

图9-57 蜗轮减速机箱体零件图

（1）概括了解。

从标题栏中得知，此图表达的是蜗轮减速器箱体，材料为灰口铸铁 HT20～40，比例为 1∶4。

（2）视图分析。

该箱体采用了三个基本视图（主、左视图）和三个局部视图来表示。主视图采用蜗杆轴孔的半剖视图，左视图采用前后对称平面的全剖视图来表达内部结构，C 向局部视图主要表达箱体的底板外形。从这三个视图可以看出，该箱体主要由壳体、圆筒、底板和肋板四部分组成。

（3）形体分析。

从主视图和左视图可看出，壳体前端是有六个螺孔的凸缘；由 D 向局部视图可知，壳体下部蜗杆轴孔左右两端是有三个螺孔的圆柱形凸缘；从主视图的剖视部分可看出壳体上部为半圆柱形，下部为长方形的拱门状形体，其内腔与外形相似，只是蜗杆轴孔处是方形凸台，蜗轮被包容在腔内。由主、左视图（结合尺寸 $\phi120$、$\phi70^{+0.018}_{-0.017}$）可知，壳体后侧为一圆筒，其上有一圆柱形凸台，中间螺孔用来安装油杯。该圆筒安装蜗轮轴。

从 C 向局部视图可知，底板为一带圆角的长方形板，上面有四个螺栓孔，中部有一长方形凹槽。主、左视图皆反映了底板的厚度及凹槽的深度，主视图中还表示了底板前侧圆弧形凹槽，该底板可使减速箱安装在基座上。

由左视图和 B 向局部视图可看出，壳体、圆筒、底板之间的加强筋是一块梯形板，用于增加箱体的强度和刚度。

该箱体的实体模型如图 9-58 所示。

图 9-58　蜗轮减速器立体模型

（4）尺寸分析。

长、宽、高三个方向的主要基准分别为蜗杆轴孔的中心线、前后对称平面和底板的安装面。各主要尺寸皆从这三个基准直接标注，如长度尺寸，宽度尺寸高度尺寸等。各方向的辅助基准有壳体左端面、圆筒右端面、蜗轮轴孔的轴线等。

（5）技术要求分析。

从图中可知零件各表面粗糙度要求及尺寸公差、形位公差等要求。在标题栏的上方还有用文字注明铸造圆角的尺寸等。

小　　结

（1）掌握零件图视图选择的方法及步骤，并注意以下问题：

① 了解零件的功用及各组成部分的作用，以便在选择主视图时从表达主要形体上入手。

② 确定主视图时，要正确选择零件的安放状态和投影方向。

③ 零件形状要表达完全，必须对逐个形体检查其形状和位置是否是唯一确定的。

（2）掌握读、画零件图的方法和步骤及零件图上尺寸及技术要求的标注方法。

（3）学习表面粗糙度各种符号的意义及其在图纸上的标注方法。

（4）学习极限与配合的基本概念及标注。

（5）掌握阅读零件图的方法，会画指定的外形图、剖视图、断面图并回答相关问题。

第 10 章

装配图

10.1 装配图的作用和内容

　　机器或部件都是由若干个零件按一定的装配关系和技术要求装配起来的。图 10-1 所示是一种常用的球阀部件。球阀是一种控制液体流量的开关装置，它由阀体 1、阀盖 2、阀芯 4、扳手 13 等零件组成。其工作原理是：转动扳手 13，带动阀杆 12 转动，阀杆 12 通过嵌入阀芯槽内的扁榫转动阀芯 4，从而控制流体的开关或流量。

图 10-1　球阀

　　表达机器、部件连接和装配关系的图样称为装配图；表达机器中某个部件的装配图称为部件装配图；表达一台完整机器的装配图称为总装配图。图 10-2 所示为球阀部件的装配图。

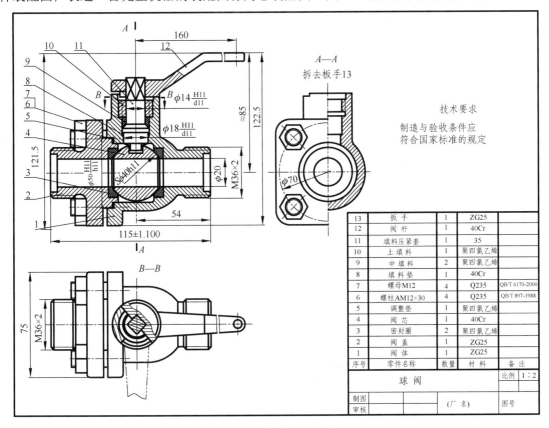

13	扳　手	1	ZG25	
12	阀　杆	1	40Cr	
11	填料压紧套	1	35	
10	上填料	1	聚四氯乙烯	
9	中填料	2	聚四氯乙烯	
8	填料垫	1	40Cr	
7	螺母 M12	4	Q235	QB/T 6170-2000
6	螺柱 AM12×30	4	Q235	QB/T 897-1988
5	调整垫	1	聚四氯乙烯	
4	阀　芯	1	40Cr	
3	密封圈	2	聚四氯乙烯	
2	阀　盖	1	ZG25	
1	阀　体	1	ZG25	
序号	零件名称	数量	材　料	备　注
	球　阀			比例　1：2
制图			（厂　名）	图号
审核				

图 10-2　球阀部件的装配图

10.1.1　装配图的作用

　　（1）在产品设计中，一般先画出机器、部件的装配图，然后根据装配图画出零件图。
　　（2）在产品制造中，机器、部件的装配工作都必须根据装配图来进行。
　　（3）使用和维修机器时，也往往需要通过装配图来了解机器的构造。
　　（4）装配图是技术人员进行设计思想交流和对外技术交流的重要技术资料。
　　因此，装配图在生产中起着非常重要的作用。

10.1.2　装配图的内容

　　由图 10-2 所示的球阀装配图可以看出，一张完整的装配图应包括下列内容。
　　（1）一组视图。
　　一组视图用来表达机器、部件的工作原理，结构特征，以及零件之间的相对位置、装配和连接关系。

（2）一组必要的尺寸。

一组必要的尺寸用来表达机器、部件的规格，性能，以及装配、检验、安装时所需要的一些尺寸。

（3）技术要求。

技术要求是指在图纸空白处用文字、符号等说明有关装配体的工作性能、装配要求、试验及使用等方面的有关要求。

（4）标题栏、零件序号和明细栏。

标题栏、零件序号和明细栏说明装配体及其组成零件的名称、材料、数量、比例，以及设计、审核者的签名等。

10.2 装配图的规定画法和特殊画法

零件的各种表达方法在表达机器或部件时也完全适用。机器或部件是由若干个零件组成的，而装配图不仅要表达结构形状，还要表达工作原理、装配和连接关系，因此机械制图国家标准对装配图提出了一些规定画法和特殊的表达方法。

10.2.1 规定画法

装配图的规定画法如图 10-3 所示。

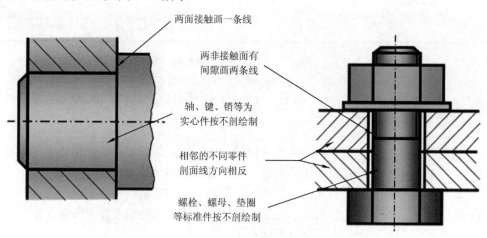

图 10-3 装配图的规定画法

（1）相邻两零件的接触表面和配合面只画一条线；不接触面和非配合面画两条线。当轴、孔的基本尺寸不相同时，即使间隙很小，也必须画出间隙。

（2）两个（或两个以上）零件邻接时，剖面线的倾斜方向应相反或间隔不同。但同一零件在各视图上的剖面线方向和间隔必须一致。

（3）对紧固件及轴、连杆、拉杆、手柄、球、键、销和钩子等实心件，若剖切平面通过其轴线，则这些零件均按不剖绘制。如果需要表达其中的键槽、销孔、凹坑等，可用局部剖视图来表示。

10.2.2　特殊画法

（1）沿零件结合面剖切画法

在装配图的视图中，可以假想沿某两个零件的结合面进行剖切。此时，零件的结合面不画剖面线，但被横向剖切的轴、螺栓或销等要画剖面线。如图 10-4 所示的滑动轴承俯视图就采用了沿轴承盖与轴承座的结合面剖切的画法，清楚地表达了轴衬与轴承座孔的装配关系。

（2）拆卸画法。

当装配图中某一已大致表达清楚的零件影响到其他零件的表达时，在视图中也可以拆去该零件画出剩下部分的视图。对拆卸画法要在视图上方加注说明，如拆去××、××零件等，如图 10-2 中的 A—A 视图。

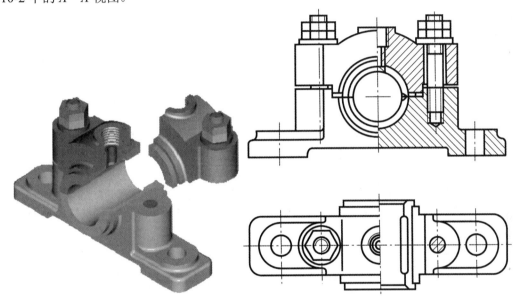

图 10-4　沿零件结合面剖切的画法

（3）假想画法。

当表示装配体中运动零件的极限位置，或与本装配体有关但不属于本装配体的相邻零部件时，可用双点画线画出该零件或部件的外形轮廓图，如图 10-5 所示。

（4）夸大画法。

对于直径或厚度小于 2mm 的较小零件或较小的间隙，如薄垫圈厚度、细丝弹簧等，若按它们的实际尺寸难以明显表达时，可不按其比例而采用夸大画法，如图 10-6 所示。

（5）简化画法。

装配图中零件的工艺结构，如退刀槽、孔的倒角等，允许不画；滚动轴承、螺栓连接等可采用简化画法；若干个相同零件组，如螺栓、螺钉的连接等，可详细地画出一组或几组，其余只用轴线或中心线表示其位置，如图 10-6 所示。

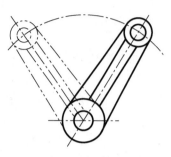

图 10-5　假想画法

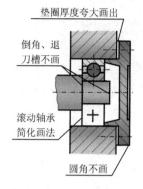

图 10-6　夸大和简化画法

10.3　装配图的尺寸标注和技术要求

10.3.1　装配图的尺寸

装配图不是制造零件的依据，因此在装配图中不需要标注每个零件的全部尺寸，而只需标注出一些必要的尺寸，这些尺寸按其作用不同，可分为以下几类。

（1）性能尺寸。

性能尺寸也称为规格尺寸，它是表示机器或部件的性能、规格的有关尺寸。这些尺寸在设计时确定，它是了解和选用该装配体的依据。如图 10-2 所示，球阀通孔的直径 $\phi 20$ 即性能尺寸，它与液体流量有关。

（2）装配尺寸。

装配尺寸表示零件间有配合要求的尺寸、零件间的连接尺寸和重要的相对位置尺寸。例如，在图 10-2 中，球阀阀体与阀盖的配合尺寸为 $\phi\dfrac{\text{H}11}{\text{h}11}$。

（3）安装尺寸。

安装尺寸是将装配体安装到基座上或部件装配到机器上所需的尺寸。例如，在图 10-2 中，球阀两侧管接头尺寸为 M36×2。

（4）总体尺寸。

总体尺寸是指机器（或部件）总长、总宽、总高的尺寸，它反映机器的大小、包装、运输和安装时所占的空间。例如，在图 10-2 中，球阀的总长为 115±1.100，总宽为 75，总高为 121.5。

（5）其他重要尺寸。

其他重要尺寸，如运动零件的极限位置尺寸、经计算所得到的重要尺寸等。

10.3.2　技术要求

装配图中的技术要求主要是指对机器（或部件）的性能、装配、安装、调试、检测、使用和维修等方面的要求。一般用文字注写在图纸右下方的空白处。

装配图上一般应注写以下几方面的技术要求：

（1）装配过程中的注意事项和装配后应满足的要求等。

（2）检验、试验的条件和要求，以及操作要求等。

（3）部件的性能、规格参数、包装、运输和使用时的注意事项，以及涂饰要求等。

10.4 装配图的零件序号、标题栏和明细栏

为了便于图样管理、生产准备、进行装配和看装配图，必须对机器（或部件）的各组成部分编注序号和代号，并编写明细栏。序号是为了看图时便于图样和明细栏对照，代号一般是零件（或部件）的图样编号或标准件的标准代号。

10.4.1 零件序号

（1）装配图中的序号由点、指引线、横线（或圆圈）和序号数字 4 部分组成，如图 10-7 所示。指引线、横线都用细实线画出。指引线之间不允许相交，但允许弯折一次；当指引线通过剖面线区域时，应与剖面线斜交，避免与剖面线平行。序号的数字要比该装配图中所标尺寸的数字高度大一号或大两号。若在指引线附近注写序号，则序号高度要比该装配图中所标尺寸数字高度大两号。

（2）每种零件编写一个序号，规格完全相同的零件只编一个序号，其数量填写在明细栏内。装配图中零件、部件的序号应与明细栏中的序号一致。

（3）零件的序号应沿水平或垂直方向排列整齐，并按顺时针或逆时针方向顺序编号，尽量使序号间隔相等，如图 10-8 所示。

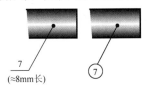

图 10-7 零件序号的编写形式

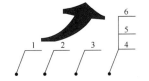

图 10-8 零件序号的编写方向

（4）对紧固件组或装配关系清楚的零件组，允许采用公共指引线。若指引线所指部分（很薄的零件或涂黑的剖面）内不便画圆点时，可在指引线的末端画箭头，并指向该部分的轮廓，如图 10-9 所示。

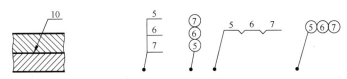

图 10-9 箭头指引线和公共指引线

（5）装配图中的标准化组件，如油杯、油标、滚动轴承、电动机等，可看成一个整体，只标注一个序号。

10.4.2　标题栏和明细栏

每张图样都必须设置标题栏。标题栏的格式和尺寸在国家标准中都有规定。在制图作业中，建议采用图10-10所示的标题栏和明细栏格式。

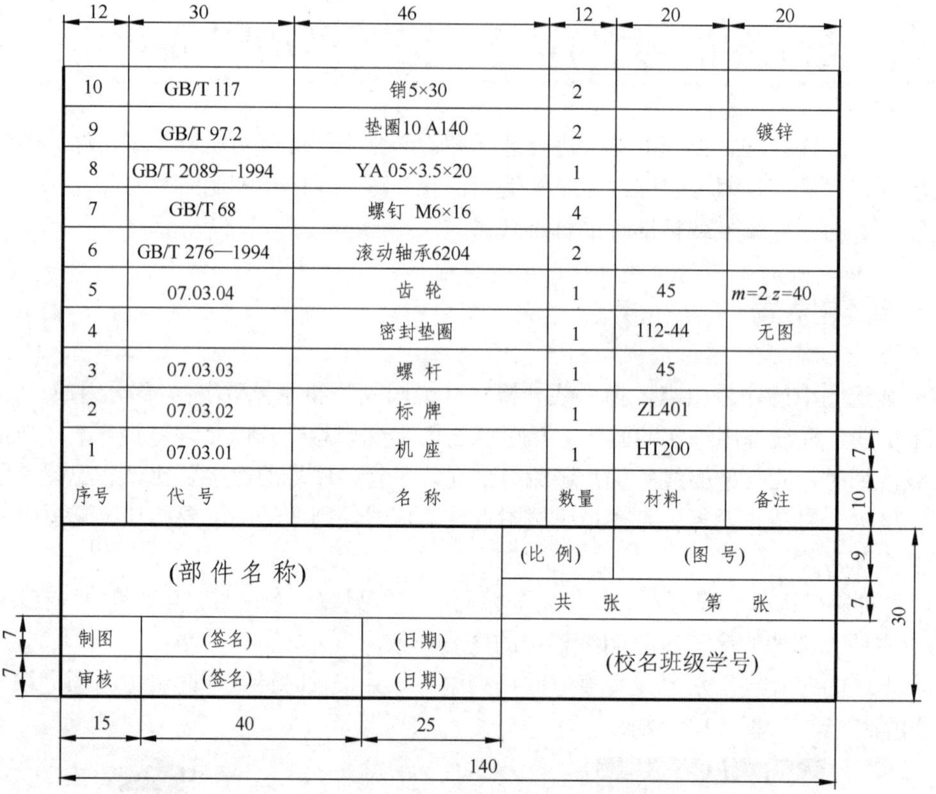

12	30	46	12	20	20	
10	GB/T 117	销5×30	2			
9	GB/T 97.2	垫圈10 A140	2		镀锌	
8	GB/T 2089—1994	YA 05×3.5×20	1			
7	GB/T 68	螺钉 M6×16	4			
6	GB/T 276—1994	滚动轴承6204	2			
5	07.03.04	齿轮	1	45	$m=2\ z=40$	
4		密封垫圈	1	112-44	无图	
3	07.03.03	螺杆	1	45		
2	07.03.02	标牌	1	ZL401		
1	07.03.01	机座	1	HT200		7
序号	代　号	名　称	数量	材料	备注	10
(部件名称)			(比 例)	(图 号)		9
			共　张　　　第　张			7
制图	(签名)	(日期)	(校名班级学号)			30
审核	(签名)	(日期)				
15	40	25				
		140				

图10-10　标题栏和明细栏格式

明细栏是全部零件（或部件）的详细目录，填表时应遵守下列规定。

（1）明细栏画在标题栏上方，序号应自下而上顺序填写，若位置不够，可在标题栏左边接着填写，或另外用纸填写。

（2）在"名称"栏内，对于标准件，还应写出其标记中除标准编号以外的其余内容，例如"螺钉 M6×16"。对于齿轮、非标准弹簧等具有重要参数的零件，还应将它们的参数（如齿轮的模数、齿数、压力角等）写入（也可以将这些参数写在备注栏内）。

（3）"材料"栏内填写制造该零件所用材料的名称或牌号。

（4）"备注"栏内可填写零件的热处理和表面处理等要求，或其他说明。

10.5　常见的装配工艺结构

在绘制装配图过程中，应考虑装配结构的合理性，以保证机器和部件的性能，便于零件的加工和装配。确定合理的装配结构，必须具备丰富的实际经验，并能对各种类型结构深入分析比较后进行选择。下面介绍一些常见的装配结构。

1．两零件接触面的数量

在设计时，两个零件在同一方向上的接触面或配合面一般只有一组，若设计成多于一组接触面时，则在工艺上要求提高精度，这将会增加制造成本，有时甚至根本达不到所要求的精度，如图 10-11 所示。

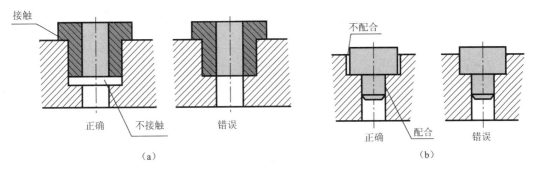

图 10-11　同方向接触面或配合面只能有一组

2．接触面转角处的结构

孔与轴装配时，为了使轴肩与孔的端面紧密配合，孔口应制作适当的倒角（或圆角），或在轴根处加工退刀槽，如图 10-12 所示。

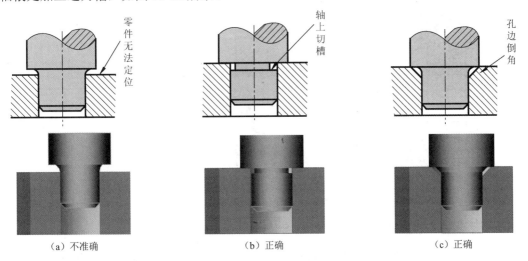

图 10-12　轴肩与孔端面接触处的结构

3．密封装置的结构

（1）填料密封装置。

图 10-13（a）是用压紧螺母拧紧填料的密封装置。通常用石棉绳或橡胶作填料，通过旋紧压紧螺母，由压盖将填料压紧，起到密封作用。如图 10-13（b）所示，通过拧紧螺母和双头螺柱，由压盖将填料压紧，起到密封作用。

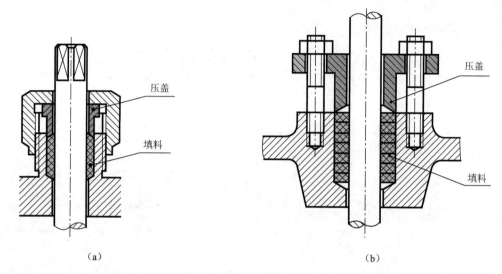

（a）   （b）

图 10-13　填料密封

（2）滚动轴承密封装置。

滚动轴承常需密封，以防止润滑油外流和外部的水汽、尘埃等侵入。常用的密封件，如毡圈、油封等均为标准件，可查手册选用。画图时，毡圈、油封等要紧套在轴上，且轴承盖的孔径大于轴径，应有间隙，如图 10-14 所示。

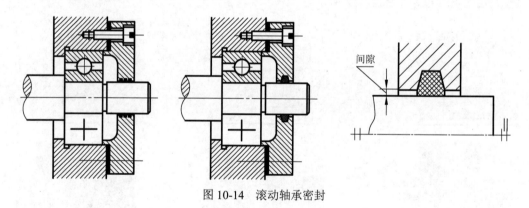

图 10-14　滚动轴承密封

4．零件在轴上的定位结构

装在轴上的滚动轴承等一般都要有轴向定位。如图 10-15 所示，轴承内圈采用弹簧挡圈进行轴向定位，图中间是弹簧挡圈的特征视图。

5．考虑维修、安装和拆卸的方便

在确定螺栓和螺母的连接位置时，应考虑扳手拧紧螺母时的空间活动范围，空间太小，扳手无法使用。在安装螺钉时，应考虑螺钉装入时所需的空间，空间太小，螺钉无法装入，如图 10-16 所示。

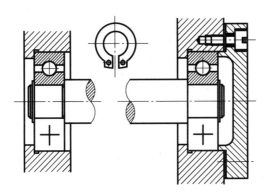

图 10-15　轴向定位结构

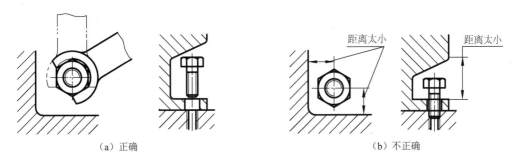

（a）正确　　　　　　　　　　　　　　　（b）不正确

图 10-16　螺母和螺钉的装拆空间

6．螺纹防松装置

对承受振动或冲击的部件，为防止螺纹连接松脱，可采用图 10-17 中常用的防松装置。

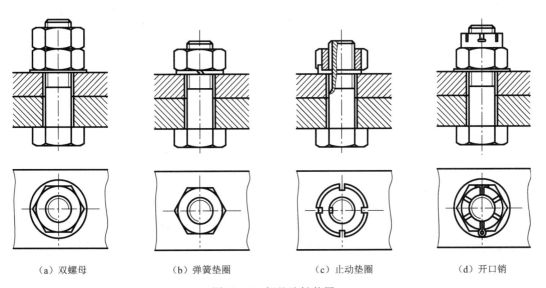

（a）双螺母　　　　　（b）弹簧垫圈　　　　　（c）止动垫圈　　　　　（d）开口销

图 10-17　螺纹防松装置

10.6 部件测绘及画装配图的方法和步骤

对已有的机器（或部件）进行测绘，整理出装配图和全部零件图的过程，称为部件测绘。在仿制或对现有机器设备进行技术改造及维修机器设备时，常需通过测绘来获得它们的装配图和零件图。下面以滑动轴承为例来说明部件测绘和画装配图的方法与步骤。

10.6.1 部件测绘的方法和步骤

1．了解和分析部件

通过观察分析部件，收集和阅读该部件的产品说明书或其他有关资料，了解部件的用途、性能、工作原理、结构特点、传动系统，以及各零件之间的装配连接关系等。

图 10-18 所示为滑动轴承的结构和工作原理，其作用是支撑旋转轴，轴在轴瓦内旋转。轴瓦由上下两块组成，分别嵌在轴承盖和轴承座上，盖和座用两组螺栓和螺母连接在一起。为了可以用加垫片的方法来调整轴瓦和轴配合的松紧，轴承座和轴承盖之间留有一定的间隙。

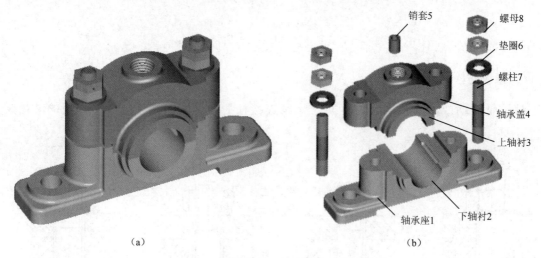

（a） （b）

图 10-18　滑动轴承的结构与工作原理

2．拆卸零件

在拆卸前，应准备好有关的拆卸工具，以及放置零件的用具和场地，研究拆卸方法和拆卸顺序，机械设备的拆卸顺序一般是由附件到主机，由外部到内部，由上到下进行拆卸的。拆卸时要遵循"恢复原机"的原则，即在开始拆卸时就要考虑再装配时要与原机相同，即保证原机的完整性、准确性和密封性。外购部件或不可拆的部分，如过盈配合的衬套、销钉、机壳上的螺柱，以及一些经过调整、拆开后不易调整复位的零件，应尽量不拆，不能采用破坏性的拆卸方法。拆卸前要测量一些重要尺寸，如运动部件的极限位置和装配间隙等。

拆卸过程中，对每一个零件应扎上标签，记好编号。根据装配的特点，按照一定的拆卸次序，正确地依次拆卸。对拆下的零件要分区分组放在适当地方，以免混乱和丢失。这样，也便于测绘后的重新装配。拆卸后要对零件进行清洗，并妥善保管，以免丢失。

如图 10-18（b）所示滑动轴承的拆卸次序可以这样进行：①拧下油杯；②用扳手分别拧下两组螺栓连接的螺母，取出螺栓，此时盖和座即分开；③从盖上取出上轴瓦，从座上取出下轴瓦，拆卸完毕。

注意： 装在轴承盖中的轴衬固定套属于过盈配合，应该不拆。

3．画装配示意图

装配示意图是通过目测，用简单的线条徒手绘制出装配体的大致轮廓、装配关系、工作原理及传动路线的图样，国家标准《机械制图》中规定了一些零件的简单编号，画图时可以参考使用，其画法特点如下所述。

（1）假想部件是透明的，一般只画一个图形。

（2）用简单的线条和符号来表示零件的大致形状和装配关系。

（3）相邻两零件的接触面及配合面之间，绘图时要留有间隙。

（4）所有零件应进行编号，并列表注明各零件的名称、数量和材料等。对于标准件（如螺栓、螺母等），一般不必画出零件图，但要量出它们的有关尺寸，以便能标注出它们的规定标记。

图 10-19 是滑动轴承的装配示意图，依此可拼画装配图。

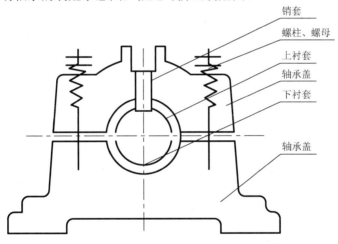

销套
螺柱、螺母
上衬套
轴承盖
下衬套

轴承盖

图 10-19　滑动轴承的装配示意图

4．画零件草图

零件草图是画装配图和零件图的依据。它的内容、要求和画图步骤都与零件图相同。不同的是草图要凭目测零件各部分的尺寸比例，用徒手绘制而成。有关画草图的方法，请参看第 9 章。画草图时，应注意以下几点：

（1）画非标准件的草图时，所有工艺结构如倒角、圆角、凸台、退刀槽等都应画出。但制造时产生的误差或缺陷不应画在图上，例如，对称形状不太对称、圆形不圆以及砂眼、缩孔、裂纹等。

（2）零件上的标准结构要素（如螺纹、退刀槽、链槽等）的尺寸在测量以后，应查阅有关手册，核对确定。零件上的非加工面和非主要的尺寸应圆整为整数，并尽量符合标准尺寸系列。两零件的配合尺寸和互有联系的尺寸应在测量后同时填入两个零件的草图中，以节约时间和避免差错。

（3）零件的技术要求如表面粗糙度、热处理的方式和硬度要求、材料牌号等可根据零件的作用、工作要求确定，也可参阅同类产品的图纸和资料类比确定。

（4）标准件可不画草图，但要测出主要尺寸，辨别形式，然后查阅有关标准后列表备查。

5．装配

零件图草图完成后，把拆开的零件按照顺序及时装配起来。

10.6.2 画装配图的方法和步骤

装配图必须清楚地表达机器或部件的工作原理和各零件、部件之间的相对位置及其装配关系。为了使所画装配图能达到这一要求，在确定视图表达方案之前，应尽量了解该机器或部件的工作原理和结构情况，做到心中有数，然后再根据机器或部件的具体情况选好主视图，进而确定好视图表达方案。

1．视图表达方案的选择

1）主视图的选择

（1）将机器或部件按工作位置放置，当工作位置倾斜时，应将它放正。

（2）将显示机器或部件的工作原理或主要装配关系的一面作为主视图，并做适当的剖切或拆卸，以便能较好地表达该机器或部件的工作原理、主要零件之间的相对位置和装配关系。

2）其他视图的确定

主视图选定后，再进一步分析还有哪些应该表达的内容没有表达清楚，应采用其他什么视图加以补充，使表达方案趋于完善。

在图 10-20 中，轴衬与轴承孔的装配关系及工作原理需选择全剖的左视图来表达。

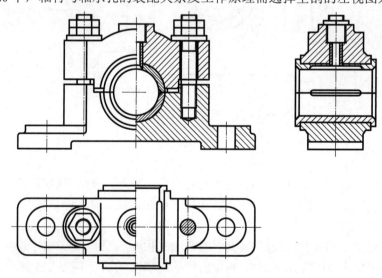

图 10-20 滑动轴承装配图的表达方案

为了清楚表达滑动轴承的外形特征及轴衬与其座孔的装配情况，应选择沿轴承盖与轴承座结合面半剖的俯视图来表达。

2．画装配图的步骤

按照选定的视图表达方案，根据部件的大小，选定绘图比例（尽可能采用 1∶1），并考虑标题栏和明细栏所需的空间，确定图幅的大小，按下列步骤画装配图（见图 10-21）。

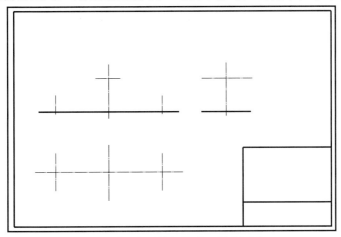

（a）画图框、标题栏和明细栏，布置基准线

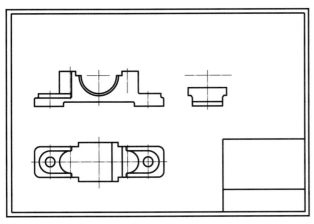

（b）绘制轴承座

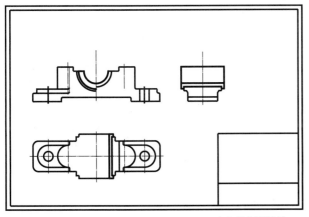

（c）绘制下轴衬

图 10-21　画装配图的步骤

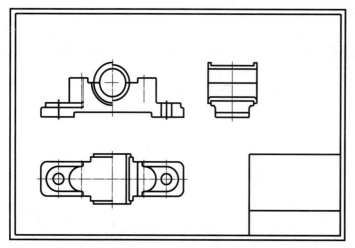

（d）绘制上轴衬

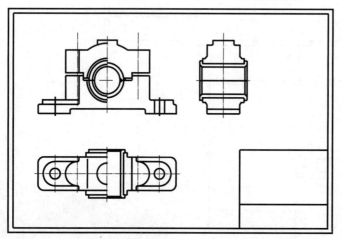

（e）绘制轴承盖

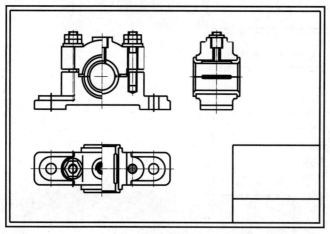

（f）绘制销套、螺栓连接等

图 10-21　画装配图的步骤（续）

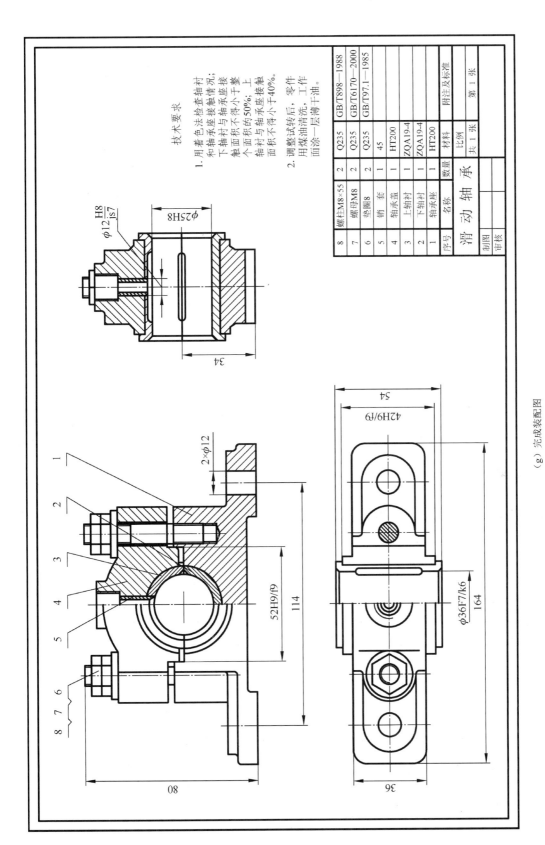

技术要求

1. 用着色法检查轴衬和轴承座接触情况；下轴衬与轴承座接触面积不得小于轴面积的50%；上轴衬与轴承座接触面积不得小于40%。

2. 调整试转后，零件用煤油清洗，工作面涂一层薄干油。

8	螺柱M8×55	2	Q235	GB/T898—1988
7	螺母M8	2	Q235	GB/T6170—2000
6	垫圈8	2	Q235	GB/T97.1—1985
5	销 套	1	45	
4	轴承盖	1	HT200	
3	上轴衬	1	ZQA19-4	
2	下轴衬	1	ZQA19-4	
1	轴承座	1	HT200	
序号	名称	数量	材料	附注及标准

滑 动 轴 承		比例	共 1 张
			第 1 张
制图			
审核			

φ12 H8/js7

φ25H8

34

2×φ12

52H9/f9

114

80

54

42H9/f9

φ36F7/k6

164

36

（g）完成装配图

图 10-21　画装配图的步骤（续）

235

（1）画图框、标题栏和明细栏。

（2）布置视图，画出各视图的主要轴线、中心线和作图基准线，在布置视图时，要注意为标注尺寸和编写序号留有足够的空间［见图 10-21（a）］。

（3）画底稿。一般先画主视图（对其中的有关零件，仍应从反映该零件形状特征的那个视图画起），然后按投影关系画其他视图。画图时，要特别注意使每个零件画在正确的位置上，并尽可能少画一些不必要的线条（如已被剖去的轮廓线）。为此，在剖视图上一般由里往外画，当然有时也可由外往里画，即先画外面的壳体，后画壳体里面的零件。这两种方法有时常结合使用［见图 10-21（b）～图 10-21（f）］。

（4）编序号，标注尺寸。

（5）擦去多余的辅助线，加深轮廓线，画剖面线。

（6）填写明细栏、标题栏和技术要求，然后签名，填写日期［见图 10-21（g）］。

根据装配示意图和零件草图画装配图时，对零件草图上的差错及有关零件间的不协调（如相配合的轴与孔，其基本尺寸是否一致，它们的表面粗糙度等级是否协调等）应予改正，以供画零件图时参考。

10.7　读装配图和拆画零件图

设计、装配、安装和维修机器设备，学习先进技术、讨论设计方案，以及由装配图拆画零件图，都要读装配图，因此应学习和掌握读装配图的一般方法。

10.7.1　读装配图的一般要求

（1）了解装配图的名称、用途、性能（规格）和工作原理。

（2）了解装配图的结构、各零件间的相对位置、装配关系、装拆顺序及装拆方法。

（3）弄清每个零件的名称、数量、材料、作用和结构形状。

（4）了解部件的尺寸和技术要求。

要达到以上要求，除了具备一定的制图知识外，还应有一定的生产实践知识，包括一般的机械结构设计和制造工艺知识，以及与部件有关的专业知识。因此在今后的学习和工作中，必须注意积累读装配图的实践经验，并不断总结经验，逐步提高读图能力。

10.7.2　读装配图的方法和步骤

现以图 10-2 所示的球阀为例，说明读装配图的方法。

（1）了解部件的名称、用途、性能（规格）和工作原理。

通过看标题栏、明细栏、产品说明书和其他有关资料可知，该阀的公称直径为 25mm，公称压力为 $3.9×10^6$Pa，适用于温度在 200℃或 200℃以下的水、蒸汽或石油产品的管路上，是装在液体管道上控制流量的一种"开关"。

（2）分析工作原理。

球阀是由阀体 1、阀盖 2、密封圈 3、阀芯 4、调整垫 5、双头螺柱 6、螺母 7、填料垫 8、中填料 9、上填料 10、填料压紧套 11、阀杆 12 和扳手 13 等零件装配起来的。

当球阀处于全开位置时，转动扳手，阀杆便通过嵌入球塞上端槽内的扁榫的转动使阀芯偏转，流体通路断面缩小，流过的液体便减少。当扳手转动 90° 时，阀芯便将通孔全部遮住，球阀关闭。

阀杆与阀体之间是由填料压紧螺套、填料和填料垫组成的密封装置，同样在阀体与阀芯和阀盖之间，也使用了垫片和密封圈，以防流体渗漏。球阀的实体模型如图 10-1 所示。

（3）分析视图。

球阀装配图（见图 10-2）共有 3 个视图，先从主视图入手，弄清它们的投影关系和每个视图形所表达的内容。

主视图采用全剖视，表达了阀体、阀芯和阀盖等水平装配轴线，以及扳手、阀杆、阀芯等竖直装配轴线上各零件之间的装配关系。

左视图为 A—A 半剖视图，主要补充表达了阀杆与阀芯的装配关系，以及阀盖和阀体连接时四个双头螺柱的分布情况，并在图中采用拆卸扳手的特殊画法。

俯视图主要表达球阀的外形。由于扳手的运动有一定的范围，因此扳手采用了表达两个极限位置的特殊表达方法，其中一个极限位置采用细双点画线表达。

（4）了解零件的形状、作用及其装配关系。

为了弄清零件的形状，一般先从主要零件开始。首先要从装配图上将该零件的投影轮廓从各视图中分离出来，其方法是：从标注该零件序号的视图入手，用对线条、找投影关系，以及根据"同一零件的剖面线方向和间隔一致"等方法在其他视图上找出这个零件的各个投影，进而构思出该零件的结构形状。

例如，从所编序号 1 找到阀体的主视图后，根据各视图之间的投影关系及剖面线方向，分离出来阀体的各个视图。有了这些视图，再利用形体分析法进行分析，它的形状就不难构思了（除左端为方形凸缘外，其他环绕两条装配轴线的内外构形基本上都是圆柱体或球体），如图 10-22 所示为球阀中拆去其他零件后所获得的阀体实体图。

图 10-22　阀体实物图

要了解零件的装配关系，通常可以从反映装配轴线的那个视图入手。例如，在主视图上，通过阀杆这条装配轴线可以看出，扳手与阀杆是通过四方头相装配的。填料压紧套与阀体是通过 M24×1.5 的螺纹来连接的。填料压紧套与阀杆是通过 $\phi14\dfrac{H11}{d11}$ 相配合的。填料与阀杆是通过圆柱面和圆锥面相接触的。在阀杆下部的圆柱上铣出了两个平面，用于嵌入阀芯顶端的槽内。

在水平装配轴线上，阀盖与阀体之间以 $\phi50\dfrac{H11}{h11}$ 圆柱面相配合，用调整垫来密封，还用四个双头螺柱相连接。阀芯与阀体之间用密封圈密封。

分析清楚两条装配轴线上有关零件的装配关系后，可大致想象出零件的形状，并了解它们的作用。零件的作用往往还可以通过它的名称了解，如"密封圈"、"填料压紧套"及"阀盖"等。

（5）分析尺寸。

分析装配图上所标注的尺寸，可以进一步了解部件的规格、大小和零件间的配合性质，以及部件的安装方法。图中 $\phi20$ 为球阀的通径大小，标明是规格尺寸；M36×2 标明是安装尺寸；$\phi50\dfrac{H11}{h11}$、$\phi14\dfrac{H11}{d11}$ 是配合尺寸，说明此处是间隙配合；M24×1.5、$\phi70$ 是装配尺寸；115±1.100、121.5、75×75 等是外形尺寸，$S\phi40h11$ 则是零件的主要尺寸。

（6）总结归纳。

在以上分析的基础上，进一步分析部件的传动和工作原理、各零件之间的装配关系，以及装拆顺序、安装方法、各零件的结构形状是否合理等，可以加深对部件的认识。

10.7.3　由装配图拆画零件图

在设计过程中，根据装配图设计零件，拆画出零件图，简称拆图。拆图时，通常先画主要零件，然后根据装配关系，逐一拆画有关的零件，以保证各零件的形状、尺寸等协调一致。下面以图 10-2 球阀的装配图为例说明拆画阀体零件的方法和步骤。

（1）读懂装配图，确定拆画零件，分离出该零件。

按前面所介绍的方法读懂球阀装配图，在主视图中找到零件 1，即阀体零件，根据投影关系和阀体零件的三个视图剖面线方向和间距一致的特征，把阀体零件从三个视图中分离出来。此时，与阀体零件无关的零件假设被拆除。如图 10-23 所示，图中断开部分是阀体零件被其他零件挡住造成的，零件图中需要把这些断开的线补全。

（2）根据零件图视图表达的要求，确定各零件的视图表达方案。

由于装配图主要表达部件的工作原理、零件之间的相对位置关系和装配关系，不一定把每一个零件的结构形状都表达完全，因此，在拆画零件图时，对那些未表达清楚的结构，要根据零件的作用和装配关系进行设计，零件的视图不能机械地从装配图中照搬。

一般情况下，叉架类、箱体类零件表达方案可以与装配图一致；轴套类、轮盘类零件，一般按加工位置摆放选取主视图。由于球阀属于箱体类零件，因此选择表达方案与装配图保持一致。

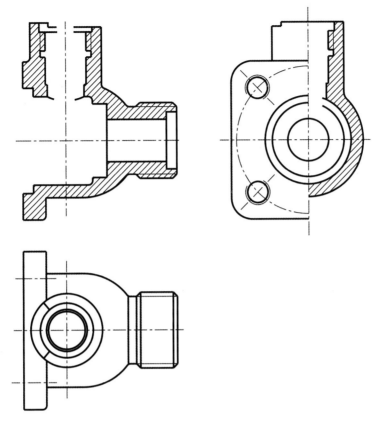

图 10-23　从装配图中分离出阀体零件的视图

（3）零件结构处理方法。

在装配图中允许不画的零件的工艺结构，如倒角、圆角和退刀槽等，在零件图中应全部画出。

（4）标注尺寸和技术要求。

零件图的尺寸，除已在装配图中注出的尺寸以外，其余尺寸都需要在图上按比例直接量取并进行圆整。与标准件连接或配合的尺寸，如螺纹、倒角、退刀槽等要查标准注出。有配合要求的表面，要标注出尺寸的公差带代号或偏差数值。

根据零件各表面的作用和工作要求，标注出表面粗糙度代号。根据零件在部件中的作用和加工条件，确定零件图的其他技术要求。

（5）填写标题栏。

拆画后，要填写标题栏，如零件的名称、图号、材料和比例等信息。完整的阀体零件图如图 10-24 所示。

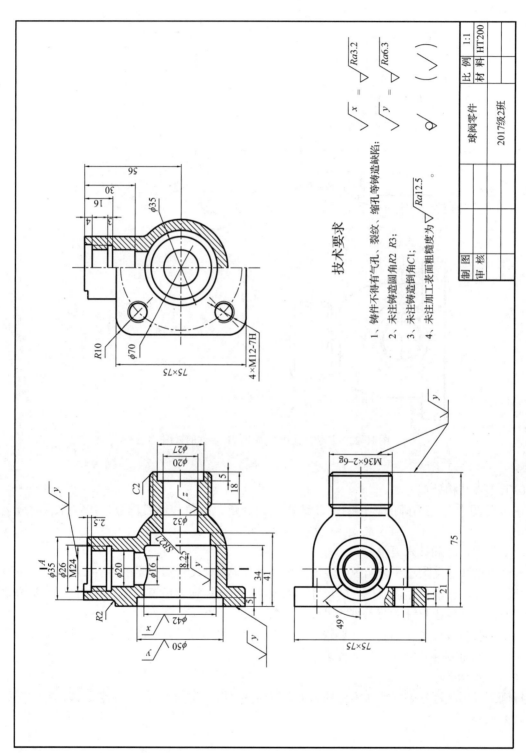

图 10-24　阀体零件图

技术要求

1、铸件不得有气孔、裂纹、缩孔等铸造缺陷；
2、未注铸造圆角R2、R3；
3、未注铸造倒角C1；
4、未注加工表面粗糙度为 $\sqrt{Ra12.5}$ 。

$\sqrt[x]{} = \nabla$ $\sqrt{Ra3.2}$
$\sqrt[y]{} = \nabla$ $\sqrt{Ra6.3}$
ϕ $(\sqrt{})$

球阀零件			比 例	1:1
2017级2班			材 料	HT200
制 图				
审 核				

（1）掌握装配图的规定画法和特殊画法。

（2）画装配图要首先选好主视图，确定好视图表达方案，把部件的工作原理、装配关系、零件之间的连接固定方式和重要零件的主要结构表达清楚。

（3）根据尺寸的作用，弄清装配图应标注哪几类尺寸。

（4）掌握正确的画图方法和步骤。画图时必须首先了解每个零件在轴向、径向的固定方式，使它在装配体中有一个固定的位置。一般径向靠键、销连接固定；轴向靠轴肩或端面固定。

（5）读装配图的方法和步骤，重点掌握以下几点。

① 分析部件的工作原理和零件之间的装配关系。

② 确定主要零件的结构形状。这是看图中的难点，需要通过练习逐步掌握。

③ 通过拆画零件图，提高看图和画图的能力。

第 11 章

计算机绘图基础

计算机绘图是计算机辅助设计的重要组成部分，它将数字化的图形信息输入计算机，进行存储和处理后通过控制图形输出设备来实现显示或绘制各种图形的目的。计算机绘图具有速度快、精度高，便于产品信息的保存和修改，设计过程直观，便于人机对话，设计周期短，劳动强度低等特点，已被广泛应用于各行各业中。因此，掌握计算机绘图知识是非常必要的。本章主要介绍目前在工程设计领域广泛使用的 AutoCAD 软件二维绘图的基本方法。

11.1 AutoCAD 简介

AutoCAD 绘图软件是 Autodesk 公司开发的适用于微型计算机的二维、三维交互式绘图软件。该软件自 1982 年问世以来，至今已相继推出多个版本，被翻译成多种语言。本书以 AutoCAD 2015 中文版为例介绍其应用。

11.1.1 基本知识

1. 概念和术语

（1）图形文件。在存储介质上保存的 AutoCAD 图形文件，其扩展名为.DWG。

（2）世界坐标系。AutoCAD 使用笛卡儿坐标系来确定图中点的位置。X 轴方向水平向右，Y 轴方向垂直向上，以屏幕的左下角为原点。图中任意一点均用（x, y, z）形式进行定位。通用坐标系简称 WCS。

（3）用户坐标系。能适应用户作图需要而定义的坐标系称为用户坐标系，简称 UCS。其原点可在通用坐标系内任意一点的位置上，并且可以以任意角度转动或倾斜其坐标轴。

（4）图形单位。图形中两坐标点之间距离的度量单位由用户按需要确定，可以是米、毫米，也可以是英尺、英寸，通常把图形单位定义为毫米。

2．常用键和符号的约定

在介绍 AutoCAD 的功能和命令格式时常用到键盘上的某些键和符号。下面对某些键或符号做如下约定。

① 空格键和回车键用来表示从键盘输入命令、选择项和数据字段的结束。直接按回车键或空格键可以重复刚才已经执行过的命令。本文用"↙"表示回车。

② Esc 键用来终止正在进行的操作命令。

③ 尖括号"＜＞"内的内容一般为默认值或当前值，对提示用回车响应表示采用默认值。

④ 在命令对话中，命令行 ⬛▾ 键入命令　　　 表示用户输入的部分。

3．点的输入方法

点的输入方法有如下几种：

① 使用鼠标指定；

② 直接输入 X、Y 坐标值并回车指定，X、Y 坐标值以西文逗号分开，如 35，28；

③ 使用极坐标指定，如 100<45 表示与当前坐标原点相距 100 个单位，和原点连线与 X 正方向夹角为 45°的点；

④ 使用相对坐标指定，如@110，65 表示与前面一点 X 方向相距 110 个单位、Y 方向相距 65 个单位的点；

⑤ 使用相对极坐标指定，如@45<60 表示与前一点相距 45 个单位，和前一点的连线与 X 正方向夹角为 60°的点；

⑥ 使用对象捕捉功能指定，可以搜索图中已有图形的端点、中点、圆心和交点等特征点。

11.1.2　AutoCAD 2015 中文版的工作界面

系统安装 AutoCAD 2015 中文版后，可以在"开始"→"程序"中启动，也可在桌面上通过双击快捷方式图标来启动。图 11-1 所示为 AutoCAD 2015 用户工作界面。工作界面的最顶部是菜单栏，其下依次是工具栏、绘图区域、命令提示行和状态栏等。

（1）工具栏。默认情况下，AutoCAD 环境中只显示"标准"、"对象特性"、"绘图"和"修改"四个工具栏。使用过程中可以增加或减少工具栏，改变工具栏的位置。也可以使用"视图"菜单中的"工具栏"命令来管理工具栏。

（2）绘图区域。绘图区域用来显示、绘制和修改图形。

（3）十字光标。十字光标用来在绘图区域中标识拾取点和绘图点。十字光标由鼠标控制。可以使用光标定点、选择和绘制对象。在不同的状态下，光标可能会变为其他形状。

（4）用户坐标系图标。用户坐标系图标用来显示图形的 X、Y、Z 轴坐标方向。

（5）命令提示行。命令提示行使用输入命令并显示命令提示和信息。

（6）状态栏：状态栏还包含一些按钮，使用这些按钮可以打开常用的绘图辅助工具。这些工具包括" 模型 "（模型或图纸空间）、" ▦ "（显示图形栅格）、" ▦ ▾ "（捕捉）、" ⌐ "（正交限制光标）、" ⊙ "（极轴追踪）、" ⬚ "（等轴测草图）、" ∠ "（对象捕捉追踪）、" ⬜ "（对象捕捉）、"▤"（显示/隐藏线宽）、"⚞"（显示注释对象）、"⚞"（在注释比例发生变化时，将比例添加到注释性对象）、"⚞ 1:1 ▾"（当前视图的注释比例）、"⚙ ▾"（切换工作空间）、"➕"（注释监视器）、"●"（硬件加速）、"▫▫"（隔离对象）、"▱"（全屏显示）、"≡"（自定义）。

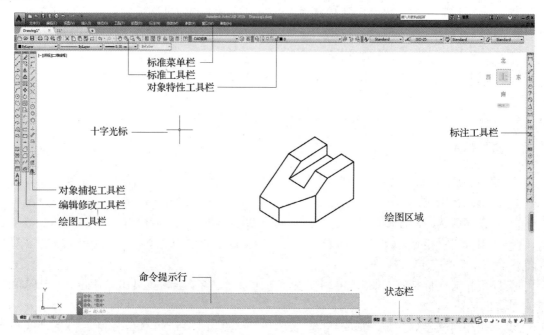

图 11-1　AutoCAD 2015 中文版用户工作界面

11.1.3　绘图环境的设置

1．设置图纸界限

设置图纸界限是通过输入绘图区域的左下角和右上角的坐标来限定一个区域的，将来所有的绘图工作都在该区域中进行。系统默认的左下角坐标是坐标原点（0，0）。

如绘制 A4 的图纸，可以用如下命令来实现图纸界限的设置：

<u>Limits</u>↙ → ↙（默认左下角点坐标为 0，0）→<u>297，210</u>

2．设置栅格和捕捉

单击状态栏中的"栅格"按钮即打开了栅格显示功能，栅格功能会使在屏幕图限范围内出现类似于坐标纸网线的点阵。栅格在绘图中起度量参考作用，便于判断屏幕局部区域的大小。单击状态栏的"捕捉"按钮即打开了捕捉显示功能。捕捉用于控制光标移动时每次移动的最小位移。在"捕捉"按钮右侧单击下拉菜单，选择【捕捉设置】，打开如图 11-2 所示的【草图设置】对话框，可以在栅格间距文字框中输入间距值。

图 11-2 "草图设置"对话框

3. 设置图层

工程图样上有各种图形元素，其中图线要求区分线宽和线型。AutoCAD 采用了图层（LAYER）的概念。图层本身是不可见的，可以将其理解为透明薄膜。图形的不同部分可以画在不同的透明薄膜上，最终将这些透明薄膜叠加在一起就形成一幅完整的图形。可以将不同类型的图线放在不同的图层上，绘图时切换到相应的图层即可开始绘图，无须在每次绘制时设置线型、线宽和颜色。

图层特性管理器的打开可以采用如下方法：

菜　　单：【格式】→【图层】

工具栏：

命令行：LAYER

图层特性管理器如图 11-3 所示。其主要功能是创建新图层，指定图层颜色、线型、线宽和打印样式，改变当前层，删除图层，设定图层的打开或关闭、冻结或解冻、锁定或解锁，以及过滤图层等。

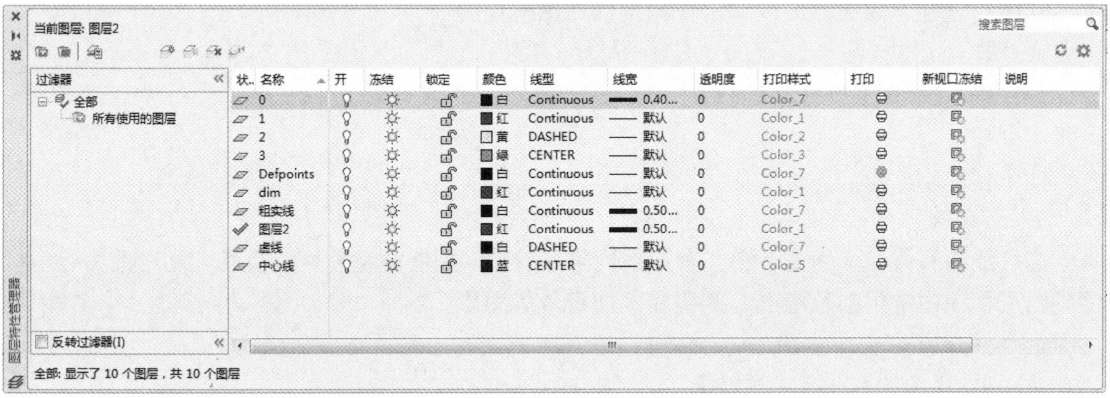

图 11-3　图层特性管理器

11.2 AutoCAD 二维绘图命令

11.2.1 基本图元的绘制

设置绘图环境后即可开始绘图。工程图样一般是由点、直线和圆弧等基本图形元素组成的二维平面图形。AutoCAD 提供的常用绘图工具栏如图 11-4 所示。

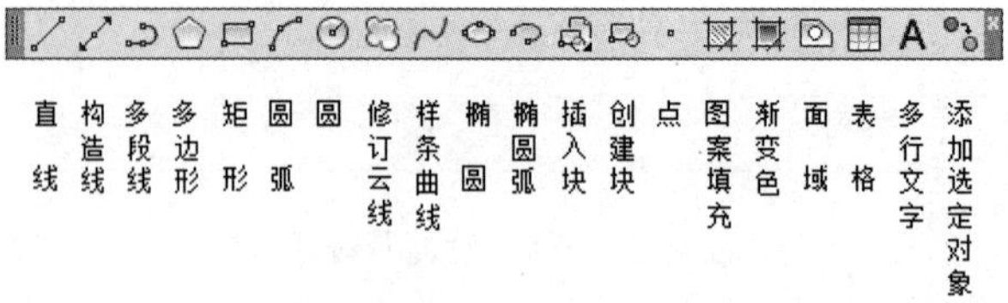

图 11-4　绘图工具栏

1）点
命令打开方式
菜　单：【绘图】→【点】
工具栏：
命令行：POINT

2）直线
命令打开方式
菜　单：【绘图】 →【直线】
工具栏：
命令行：LINE
最初由两点决定一条直线，若继续输入第三点，则画出第二条直线。

3）构造线
功能：创建无限长直线，通常作为辅助作图线使用。
命令打开方式
菜　单：【绘图】→【构造线】
工具栏：
命令行：XLINE

4）多段线
多段线由直线和弧组成，它具有一系列附加特性，如线的宽度可以变化。利用此命令可以绘制出工程图中常用的长圆形、箭头和剖切符号等图形。
命令打开方式
菜　单：【绘图】→【多段线】
工具栏：
命令行：PLINE

5）圆

命令打开方式

菜　　单：【绘图】→【圆】

工具栏：⊘

命令行：CIRCLE

绘制圆的方式有：

① 基于圆心和直径（或半径）绘制圆。

② 基于圆周上的三点绘制圆。

③ 基于圆直径上的两个端点绘制圆。

④ 基于指定半径和两个相切对象绘制圆。

6）矩形

命令打开方式

菜　　单：【绘图】→【矩形】

工具栏：▭

命令行：RECTANG

一般通过输入两个点来确定一个矩形。

7）圆弧

命令打开方式

菜　　单：【绘图】→【圆弧】

工具栏：◠

命令行：ARC

圆弧画法有：

① 三点画圆弧。

② 起点、圆心、终点；起点、圆心、角度；起点、圆心、弦长画圆弧。

③ 圆心、起点、终点；圆心、起点、角度；圆心、起点、弦长画圆弧。

④ 起点、终点、角度；起点、终点、方向；起点、终点、半径画圆弧。

8）椭圆

命令打开方式

菜　　单：【绘图】→【椭圆】

工具栏：⬭

命令行：ELLIPSE

绘制椭圆的默认方法是通过指定椭圆其中一个半轴的两个端点，然后输入另一个半轴长度来绘制椭圆。也可以绘制等轴测图时的等轴测圆。

9）正多边形

命令打开方式

菜　　单：【绘图】→【正多边形】

工具栏：⬠

命令行：POLYGON

一般通过先定义正多边形中心点，然后输入内切圆或外接圆半径画出正多边形。

11.2.2 图案填充及文本输入

1．图案填充

功能：当用剖视图或断面图来表达机件的内部结构时，需要画剖面线。

命令打开方式

菜　单：【绘图】→【图案填充】

工具栏：

命令行：BHATCH

输入命令后显示"边界图案填充"对话框，如图 11-5 所示。画剖面线时可首先在"图案"下拉列表中选择"ANSI31"；在"比例"编辑框中输入适当的图案比例，单击"拾取点"按钮或"选择对象"按钮返回绘图工作区，分别单击封闭轮廓内一点或轮廓边界，用右键结束选择。最后单击"确定"按钮，完成填充操作。

图 11-5　"边界图案填充"对话框

2．文本输入

1）设置文字样式

命令打开方式

菜　单：【格式】→【文字样式】

命令行：STYLE

输入命令后 AutoCAD 显示"文字样式"对话框，如图 11-6 所示。

图 11-6 "文字样式"对话框

在字体下拉列表中可以选择或修改字体。其中："字体名"列出注册的 TrueType 所有字体和 AutoCAD Fonts 目录下 AutoCAD 已编译的所有形（SHX）字体的字体族名；"文字样式"指定字体格式，比如斜体、粗体或者常规字体；"高度"根据输入的值设置文字高度，如果输入0.0，每次用该样式输入文字时，AutoCAD 都提示输入文字高度，如果输入值大于 0.0，则为该样式设置文字高度；"大字体"指定亚洲语言的大字体文件，只有在"字体"中指定 SHX 文件，才可以使用"大字体"。

2）单行文字功能

命令打开方式

菜　单：【格式】→【文字】→【单行文字】

命令行：TEXT

首先设置文字对象的起点，然后设置文字的当前样式。系统提供一些常用的但键盘上又没有的特殊字符的输入手段，它的输入方式用两个百分号"%%"加以控制，具体格式如下：

%%d——绘制度符号，即"°"；

%%p——绘制误差允许符号，即"±"；

%%c——绘制直径符号，即"ϕ"。

3）多行文字

命令打开方式

菜　单：【格式】→【文字】→【多行文字】

工具栏：**A**

命令行：MTEXT

首先按提示指定对角点，显示多行文字格式编辑器如图 11-7 所示。在"多行文字格式编辑器"中可以输入文本内容，也可以指定文本和段落的属性。多行文字对象的宽度如果用定点设备来指定点，那么宽度为起点与指定点之间的距离。如果指定的宽度为零，就会关闭文字换行，多行文字对象全部出现在一行上。

图 11-7　多行文字格式编辑器

11.3　AutoCAD 辅助绘图功能

11.3.1　对象捕捉

在绘图命令运行期间，可以用光标捕捉对象上的几何点，如端点、中点、圆心和交点。捕捉点的步骤如下。

（1）启动需要指定点的命令，例如，LINE、CIRCLE。

（2）当命令提示指定点时，使用以下方法之一选择一种对象捕捉：

① 单击"标准"工具栏的"对象捕捉"弹出框中的一个工具栏按钮，或者单击"对象捕捉"工具栏中的一个按钮（见图 11-8）；

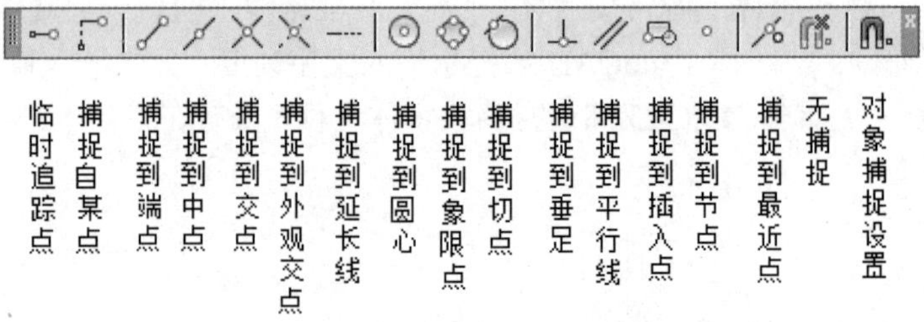

临时追踪点　捕捉自某点　捕捉到端点　捕捉到中点　捕捉到交点　捕捉到外观交点　捕捉到延长线　捕捉到圆心　捕捉到象限点　捕捉到切点　捕捉到垂足　捕捉到平行线　捕捉到插入点　捕捉到节点　捕捉到最近点　无捕捉　对象捕捉设置

图 11-8　"对象捕捉"工具栏

② 按住 Shift 键并在绘图区域中单击右键，从快捷菜单中选择一种对象捕捉方式；

③ 在命令行中输入一种对象捕捉的缩写（前三个大写字母）。

将光标移动到捕捉位置上，然后单击鼠标左键。

"对象捕捉"工具栏如图 11-8 所示。所表示的捕捉对象有：ENDpoint（端点）、MIDpoint（中点）、INTersection（交点）、APParent intersect（外观交点）、CENter（圆心）、QUAdrant（象限点）、NODe（节点）、INSert（插入点）、PERpendicular（垂足）、PARallel（平行）、TANgent（切点）、NEArest（最近点）、NONe（无）、EXTension（延伸）等。

11.3.2　极轴

单击状态栏中的"极轴"按钮，可激活功能。系统默认的极轴追踪角度为 90°，可以方便地画出水平（X 方向）、竖直（Y 方向）的直线。

用户可以自行设置角度，设置方法是：在状态栏中的"极轴"按钮上单击鼠标右键，选择"设置"，在所弹出的如图 11-9 所示的对话框中设置角度。

11.3.3　对象跟踪

"对象跟踪"是以对象捕捉功能所定位的某几何点作为基点来跟踪其上方（或下，或左，或右）一定距离的点。因此，在使用对象跟踪时必须确保单击"对象捕捉"按钮，捕捉到一个几何点作为跟踪的基点。单击状态栏中的"对象跟踪"按钮即可打开对象跟踪功能。

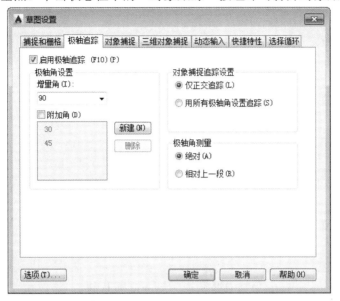

图 11-9　极轴追踪设置

11.4　AutoCAD 二维编辑修改命令

在绘图中一般都要借助图形编辑修改命令来绘制复杂的图形。常见的编辑修改命令如图 11-10 所示的"编辑修改"工具栏。

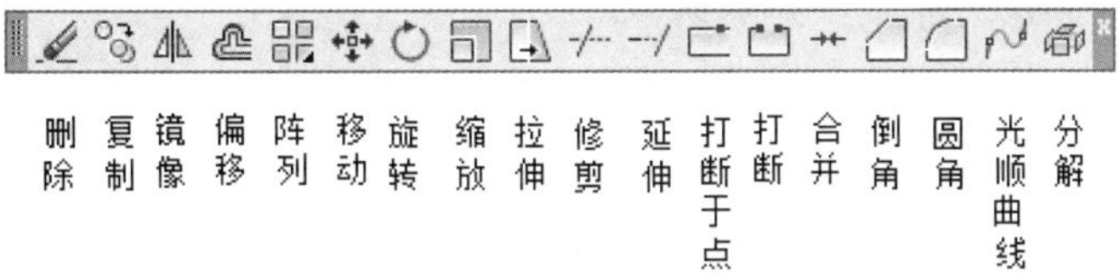

图 11-10　"编辑修改"工具栏

11.4.1　构造选择集

图形的编辑都需要选择目标，AutoCAD 常用的选择目标的方法有如下几种。

（1）直接拾取。移动鼠标将拾取框"□"放在待选对象上单击鼠标左键。

（2）W 窗口选择（Window）。当先单击左侧角，后单击右侧角形成窗口时，完全在窗口内的图元被选中。图元有任何一部分在窗口外都不能被选中。

（3）C 窗口选择（Crossing）。当先单击右侧角，后单击左侧角形成窗口时，窗口内所围图元被选中，并且只要图元有任何一部分在窗口内均被选中。

11.4.2　图形修改命令

1）删除

功能：删除图形中的部分或全部图元。

命令打开方式

菜　单：【修改】→【删除】

工具栏：

命令行：ERASE

2）打断

功能：选择两点将线、圆、弧和组线断开为两段。

命令打开方式

菜　单：【修改】→【打断】

工具栏：

命令行：BREAK

在断开圆或圆弧时，AutoCAD 总是依逆时针方向断开的。

3）修剪

功能：以某些图元作为边界（剪刀），将另外某些图元不需要的部分剪掉。

命令打开方式

菜　单：【修改】→【修剪】

工具栏：

命令行：TRIM

当 AutoCAD 提示选择剪切边时，单击"✓"键，即可选择待修剪的对象。AutoCAD 修剪对象将使用最靠近的候选对象来作为剪切边。

4）延伸

功能：以某些图元为边界，将另外一些图元延伸到此边界。

命令打开方式

菜　单：【修改】→【延伸】

工具栏：

命令行：EXTEND

先选择要延伸到的对象，然后选择要延伸的对象。

5）移动

功能：将图元从图形的一个位置移到另一个位置。

命令打开方式

菜　单：【修改】→【移动】

工具栏：

命令行：MOVE

移动对象选择完毕后，指定两个点定义了一个位移矢量。该矢量指明了被选定对象的移动距离和移动方向。如果在确定第二个点时单击"✓"键，那么第一个点的坐标值就被认为是相对的 X、Y、Z 位移。

6）旋转

功能：将图元绕某一基准点作旋转。

命令打开方式

菜　单：【修改】→【旋转】

工具栏：⟳

命令行：ROTATE

旋转对象选择完毕后指定基准点，然后选择对象绕基点旋转的角度，或者指定当前参照角度和所需的新角度。

7）缩放

功能：将图元按一定比例放大或缩小。

命令打开方式

菜　单：【修改】→【比例】

工具栏：□

命令行：SCALE

对象选择完毕后指定基准点（缩放中心点），然后选择比例因子。大于 1 的比例因子使对象放大，介于 0 和 1 之间的比例因子使对象缩小。

8）拉伸

功能：将图形某一部分拉伸、移动和变形，其余部分不动。

命令打开方式

菜　单：【修改】→【拉伸】

工具栏：⬚

命令行：STRETCH

使用交叉多边形或交叉窗口对象选择方式选择完毕后，将移动窗口中的端点，而不改变窗口外的端点。其余操作类似于 MOVE 命令。

9）分解

功能：将组合对象分解为对象组件。

命令打开方式

菜　单：【修改】→【分解】

工具栏：💢

命令行：EXPLODE

选择分解对象后选择所有可分解的对象：对象外观可能看起来是一样的，但该对象的颜色和线型可能改变了。或者选择块：AutoCAD 一次删除一个编组级。如果一个块包含一个多段线或嵌套块，那么对该块的分解就首先显露出该多段线或嵌套块，然后再分别分解该块中的各个对象。

11.4.3　图形编辑命令

1）复制

功能：复制对象。

命令打开方式

菜　单：【修改】→【复制】

工具栏：

命令行：COPY

要复制的对象选择完毕后的选项如下。

① 基点和位移：生成单一副本。如果指定两点，将以两点所确定的位移放置单一副本。如果指定一点，然后单击"✓"键，将以原点和指定点之间的位移放置一个单一副本。

② 多重：基点放置多个副本。

2）阵列

功能：创建按指定方式排列的多重对象副本。

命令打开方式

菜　单：【修改】→【阵列】

工具栏：

命令行：ARRAY

选择如图 11-11 所示阵列类型。

图 11-11　阵列类型

① 矩形阵列：指定行数和列数，创建由所选定对象副本组成的阵列。如果只指定了一行，则在指定列数时，列数一定要大于二，反之亦然。假设所选定对象在绘图区域的左下角，并向上或向右生成阵列，指定的行列间距，包含要排列对象的相应长度。具体设置选项如图 11-12 所示。

ARRAY 选择夹点以编辑阵列或 [关联(AS) 基点(B) 计数(COU) 间距(S) 列数(COL) 行数(R) 层数(L) 退出(X)] <退出>:

图 11-12　矩形阵列设置项

② 路径阵列：指定阵列路径、项目和行数等。可以拖动控制点来调整间距，也可以按提示在命令行输入 I，再输入具体的间距。具体设置选项如图 11-13 所示。

选择路径曲线:
选择夹点以编辑阵列或 [关联(AS)/方法(M)/基点(B)/切向(T)/项目(I)/行(R)/层(L)/对齐项目(A)/z 方向(Z)/退出(X)]

图 11-13　路径阵列设置项

③ 极轴阵列：创建由指定中心点或基点定义的阵列，将在这些指定中心点或基点周围创建所选定对象副本。如果输入项目数，必须指定填充角度或项目间角度之一。如果单击"✓"键（且不提供项目数），两者均必须指定。具体设置选项如图 11-14 所示。

指定阵列的中心点或 [基点(B)/旋转轴(A)]:
选择夹点以编辑阵列或 [关联(AS)/基点(B)/项目(I)/项目间角度(A)/填充角度(F)/行(ROW)/层(L)/旋转项目(ROT)/退出(X)]

图 11-14　极轴阵列设置项

3）镜像

功能：创建对象的镜像副本。

命令打开方式

菜　单:【修改】→【镜像】

工具栏：◭

命令行：MIRROR

说明：

① 要镜像的对象选择完毕后输入镜像线，输入是否删除源对象即可产生镜像。

② 用 MIRRTEXT 系统变量可以控制文字对象的反射特性。MIRRTEXT 默认设置是开，这将导致文字对象同其他对象一样进行镜像处理。当 MIRRTEXT 设置为关时，文字对象不进行镜像处理。

4）偏移

功能：创建同心圆、平行线和平行曲线。

命令打开方式

菜　单:【修改】→【偏移】

工具栏：⚏

命令行：OFFSET

偏移对象选择完毕后的选项如下。

① 偏移距离：在距现有对象指定的距离处创建新对象。

② 通过：创建通过指定点的新对象。

5）倒圆角

功能：给对象的边加圆角。

命令打开方式

菜　单:【修改】→【圆角】

工具栏：⬭

命令行：FILLET

6）倒角

功能：给对象的边加倒角。

命令打开方式

菜　单:【修改】→【倒角】

工具栏：⬭

命令行：CHAMFER

11.5　AutoCAD 尺寸标注与块操作

11.5.1　尺寸标注

AutoCAD 提供了完善的尺寸标注和尺寸样式定义功能。只要指出标注对象，即可根据所选尺寸样式自动计算尺寸大小并进行标注。AutoCAD 的基本尺寸标注有线性、对齐、直径、半径、角度和坐标标注，另外还有旁注线标注等。AutoCAD 的尺寸标注形式完全由尺寸样式（变量）控制，尺寸标注过程中可按特定要求设定尺寸标注样式。

1）设置尺寸标注样式

功能：创建或修改标注样式。

命令打开方式

菜　单：【标注】→【样式】或【格式】→【标注样式】

工具栏：

命令行：DIMSTYLE

AutoCAD 的标注样式管理器如图 11-15 所示。

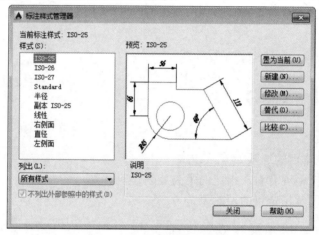

图 11-15　标注样式管理器

选择标注式样管理器中的"修改"选项，弹出"修改标注样式"对话框，如图 11-16 所示。

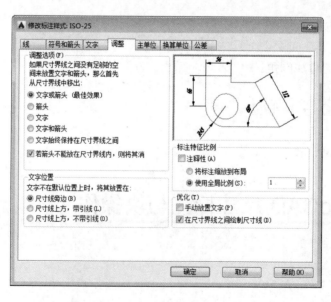

图 11-16　"修改标注样式"对话框

① "线"选项卡：设置尺寸线、尺寸界线、箭头和圆心标记的格式和特性。

② "符号和箭头"选项卡：设置箭头、圆心标记、折断标注、弧长符号、半径折弯标注和线性折弯标注。

③ "文字"选项卡：设置标注文字的外观、位置和对齐。

④ "调整"选项卡：控制标注文字、箭头、引线和尺寸线的位置。

⑤ "主单位"选项卡：设置主标注单位的格式和精度，设置标注文字的前缀和后缀，设置角度标注单位的格式、精度，以及换算测量单位的比例。

⑥ "换算单位"选项卡：设置换算单位的格式、精度、倍数、前缀、后缀，设置消零和换算单位位置。

⑦ "公差"选项卡：设置公差格式和换算单位公差。

2）尺寸标注命令

设置好尺寸标注样式后，可以利用如图 11-17 所示的标注工具栏中的命令对图形进行尺寸标注，其功能见表 11-1。

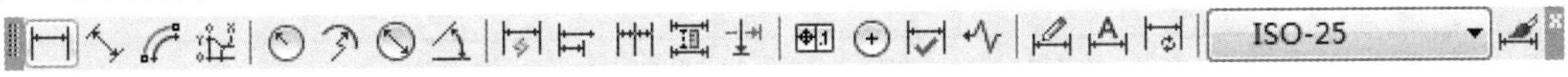

图 11-17　标注工具栏

表 11-1　标注工具栏命令的功能介绍

图　标	功　能	说　明
	线性标注	测量两点间的直线距离，用来创建水平、垂直和旋转的线性标注
	对齐标注	创建尺寸线与所标注线段相平行的线性标注
	弧长标注	选择弧线或多段线弧线段
	坐标标注	创建坐标点标注，显示从给定原点测量出来的点的 X 或 Y 坐标
	半径标注	测量圆或圆弧的半径
	折弯标注	测量所选定对象的半径，并显示带有一个半径符号的标注文字
	直径标注	测量圆或圆弧的直径
	角度标注	测量角度
	快速标注	通过一次选择多个对象，创建标注阵列，如基线标注、连续标注和坐标标注
	基线标注	从上一个或所选定标注的基线作连续的线性标注、角度标注或坐标标注
	连续标注	从上一个或所选定标注的第二尺寸界线作连续的线性标注、角度标注或坐标标注
	等距标注	调整线性标注或角度标注之间的距离
	折断标注	在标注或延伸线与其他对象交叉处折断或恢复标注和延伸线

图 标	功 能	说 明
⊕1	公差	创建形位公差
⊕	圆心标记	创建圆和圆弧的圆心标记或中心线
☑	检验	添加或删除与选定标注关联的检验信息
∿	折弯线性	在线性或对齐标注上添加或删除折弯线，折弯线表示所标注的对象中的折断，标注值表示实际距离
✎	编辑标注	编辑标注文字和延伸线
A	编辑标注文字	尺寸标注文字可更新、旋转，重新定位尺寸线
⊢	标注更新	尺寸标注修改后，用以更新尺寸样式

11.5.2 块操作

块是由一系列图元组合而成的独立实体，该实体在图形中的功能与单一图元相同，可同时完成缩放、旋转、移动、删除等功能，指定块的任何部分都可选中块。

块可以起一个名字保存于图中。创建块后，可以根据需要随时以任意比例和方向插入图形中的指定位置。块还可单独存盘以供其他图形调用。利用块的这一性质可以制成常用构件库和标准件库。

1）块的创建

功能：根据所选定的对象来定义块。

命令打开方式

菜　单：【绘图】→【块】→【创建】

工具栏：🔧

命令行：BLOCK

命令执行后将显示如图 11-18 所示的"块定义"对话框。其中各选项含义如下。

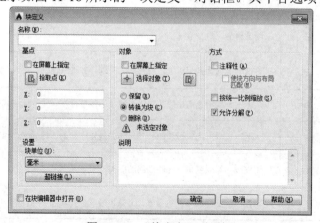

图 11-18　"块定义"对话框

① 名称：指定块的名称。块名称及块的定义保存在当前图形中。

② 基点：指定块的基点。默认值是 0，0，0。

③ 对象：指定新块中所要包含的对象，以及创建块以后是保留或删除所选定的对象，还是将它们转换成块的引用。

④ 块单位：指定把块从设计中心拖到图形中时，对块进行缩放所使用的单位。

⑤ 说明：指定与块定义相关联的文字说明。

2）块的插入

功能：将当前图形中已定义的块或磁盘上已有的图形插入到当前图形中。

命令打开方式：

菜　单：【插入】→【块】

工具栏：🔲

命令行：INSERT

在当前编辑任务期间最后插入的块成为随后的 INSERT 命令所使用的默认块。

① 名称：指定要插入的块名，或指定要作为块插入的文件名。

② 插入点：指定块的插入点。

③ 比例：指定插入块的比例。如果指定负的 X、Y 和 Z 比例因子，则插入块的镜像图像。

④ 旋转：指定插入块的旋转角度。

⑤ 分解：分解块并插入该块的各个部分。

11.6 AutoCAD 绘图举例

11.6.1 平面图形绘制

下面以图 11-19 的端盖零件为例，介绍平面绘图的步骤。采用 1 : 4 的比例进行作图。

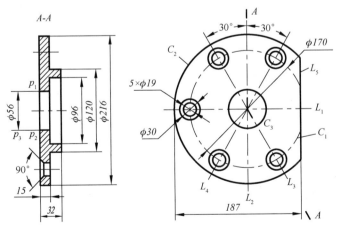

图 11-19　端盖零件图

1）设置作图环境

① 新建文件并设置图限范围。

命令：【文件】→【新建】→选择样板

② 设置层。

命令：LAYER，共设置如下层：

0 层（表示粗实线）：颜色为白色、线型为 CONTINUOUS。

1 层（表示细实线）：颜色为红色、线型为 CONTINUOUS。

2 层（表示虚线）：颜色为黄色、线型为 DASHED。

3 层（表示点画线）：颜色为绿色、线型为 CENTER。

DIM 层（表示标注尺寸细实线）：颜色为红色、线型为 CONTINUOUS。

③ 设置文字样式。

命令：【格式】→【文字样式】。选择 Times New Roman 字体，宽度比例设为 0.7。

④ 设置尺寸标注样式。

尺寸标注样式可以通过命令【标注】→【样式】来设置，也可以直接在命令行中输入如下尺寸变量值：

DIMTXT: 2.5	DIMASZ: 2.5
DIMTAD: ON	DIMZIN: 8
DIMTIH: OFF	DIMTOFL: ON
DIMLFAC: 4	DIMEXO: 0
DIMDLI: 5	DIMEXE: 2

2）设置绘图基准，画中心线

① 设置 3 层为当前层。

② 画中心线。

命令：LINE（画直线 L_1）

指定第一点：25，155

指定下一点或【放弃（U）】：@400，0

指定下一点或 【放弃（U）】：↙

命令：LINE（画直线 L_2）

指定第一点：325，35

指定下一点或 【放弃（U）】：@248<90

指定下一点或 【放弃（U）】：↙

命令：CIRCLE（画圆 C_1）

指定圆的圆心或 【三点（3P）/两点（2P）/相切、相切、半径（T）】：325，155

指定圆的半径或 【直径（D）】：170

命令：COPY（复制 L_2 得到 L_3）

选择对象：（选择 L_2）

选择对象：↙

指定基点或位移，或者 【重复（M）】：325，155

指定位移的第二点或 <用第一点作位移>：325，155

命令：ROTATE（旋转 L_3）

UCS 当前的正角方向：ANGDIR=逆时针　ANGBASE=0

选择对象：（选择 L_3）

选择对象：↙

指定基点：325，155

指定旋转角度或【参照（R）】：30

命令：MIRROR（镜像 L_3 得 L_4）

选择对象：（选择 L_3）

选择对象：↙

指定镜像线的第一点：325，155

指定镜像线的第二点：325，145

是否删除源对象？【是（Y）/否（N）】　<N>：↙

3）画左视图

① 设置 0 层为当前层。

② 画大圆 C_2 和小圆 C_3。

命令：CIRCLE

指定圆的圆心或【三点（3P）/两点（2P）/相切、相切、半径（T）】：325，155

指定圆的半径或【直径（D）】：56

命令：CIRCLE

指定圆的圆心或【三点（3P）/两点（2P）/相切、相切、半径（T）】：325，155

指定圆的半径或【直径（D）】：216

③ 在直线 L_4 与圆 C_1 交点处画沉孔圆。

命令：CIRCLE

指定圆的圆心或【三点（3P）/两点（2P）/相切、相切、半径（T）】：INT 于（L_4 与 C_1 交点）

指定圆的半径或【直径（D）】：19

命令：CIRCLE

指定圆的圆心或【三点（3P）/两点（2P）/相切、相切、半径（T）】：INT 于（L_4 与 C_1 交点）

指定圆的半径或【直径（D）】：30

④ 阵列画沉孔圆。

命令：ARRAY

选择对象：（选择两个沉孔圆）

选择对象：↙

输入阵列类型【矩形（R）/环形（P）】　<R>：P

指定阵列中心点：325，155

输入阵列中项目的数目：5

指定填充角度（+=逆时针，−=顺时针）<360>：240

是否旋转阵列中的对象？【是（Y）/否（N）】　<Y>：↙

⑤ 作等距直线 L_5 并修剪多余线条。

命令：OFFSET

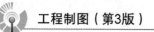

指定偏移距离或【通过（T）】<通过>：<u>79</u>

选择要偏移的对象或<退出>：（选择 L_2）

指定点以确定偏移所在一侧：（在 L_2 右侧取点）

选择要偏移的对象或<退出>：<u>↙</u>

命令：<u>TRIM</u>

当前设置：投影=UCS 边=无

选择剪切边…

选择对象：（选择 L_2 和 C_2）

选择对象：<u>↙</u>

选择要修剪的对象或【投影（P）/边（E）/放弃（U）】：（选择要修剪部分）

选择要修剪的对象或【投影（P）/边（E）/放弃（U）】：<u>↙</u>

⑥ 改变直线 L_5 的图层属性，使之变为 0 层。

4）作主视图

① 作对称外形的上半部分。

命令：<u>LINE</u>

指定第一点：<u>35，155</u>

指定下一点或【放弃（U）】：<u>@0，108</u>

指定下一点或【放弃（U）】：<u>@15，0</u>

指定下一点或【闭合（C）/放弃（U）】：<u>@0，-48</u>

指定下一点或【闭合（C）/放弃（U）】：<u>@17，0</u>

指定下一点或【闭合（C）/放弃（U）】：<u>@0，-12</u>

指定下一点或【闭合（C）/放弃（U）】：<u>@-17，0</u>

指定下一点或【闭合（C）/放弃（U）】：<u>@0，-48</u>

指定下一点或【闭合（C）/放弃（U）】：<u>↙</u>

命令：<u>LINE</u>

指定第一点：<u>67，203</u>

指定下一点或【放弃（U）】：<u>67，155</u>

指定下一点或【放弃（U）】：<u>↙</u>

② 镜像产生下半部分。

命令：<u>MIRROR</u>

选择对象：（选择上半部分）

选择对象：<u>↙</u>

指定镜像线的第一点：<u>25，155</u>

指定镜像线的第二点：<u>35，155</u>

是否删除源对象？【是（Y）/否（N）】<N>：<u>↙</u>

③ 作沉孔（先作中心线，后画沉孔）。

命令：<u>OFFSET</u>

指定偏移距离或【通过（T）】<通过>：<u>85</u>

选择要偏移的对象或<退出>：（选择 L_1）

指定点以确定偏移所在一侧：（选择 L_1 下方一点）

选择要偏移的对象或 <退出>：（选择 L_1）

指定点以确定偏移所在一侧：（选择 L_1 上方一点）

选择要偏移的对象或<退出>：↙

命令：BREAK

选择对象：（选择 L_1 及做好的两条线）

指定第二个打断点或【第一点（F）】：（在合适位置截断，保证中心线伸出图形的长度）

命令：LINE

指定第一点：35，55

指定下一点或【放弃（U）】：@5.5，5.5

指定下一点或【放弃（U）】：@0，19

指定下一点或【闭合（C）/放弃（U）】：@-5.5，5.5

指定下一点或【闭合（C）/放弃（U）】：↙

命令：LINE

指定第一点：40.5，79.5

指定下一点或【放弃（U）】：@9.5，0

指定下一点或【放弃（U）】：↙

命令：LINE

指定第一点：40.5，60.5

指定下一点或【放弃（U）】：@9.5，0

指定下一点或【放弃（U）】：↙

④ 作间隔为 5mm，角度为 45° 的剖面线。

命令：【绘图】→【图案填充】，采用用户定义图案和点选方式来选择所要填充的区域。

5）将图形缩小为 1：4

命令：SCALE

选择对象：（选择所有对象）

找到 45 个

选择对象：↙

指定基点：0，0

指定比例因子或【参照（R）】：0.25

6）标注尺寸

① 设置 DIM 层为当前层。

② 标注线性尺寸。

命令：DIMLINEAR

指定第一条尺寸界线起点或<选择对象>：INT 于（选择主视图中的点 P_1）

指定第二条尺寸界线起点：INT 于（选择主视图中的点 P_2）

【多行文字（M）/文字（T）/角度（A）/水平（H）/垂直（V）/旋转（R）】：T

输入标注文字<56>：%%C56

指定尺寸线位置或

【多行文字（M）/文字（T）/角度（A）/水平（H）/垂直（V）/旋转（R）】：（选择主视图中的点 P_3）

标注文字=56

同理，依次标注各线性尺寸。

③ 标注圆的直径。

命令：<u>DIMDIAMETER</u>

选择圆弧或圆：（选择 C_1）

标注文字=170′

指定尺寸线位置或【多行文字（M）/文字（T）/角度（A）】：（选择尺寸线位置）

同理，标注沉孔圆直径尺寸。

④ 标注角度。

命令：<u>DIMANGULAR</u>

选择圆弧、圆、直线或 <指定顶点>:（选择 L_2）

选择第二条直线：（选择 L_3）

指定标注弧线位置或【多行文字（M）/文字（T）/角度（A）】：（选择合适位置）

标注文字=30

同理，标注沉孔角度尺寸和直线 L_2 与 L_4 之间角度。

7）标注剖视图

① 设置 0 层为当前层。

② 画剖切面符号。

命令：LINE，沿 L_2 和 L_3 画直线。

命令：BREAK，在合适位置截断直线。

③ 设置 DIM 层为当前层。

命令：<u>TEXT</u>

当前文字样式：Standard　文字高度：2.5000

指定文字的起点或【对正（J）/样式（S）】：（指定一点）

指定高度<2.5000>：∠

指定文字的旋转角度<0>：∠

输入文字：A（指定另一点）

输入文字：A（指定另一点）

输入文字：A-A∠

输入文字：∠

8）存盘

以指定名称"端盖.dwg"保存图形。

菜单：【文件】→【另存为】。

11.6.2　正等轴测图绘制

已知某组合体的三视图（见图 11-20），试画出其正等轴测图。

将组合体分解为底座和竖板两个简单体，基本绘图步骤如下：

1）设置作图环境

① 新建文件并设置图限范围。

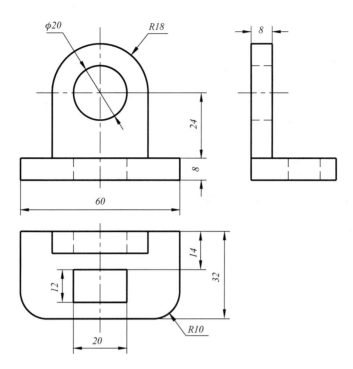

图 11-20 某组合体三视图

菜单：【文件】→【新建】→选择样板

② 设置层。

命令：LAYER，共设置如下层：

0 层（表示粗实线）：颜色为白色、线型为CONTINUOUS、线宽为0.5。

③ 设置轴测图的绘图模式。

菜单：【工具】→【绘图设置】，打开如图 11-21 所示的"草图设置"对话框，在"捕捉类型和样式"中选择"等轴测捕捉"，轴测图工作方式下的界面如图 11-22 所示。

图 11-21 "草图设置"对话框

图 11-22 轴测图工作方式的设置

工程制图（第3版）

2）绘制底座长方体轴测图

① 打开正交工作方式。单击状态栏中的"正交"按钮。

② 绘制长方体的上平面。用 F5 键变换到上等轴测平面；单击绘图工具栏中的 ✏ 图标，在绘图区域中的某一位置单击鼠标确定直线第一点，将鼠标拖到 X 轴方向并输入 60↙；然后将鼠标拖到 Y 轴方向并输入 32↙；将鼠标拖到 X 轴负方向并输入 60↙；最后拖动鼠标回到初始点单击左键。

③ 绘制长方体下平面。选择上平面，单击 ⬚ 按钮，然后沿 Z 轴方向向下复制距离为 8，删除多余线条，得到如图 11-23 所示的长方体正等轴测图。

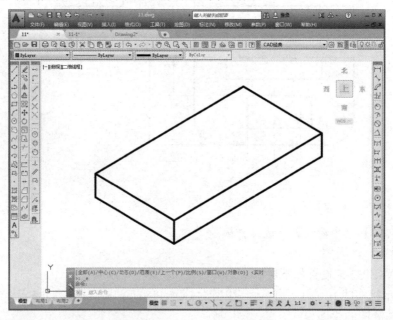

图 11-23　底座长方体正等轴测图

3）绘制底座中间方孔

① 绘制方孔上平面。将底座长方体最后一条边向沿 Y 轴方向向前复制距离为 14；再将复制好的直线沿 Y 轴方向向前复制距离为 12；将底座长方体最左一条边沿 X 轴方向向右复制距离为 20；将底座长方体最右一条边沿 X 轴方向向左复制距离为 20；然后修剪多余的线条，得到一个平行四边形。

② 绘制方孔下平面。将平行四边形沿 Z 轴方向向下复制距离为 8，得到如图 11-24 所示的轴测图。

4）绘制底座前面两圆角

① 确定圆角椭圆中心。将底座长方体最前一条边沿 Y 轴方向向后复制距离为 10；将底座长方体最左一条边 X 轴方向向右复制距离为 10；两条直线的交点即椭圆的中心。

② 绘制两圆角。单击 ⬭→I↙，然后选择步骤①的交点作为椭圆中心，按 F5 键调整好椭圆长轴的方向，输入 8↙，得到一个椭圆，然后将此椭圆分别向右复制距离为 40、向下复制距离为 8，得到另外三个椭圆。

③ 完成圆角的绘制。连接右边两个椭圆的最右侧象限点，修剪多余的线条之后，得到如图 11-25 所示的轴测图。

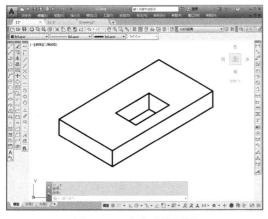 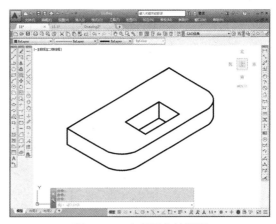

图 11-24　底座孔轴测图　　　　　　　　　　图 11-25　底座圆角轴测图

5）绘制竖板长方体

① 绘制竖板后面板。将底面长方体最后一条边沿 *X* 轴方向向右复制距离为 12；沿直线与底面长方体最后一条边的交点向上绘制长为 24 的直线；继续向右绘制长为 36 的直线；然后向下绘制到与底面长方体最后一条边相交。

② 绘制竖板前面板。将后面板沿 *Y* 轴向前复制距离为 8，连接相关线段，得到如图 11-26 所示的轴测图。

6）绘制竖板上圆头

① 绘制椭圆。单击⬭→ I↙，选择竖板最上棱线的中点作为椭圆中心，按 F5 键调整好椭圆长轴的方向，输入 18↙，得到一个椭圆，然后将此椭圆沿 *Y* 轴方向向前复制距离为 8，得到与前端相同的椭圆。

② 连接两个椭圆右上角的象限点，修剪多余的线条之后，得到如图 11-27 所示的轴测图。

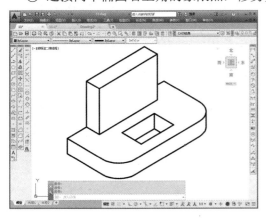 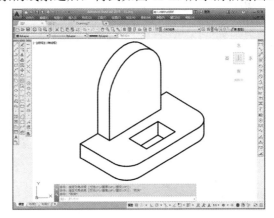

图 11-26　竖板轴测图　　　　　　　　　　图 11-27　竖板半圆柱轴测图

7）绘制竖板中的圆孔

完成组合体正等轴测图的绘制。

① 绘制椭圆。单击工具图标⬭→ I↙，选择竖板圆头椭圆的中心作为椭圆中心，按 F5 键调整好椭圆长轴的方向，输入 10↙，得到一个椭圆，然后将此椭圆沿 *Y* 轴方向向前复制距离为 8 得到一个椭圆。

② 修剪多余的线条之后，得到如图 11-28 所示的组合体为最终的轴测图。

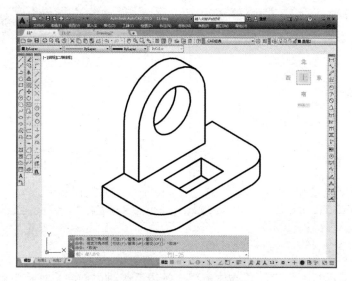

图 11-28　组合体轴测图

小　结

　　本章介绍了 2015 版本 AutoCAD 绘图软件的内容，包括 AutoCAD 基础知识、AutoCAD 二维绘图命令、AutoCAD 辅助绘图功能、AutoCAD 二维编辑修改命令及 AutoCAD 尺寸标注与块操作等内容，并通过综合实例讲解了使用 AutoCAD 绘制零件图和正等轴测图的一般过程。

附　　录

A1　普通螺纹

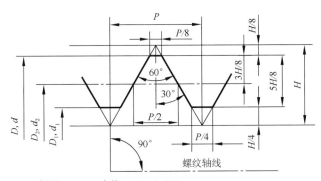

标记示例：公称直径 24 mm，螺距 1.5 mm，左旋：M24×1.5LH

表 A1-1　直径与螺距系列、基本尺寸（GB/T 193—2003，GB/T 196—2003）　　mm

公称直径 D,d		螺距		粗牙小径 D_1,d_1	公称直径 D,d		螺距 P		粗牙小径 D_1,d_1
第一系列	第二系列	粗　牙	细　牙		第一系列	第二系列	粗　牙	细　牙	
3		0.5	0.35	2.459		18	2.5	2，1.5，1，	15.294
	3.5	(0.6)		2.850	20		2.5	(0.75)，(0.5)	17.294
4		0.7	0.5	3.242		22	2.5	2，1.5，1，(0.75)，(0.5)	19.294
	4.5	(0.75)		3.688	24		3	2,1.5,1,(0.75)	20.752
5		0.8		4.134		27	3	2,1.5,1,(0.75)	23.752

续表

公称直径 D,d		螺距 P		粗牙小径 D_1,d_1	公称直径 D,d		螺距 P		粗牙小径 D_1,d_1
第一系列	第二系列	粗 牙	细 牙		第一系列	第二系列	粗 牙	细 牙	
6		1	0.75，（0.5）	4.917	30		3.5	（3），2，1.5，1，（0.75）	26.211
8		1.25	1，0.75，（0.5）	6.647		33	3.5	（3），2，1.5，（1），（0.75）	29.211
10		1.5	1.25，1，0.75，（0.5）	8.376	36		4	3，2，1.5，（1）	31.670
12		1.75	1.5，1.25，1，（0.75），（0.5）	10.106		39	4		34.670
	14	2	1.5，（1.25），1，（0.75），（0.5）	11.835	42		4.5	（4），3，2，1.5，（1）	37.129
						45	4.5		40.129
					48		5		42.587
						52	5		46.587
16		2	1.5，1，（0.75），（0.5）	13.835	56		5.5	4，3，2，1.5，（1）	50.046

注：① 优先选用第一系列，括号内尺寸尽可能不用。第三系列未列入。

② 中径 D2，d2 未列入。

A2 梯形螺纹

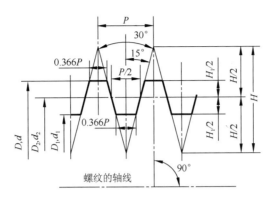

标记示例：公称直径 40mm，螺距 7mm，右旋：Tr40×7

表 A2-1 直径与螺距系列、基本尺寸（GB/T 5796.2—2005，GB/T 5796.3—2005）   mm

公称直径 d		螺距 P	中径 $d_2=D_2$	大径 D_4	小 径		公称直径 d		螺距 P	中径 $d_2=D_2$	大径 D_4	小 径	
第一系列	第二系列				d_3	D_1	第一系列	第二系列				d_3	D_1
8		1.5	7.25	8.30	6.20	6.50		26	3	24.50	26.50	22.50	23.00
	9	1.5	8.25	9.30	7.20	7.50			5	23.50	26.50	20.50	21.00
		2	8.00	9.50	6.50	7.00			8	22.00	27.00	17.00	18.00
10		1.5	9.25	10.30	8.20	8.50	28		3	26.50	28.50	24.50	25.00
		2	9.00	10.50	7.50	8.00			5	25.50	28.50	22.50	23.00
	11	2	10.00	11.50	8.50	9.00			8	24.00	29.00	19.00	20.00
		3	9.50	11.50	7.50	8.00		30	3	28.50	30.50	26.50	27.00
12		2	11.00	12.50	9.50	10.00			6	27.00	31.00	23.00	24.00
		3	10.50	12.50	8.50	9.00			10	25.00	31.00	19.00	20.00
	14	2	13.00	14.50	11.50	12.00	32		3	30.50	32.50	28.50	27.00
		3	12.50	14.50	10.50	11.00			6	29.00	33.00	25.00	26.00
16		2	15.00	16.50	13.50	14.00			10	27.00	33.00	21.00	22.00
		4	14.00	16.50	11.50	12.00		34	3	32.50	34.50	30.50	31.00
	18	2	17.00	18.50	15.50	16.00			6	31.00	35.00	27.00	28.00
		4	16.00	18.50	13.50	14.00			10	29.00	35.00	23.00	24.00
20		2	19.00	20.50	17.50	18.00	36		3	34.50	36.50	32.50	33.00
		4	18.00	20.50	15.50	16.00			6	33.00	37.00	29.00	30.00
	22	3	20.50	22.50	18.50	19.00			10	31.00	37.00	25.00	26.00
		5	19.50	22.50	16.50	17.00		38	3	36.50	38.50	34.50	35.00
		8	18.00	23.00	13.00	14.00			7	34.50	39.00	30.00	31.00
24		3	22.50	24.50	20.50	21.00			10	33.00	39.00	27.00	28.00
		5	21.50	24.50	18.50	19.00	40		3	38.50	40.50	36.50	37.00
		8	20.00	25.00	15.00	16.00			7	36.50	41.00	32.00	33.00
									10	35.00	41.00	29.00	30.00

A3 锯齿形螺纹

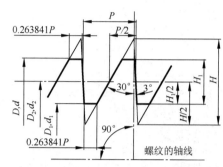

标记示例：公称直径 40 mm，螺距 7 mm，左旋：B40×7LH

表 A3-1 锯齿形螺纹基本尺寸（GB/T 13576.3—1992） mm

公称直径 d		螺距	中径	小 径		公称直径 d		螺距	中 径	小 径	
第一系列	第二系列	P	$D_2=d_2$	d_3	D_1	第一系列	第二系列	P	$D_2=d_2$	d_3	D_1
10		2	8.500	6.529	7.000			3	31.750	28.793	29.500
12		2	10.500	8.529	9.000		34	6	29.500	23.587	25.000
		3	9.750	6.793	7.500			10	26.500	16.645	19.000
	14	2	12.500	10.529	11.000			3	33.750	30.793	31.500
		3	11.750	8.793	9.500	36		6	31.500	25.587	27.000
16		2	14.500	12.529	13.000			10	28.500	18.645	21.000
		4	13.000	9.058	10.000			3	35.750	32.793	33.500
	18	2	16.500	14.529	15.000		38	7	32.750	25.851	27.500
		4	15.000	11.058	12.000			10	30.500	20.645	23.000
20		2	18.500	16.529	17.000			3	37.750	34.793	35.500
		4	17.000	13.058	14.000	40		7	34.750	27.851	29.500
	22	3	19.750	16.793	17.500			10	32.500	22.645	25.000
		5	18.250	13.322	14.500			3	39.750	36.793	37.500
		8	16.000	8.116	10.000		42	7	36.750	29.851	31.500
24		3	21.750	18.793	19.500			10	34.500	24.645	27.000
		5	20.250	15.322	16.500			3	41.750	38.793	39.500
		8	18.000	10.116	12.000	44		7	38.750	31.851	33.500
	26	3	23.750	20.793	21.500			12	35.000	23.174	26.000
		5	22.250	17.322	18.500			3	43.750	40.793	41.500
		8	20.000	12.116	14.000		46	8	40.000	32.116	34.000
28		3	25.750	22.793	23.500			12	37.000	25.174	28.000
		5	24.250	19.322	20.500			3	45.750	42.793	43.500
		8	22.000	14.116	16.000	48		8	42.000	34.116	36.000
	30	3	27.750	24.793	25.500			12	39.000	27.174	30.000
		6	25.500	19.578	21.000			3	47.750	44.793	45.500
		10	22.500	12.645	15.000		50	8	44.000	36.116	38.000
								12	41.000	29.174	32.000

A4 非螺纹密封的管螺纹

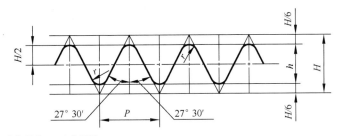

标记示例：管子尺寸代号为 3/4 左旋螺纹：G 3/4—LH

表 A4-1 非螺纹密封的管螺纹基本尺寸（GB/T 7307—2001）　　　　　mm

尺寸代号	每 25.4mm 内的牙数 n	螺距 P	基本直径	
			大径 D, d	小径 D_1, d_1
$\frac{1}{8}$	28	0.907	9.728	8.566
$\frac{1}{4}$	19	1.337	13.157	11.445
$\frac{3}{8}$	19	1.337	16.662	14.950
$\frac{1}{2}$	14	1.814	20.955	18.631
$\frac{5}{8}$	14	1.814	22.911	20.587
$\frac{3}{4}$	14	1.814	26.441	24.117
$\frac{7}{8}$	14	1.814	30.201	27.877
1	11	2.309	33.249	30.291
$1\frac{1}{8}$	11	2.309	37.897	34.939
$1\frac{1}{4}$	11	2.309	41.910	38.952
$1\frac{1}{2}$	11	2.309	47.803	44.845
$1\frac{3}{4}$	11	2.309	53.746	50.788
2	11	2.309	59.614	56.656
$2\frac{1}{4}$	11	2.309	65.710	62.752
$2\frac{1}{2}$	11	2.309	75.184	72.226
$2\frac{3}{4}$	11	2.309	81.534	78.576
3	11	2.309	87.884	84.926

A5　螺栓

表A5-1　六角头螺栓—A和B级（GB/T5782—2000），六角头螺栓—全螺纹—A和B级（GB/T 5783—2000），六角头螺栓—细牙—A和B级 GB/T 5785—2000，六角头螺栓—细牙—全螺纹—A和B级 GB/T 5786—2000

mm

标记示例：螺纹规格 d=M12，公称长度 l=80mm，性能等级 8.8级，表面氧化，A级的六角头螺栓　螺栓 GB/T 5782—2000　M12×80

螺纹规格 d	M3	M4	M5	M6	M8	M10	M12	(M14)	M16	(M18)	M20	(M22)	M24	(M27)	M30	M36	M42	M48	M56	M64
d×p (GB 5785, GB 5786)	—	—	—	—	M8×1	M10×1	M12×1.5	(M14×1.5)	M16×1.5	(M18×1.5)	M20×2	(M22×2)	M24×2	(M27×2)	M30×2	M36×3	M42×3	M48×3	M56×4	M64×4
s	5.5	7	8	10	13	16	18	21	24	27	30	34	36	40	46	55	65	75	85	95
k	2	2.8	3.5	4	5.3	6.4	7.5	8.8	10	11.5	12.5	14	15	17	18.7	22.5	26	30	35	40
e	6.1	7.7	8.8	11.1	14.4	17.9	20	23.4	26.8	30	33.5	37.1	40	45.2	50.9	60.8	72	82.6	93.6	104.9
r	0.1	0.2	—	0.25	0.4	—	—	—	0.6	—	0.8	1	0.8	—	1	—	1.2	1.6	—	2
b　l≤125	12	14	16	18	22	26	30	34	38	42	46	50	54	60	66	78				
b　125<l≤200	—	—	—	—	28	32	36	40	44	48	52	56	60	66	72	84	96	108	124	140
b　l>200	—	—	—	—	—	—	—	53	57	61	65	69	73	79	85	97	109	121	137	153
l 范围	20~30	25~40	25~50	30~60	35~80	40~100	45~120	60~140	55~160	60~180	65~200	70~220	80~240	90~260	90~300	110~360	130~400	140~400	160~400	200~400
l 范围（全螺纹）	6~30	8~40	10~50	12~60	16~80	20~100	25~100	30~140	35~100	35~180	40~100	45~200	40~100	55~200	40~100	40~100	80~500	100~500	110~500	120~500

L系列：6, 8, 10, 12, 16, 20, 25, 30, 35, 40, 45, 50, (55), 60, (65), 70, 80, 90, 100, 110, 120, 130, 140, 150, 160, 180, 200, 220, 240, 260, 280, 300, 320, 340, 360, 380, 400, 420, 440, 460, 480, 500

注：1.A级用于d≤24和l≤10d或≤150mm的螺栓；B级用于d>24和l>10d或>150mm的螺栓。2.M3~M36为商品规格，M42~M64为通用规格，尽量不采用的规格还有M33，M45，M52和M60。3.在GB/5785—2000，GB/T 5786—2000中，还有（M10×1，（M12×1.25），（M20×1.5），对应于M10×1，M12×1.5，M20×2

A6　双头螺柱

表 A6-1　双头螺柱（GB/T 897～900—1988）　　　　　　　　　mm

GB/T 897—1988(b_m=1d)　　GB/T 898—1988（b_m=1.25d）　　GB/T 899—1988（b_m=1.5d）　　GB/T 900—1988（b_m=2d）

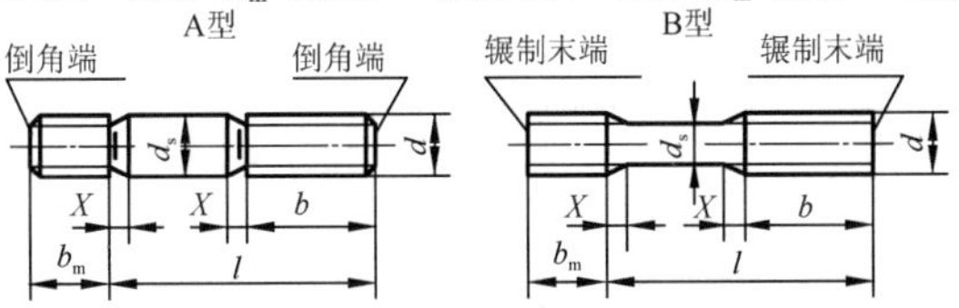

A型　　　　　　　　　　　　　　　　　　　B型
倒角端　　　d_s　　倒角端　　　辗制末端　　　辗制末端
X　　X　　b　　　X　　X　　b
b_m　　　l　　　　　b_m　　　l

标记示例：

两端均为粗牙普通螺纹、d=10、l=50、性能等级为4.8级、B型、b_m=ld的双头螺柱：螺柱 GB/T 897 M10×50

旋入机体一端为粗牙普通螺纹、旋螺母一端为螺距 p=1mm 的细牙普通螺纹、d=10、l=50、性能等级为4.8级、A型、b_m=1d 的双头螺柱：螺柱 GB/T 897 AM10—M10×1×50

螺纹规格 d		M2	M2.5	M5	M6	M8	M10	M12	M16	M20	M24	M30	M36	M42	M48	
b_m	GB 897	—	—	5	6	8	10	12	16	20	24	30	36	42	48	
	GB 898	—	—	6	8	10	12	15	20	25	30	38	45	52	60	
	GB 899	3	3.5	8	10	12	15	18	24	30	36	45	54	63	72	
	GB 900	4	5	10	12	16	20	24	32	40	48	60	72	84	96	

l	M2	M2.5	M5	M6	M8	M10	M12	M16	M20	M24	M30	M36	M42	M48	l
12															140
(14)	6						36								150
16		8													160
(18)			10					44	52	60	72	84	96	108	170
20	10			10	12										180
(22)															190
25		11													200
(28)				14	16	14	16								210
30															220
(32)								20			85				230
35			16		16		20					97	109	121	240
(38)								25							250
40															260
45				18			30		30						280
50															300
(55)					22			35							
60										45	40				
(65)															
70											45	50			
(75)					26										
80						30					50				
(85)							38	46							
90												60	70	60	
(95)									54						
100											66			80	
110												78	90	102	
120															
130						32									

注：1. 左边的 l 系列查左边两粗黑线之间的 b 值，右边的 l 系列查右边的粗黑线上的 b 值。2. b_m=d，一般用于钢对钢，b_m=(1.25～1.5)d，一般用于钢对铸铁；b_m=2d 一般用于钢对铝合金。3. 末端按 GB/T 2 规定。

A7 螺钉

表 A7-1 开槽圆柱头螺钉（GB/T 65—2000）、开槽盘头螺钉（GB/T 67—2000）、

开槽沉头螺钉（GB/T 68—2000）、开槽半沉头螺钉（GB/T 69—2000） mm

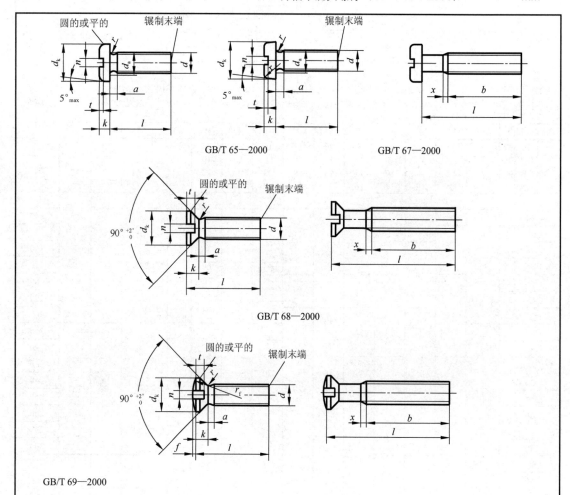

GB/T 69—2000

无螺纹部分杆径≈中径或=螺纹大径

标记示例：

螺纹规格 d=M5、公称长度 l=20mm、性能等级为 4.8 级、不经表面处理的开槽圆柱头螺钉：

螺钉　GB/T 65—2000　M5×20

螺纹规格 d=M5、公称长度 l=20mm、性能等级为 4.8 级、不经表面处理的开槽盘头螺钉：

螺钉　GB/T 67—2000　M5×20

螺纹规格 d=M5、公称长度 l=20mm、性能等级为 4.8 级、不经表面处理的开槽沉头螺钉：

螺钉　GB/T 68—2000　M5×20

螺纹规格 d=M5、公称长度 l=20mm、性能等级为 4.8 级、不经表面处理的开槽半沉头螺钉：

螺钉　GB/T 69—2000　M5×20

续表

螺纹规格 d		M1.6	M2	M2.5	M3	M4	M5	M6	M8	M10
P		0.35	0.4	0.45	0.5	0.7	0.8	1	1.25	1.5
a max		0.7	0.8	0.9	1	1.4	1.6	2	2.5	3
b min		25				38				
n 公称		0.4	0.5	0.6	0.8	1.2		1.6	2	2.5
d_a max		2.1	2.6	3.1	3.6	4.7	5.7	6.8	9.2	11.2
x max		0.9	1	1.1	1.25	1.75	2	2.5	3.2	3.8
GB/T 65—2000	d_k max					7	8.5	10	13	16
	k max					2.6	3.3	3.9	5	6
	t min					1.1	1.3	1.6	2	2.4
	r min					0.2		0.25	0.4	
	l 范围公称					5～40	6～50	8～60	10～80	12～80
	全螺纹时最大长度					40				
GB/T 67—2000	d_k max	3.2	4	5	5.6	8	9.5	12	16	20
	k max	1	1.3	1.5	1.8	2.4	3	3.6	4.8	6
	t min	0.35	0.5	0.6	0.7	1	1.2	1.4	1.9	2.4
	r min	0.1				0.2		0.25	0.4	
	r_f 参考	0.5	0.6	0.8	0.9	1.2	1.5	1.8	2.4	3
	l 范围公称	2～16	2.5～20	3～25	4～30	5～40	6～50	8～60	10～80	12～80
	全螺纹时最大长度	30				40				
GB/T 68—2000 GB/T 69—2000	d_k max	3	3.8	4.7	5.5	8.4	9.3	11.3	15.8	18.3
	k max	1	1.2	1.5	1.65	2.7	2.7	3.3	4.65	5
	t min GB/T 68—2000	0.32	0.4	0.5	0.6	1	1.1	1.2	1.8	2
	t min GB/T 69—2000	0.64	0.8	1	1.2	1.6	2	2.4	3.2	3.8
	r max	0.4	0.5	0.6	0.8	1	1.3	1.5	2	2.5
	r_f	3	4	5	6	9.5	9.5	12	16.5	19.5
	f	0.4	0.5	0.6	0.7	1	1.2	1.4	2	2.3
	l 范围公称	2.5～16	3～20	4～25	5～30	6～40	8～50	8～60	10～80	12～80
	全螺纹时最大长度	30				45				

l 系列 公称	2、2.5、3、4、5、6、8、10、12、(14)、16、20、25、30、35、40、45、50、(55)、60、(65)、70、(75)、80

		M1.6	M2	M2.5	M3	M4	M5	M6	M8	M10
GB/T 65—2000	100mm 长质量/kg≈	—	—	—	—	0.0085	0.0137	0.020	0.0372	0.0595
GB/T 67—2000		0.00126	0.00203	0.00323	0.00475	0.0087	0.0141	0.0208	0.040	0.065
GB/T 68—2000 GB/T 69—2000		0.00124	0.00198	0.00315	0.00463	0.00854	0.0135	0.0195	0.037	0.0578

技 术 条 件	材 料	螺纹公差	性能等级	公差产品等级	表面处理
	钢	6g	4.8、5.8	A	不经处理 镀锌钝化
	不锈钢		A2-70、A2-50		不经处理

注：1. b 不包括螺尾。

2. 本表所列规格均为商品规格。

3. 括号内规格尽可能不采用。

表 A7-2　开槽锥端紧定螺钉（GB/T 71—1985）、开槽平端紧定螺钉（GB/T 73—1985）、

开槽凹端紧定螺钉（GB/T 74—1985）、开槽长圆柱端紧定螺钉（GB/T 75—1985）　　mm

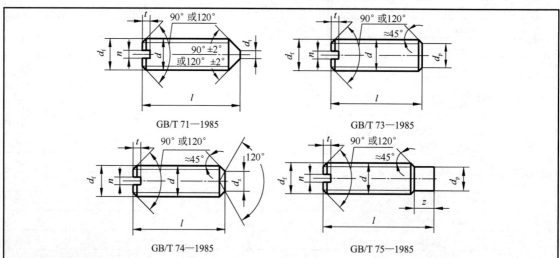

GB/T 71—1985　　　　　　　　　　　　GB/T 73—1985

GB/T 74—1985　　　　　　　　　　　　GB/T 75—1985

标记示例：

螺纹规格 d=M5、公称长度 l=12mm、性能等级为 14H 级、表面氧化的开槽锥端紧定螺钉、开槽平端紧定螺钉、开槽凹端紧定螺钉和开槽长圆柱端紧定螺钉：

螺钉　GB/T 71—1985　M5×12　　螺钉 GB/T 73—1985　M5×12

螺钉　GB/T 74—1985　M5×12　　螺钉 GB/T 75—1985　M5×12

螺纹规格 d		M1.2	M1.6	M2	M2.5	M3	M4	M5	M6	M8	M10	M12
P（螺距）		0.25	0.35	0.4	0.45	0.5	0.7	0.8	1	1.25	1.5	1.75
d_f max		螺　纹　小　径										
d_p max		0.6	0.8	1	1.5	2	2.5	3.5	4	5.5	7	8.5
n 公称		0.2	0.25	0.25	0.4	0.4	0.6	0.8	1	1.2	1.6	2
t max		0.52	0.74	0.84	0.95	1.05	1.42	1.63	2	2.5	3	3.6
d_t max		0.12	0.16	0.2	0.25	0.3	0.4	0.5	1.5	2	2.5	3
z max		—	1.05	1.25	1.5	1.75	2.25	2.75	3.25	4.3	5.3	6.3
d_z max		—	0.8	1	1.2	1.4	2	2.5	3	5	6	8
l 范围	GB/T 71—1985	2～6	2～8	3～10	3～12	4～16	6～20	8～25	8～30	10～40	12～50	14～60
	GB/T 73—1985	2～6	2～8	2～10	2.5～12	3～16	4～20	5～25	6～30	8～40	10～50	12～60
	GB/T 74—1985	—	2～8	2.5～10	3～12	3～16	4～20	5～25	6～30	8～40	10～50	12～60
	GB/T 75—1985	—	2.5～8	3～10	4～12	5～16	6～20	8～25	8～30	10～40	12～50	14～60
公称长度 l≤ 表内值时制 成 120°，l> 表内值制成 90°	GB/T 71—1985	2	2.5			3		4	5	6	8	10	12
	GB/T 73—1985	—	2	2.5		3		4	5	6		8	10
	GB/T 74—1985	—	2	2.5	3	4	5		6	8	10	12
	GB/T 75—1985	—	2.5	3	4	5	6	8	10	14	16	20
l 系列公称		2，2.5，3，4，5，6，8，10，12，（14），16，20，25，30，35，40，45，50，（55），60										
100mm 长质量/kg≈		—	0.00115	0.00185	0.00298	0.00438	0.00766	0.01224	0.0174	0.031	0.0489	0.0709
技术条件	材　　料	钢			不锈钢			螺纹公差：6g		公差产品等级：A		
	性能等级	14H，12H			A1-50							
	表面处理	氧化；镀锌钝化			不经处理							

注：1. 本表所列规格均为商品规格。

　　2. 尽可能不采用括号内规格。

A8　螺母

表 A8-1　1 型六角螺母—A 和 B 级（GB/T 6170—2000）、

1 型六角螺母—细牙—A 和 B 级（GB/T 6171—2000）　　　　　　　mm

标记示例：螺纹规格 D=M12、性能等级为 10 级、不经表面处理、A 级的 1 型六角螺母：GB/T 6170—2000　M12

螺纹规格	D	M1.6	M2	M2.5	M3	M4	M5	M6	M8	M10	M12	(M14)	M16	(M18)	M20
	$D×P$								M8×1	M10×1	M12×1.5	(M14×1.5)	M16×1.5	(M18×1.5)	M20×2
C max		0.2	0.2	0.3	0.4	0.4	0.5	0.5	0.6	0.6	0.6	0.6	0.8	0.8	0.8
d_a min		1.6	2	2.5	3	4	5	6	8	10	12	14	16	18	20
d_W min		2.4	3.1	4.1	4.6	5.9	6.9	8.9	11.6	14.6	16.6	19.6	22.5	24.8	27.7
e min		3.41	4.32	5.45	6.01	7.66	8.79	11.05	14.38	17.77	20.03	23.35	26.75	29.56	32.95
m max		1.3	1.6	2	2.4	3.2	4.7	5.2	6.8	8.4	10.8	12.8	14.8	15.8	18
s max		3.2	4	5	5.5	7	8	10	13	16	18	21	24	27	30
1000 个钢螺母质量/kg≈		0.08	0.12	0.22	0.39	0.84	1.24	2.32	5.67	10.99	16.32	25.28	34.12	44.19	61.9

技术条件	材料			钢			
	性能等级	GB/T 6170—2000		D<3：6；D≥3～39：6、8、10；D>39、按协议			
		GB/T 6171—2000		D≤39：6、8、10；D>39 按协议、			
	表面处理			①不经处理、　　②镀锌钝化			

螺纹规格	D	(M22)	M24	(M27)	M30	(M33)	M36	(M39)	M42	(M45)	M48	(M52)	M56	(M60)	M64
	$D×P$	(M22×1.5)	M24×2	(M27×2)	M30×2	(M33×2)	M36×3	(M39×3)	M42×3	(M45×3)	M48×3	(M52×4)	M56×4	(M60×4)	M64×4
C max		0.8	0.8	0.8	0.8	0.8	0.8	0.8	1	1	1	1	1	1.2	1.2
d_a min		22	24	27	30	33	36	39	42	45	48	52	56	60	64
d_W min		31.4	33.2	38	42.7	46.6	51.1	55.9	60.6	64.7	69.4	74.2	78.7	83.4	88.2
e min		37.29	39.55	45.2	50.85	55.37	60.79	66.44	72.02	76.95	82.6	88.25	93.56	99.21	104.86
m max		19.4	21.5	23.8	25.6	28.7	31	33.4	34	36	38	42	45	48	51
s max		34	36	41	46	50	55	60	65	70	75	80	85	90	95
1000 个钢螺母质量/kg≈		75.94	111.9	168	234.2	281.57	370.6	478.9	598.6	693.9	957.3	1053	1420	1466.6	1912

技术条件	不锈钢		螺纹公差：6H	A 用于 D≤16
	D≤20：A2-70；20<D≤39：A2-50；D>39：按协议			公差产品等级
	不经处理			B 用于 D>16

注：1. 括号内规格为尽量不采用规格，M42、M48、M56、M64 为通用规格，其他均为商品规格。

　　2. P 为螺距。

A9 垫圈

表 A9-1　小垫圈 A 级（GB/T 848—2002）、平垫圈 A 级（GB/T 97.1—2002）

平垫圈倒角型 A 级（GB/T 97.2—2002）　　　　　　　　　　　　mm

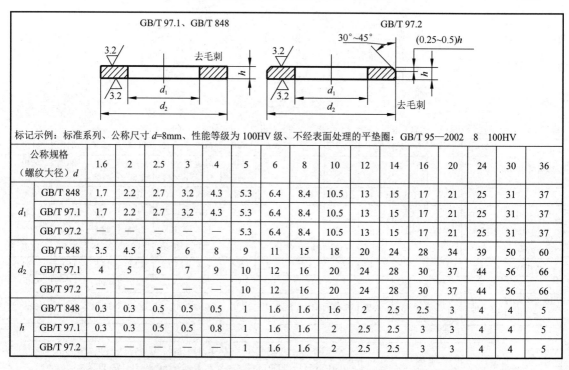

标记示例：标准系列、公称尺寸 *d*=8mm、性能等级为 100HV 级、不经表面处理的平垫圈：GB/T 95—2002　8　100HV

公称规格（螺纹大径）d		1.6	2	2.5	3	4	5	6	8	10	12	14	16	20	24	30	36
d_1	GB/T 848	1.7	2.2	2.7	3.2	4.3	5.3	6.4	8.4	10.5	13	15	17	21	25	31	37
	GB/T 97.1	1.7	2.2	2.7	3.2	4.3	5.3	6.4	8.4	10.5	13	15	17	21	25	31	37
	GB/T 97.2	—	—	—	—	—	5.3	6.4	8.4	10.5	13	15	17	21	25	31	37
d_2	GB/T 848	3.5	4.5	5	6	8	9	11	15	18	20	24	28	34	39	50	60
	GB/T 97.1	4	5	6	7	9	10	12	16	20	24	28	30	37	44	56	66
	GB/T 97.2	—	—	—	—	—	10	12	16	20	24	28	30	37	44	56	66
h	GB/T 848	0.3	0.3	0.5	0.5	0.5	1	1.6	1.6	1.6	2	2.5	2.5	3	4	4	5
	GB/T 97.1	0.3	0.3	0.5	0.5	0.8	1	1.6	1.6	2	2.5	2.5	3	3	4	4	5
	GB/T 97.2	—	—	—	—	—	1	1.6	1.6	2	2.5	2.5	3	3	4	4	5

表 A9-2　标准型弹簧垫圈（GB/T 93—1987）、轻型弹簧垫圈（GB/T 859—1987）

mm

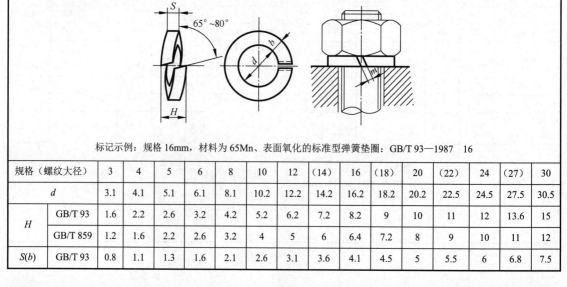

标记示例：规格 16mm，材料为 65Mn、表面氧化的标准型弹簧垫圈：GB/T 93—1987　16

规格（螺纹大径）		3	4	5	6	8	10	12	(14)	16	(18)	20	(22)	24	(27)	30
d		3.1	4.1	5.1	6.1	8.1	10.2	12.2	14.2	16.2	18.2	20.2	22.5	24.5	27.5	30.5
H	GB/T 93	1.6	2.2	2.6	3.2	4.2	5.2	6.2	7.2	8.2	9	10	11	12	13.6	15
	GB/T 859	1.2	1.6	2.2	2.6	3.2	4	5	6	6.4	7.2	8	9	10	11	12
$S(b)$	GB/T 93	0.8	1.1	1.3	1.6	2.1	2.6	3.1	3.6	4.1	4.5	5	5.5	6	6.8	7.5

续表

规格（螺纹大径）		3	4	5	6	8	10	12	(14)	16	(18)	20	(22)	24	(27)	30
S	GB/T 859	0.6	0.8	1.1	1.3	1.6	2	2.5	3	3.2	3.6	4	4.5	5	5.5	6
$m \leqslant$	GB/T 93	0.4	0.55	0.65	0.8	1.05	1.3	1.55	1.8	2.05	2.25	2.5	2.75	3	3.4	3.75
	GB/T 859	0.3	0.4	0.55	0.65	0.8	1	1.25	1.5	1.6	1.8	2	2.25	2.5	2.75	3
b	GB/T 859	1	1.2	1.5	2	2.5	3	3.5	4	4.5	5	5.5	6	7	8	9

附录 B 键连接和销连接

B1 普通平键

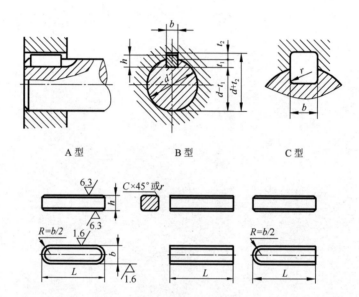

A 型　　　　　　　B 型　　　　　　　C 型

标记示例：b=16mm，h=10mm，L=100mm，普通 A 型平键，标记为：GB/T 1096 键 16×10×100

表 B1-1 普通平键键槽尺寸与公差（GB/T 1095—2003）　　　　　　　mm

轴的公称直径 d（大于）	键尺寸 $b×h$	键 槽										
		宽 度 b						深 度				半径 r	
		基本尺寸	极 限 偏 差					轴 t_1		毂 t_2			
			正 常 连 接		紧 密 连 接	松 连 接		基本尺寸	极限偏差	基本尺寸	极限偏差	最小	最大
			轴 N9	毂 JS9	轴和毂 P9	轴 H9	毂 D10						
6～8	2×2	2	-0.004	±0.0125	-0.006	+0.025	+0.060	1.2	+0.1	1.0	+0.1	0.08	0.16
8～10	2×2	3	-0.029		-0.031	0	+0.020	1.8		1.4			
10～12	4×4	4	0	±0.015	-0.012	+0.030	+0.078	2.5	0	1.8	0	0.16	0.25
12～17	5×5	5	-0.030		-0.042	0	+0.030	3.0		2.3			
17～22	6×6	6						3.5		2.8			
22～30	8×7	8	0	±0.018	-0.015	+0.036	+0.098	4.0		3.3			
30～38	10×8	10	-0.036		-0.051	0	+0.040	5.0		3.3			
38～44	12×8	12						5.0	+0.2	3.3	+0.2	0.25	0.40
44～50	14×9	14	0	±0.0215	-0.018	+0.043	+0.120	5.5	0	3.8	0		
50～58	16×10	16	-0.043		-0.061	0	+0.050	6.0		4.3			
58～65	18×11	18						7.0		4.4			

续表

轴的公称直径d(大于)	键尺寸 b×h	键槽											
		宽 度 b						深 度				半径 r	
		基本尺寸	极 限 偏 差					轴 t_1		毂 t_2			
			正 常 连 接		紧 密 连 接	松 连 接		基本尺寸	极限偏差	基本尺寸	极限偏差	最小	最大
			轴 N9	毂 JS9	轴和毂 P9	轴 H9	毂 D10						
65～75	20×12	20	0 -0.052	±0.026	-0.022 -0.074	+0.052 0	+0.149 +0.065	7.5		4.9		0.40	0.60
75～85	22×14	22						9.0		5.4			
85～95	25×14	25						9.0		5.4			
95～110	28×16	28						10.0		6.4			
110～130	32×18	32	0 -0.062	±0.031	-0.026 -0.088	+0.062 0	+0.180 +0.080	11.0	+0.3 0	7.4	+0.3 0	0.70	1.00
130～150	36×20	36						12.0		8.4			
150～170	40×22	40						13.0		9.4			
170～200	45×25	45						15.0		10.4			
200～230	50×28	50						17.0		11.4			
230～260	56×32	56	0 -0.074	±0.037	-0.032 -0.106	+0.074 0	+0.220 +0.100	20.0	+0.30 0	12.4	+0.30 0	1.20	1.60
260～290	63×32	63						20.0		12.4			
290～330	70×36	70						22.0		14.4			
330～380	80×40	80						25.0		15.4			
380～440	90×45	90	0 -0.087	±0.0435	-0.037 -0.124	+0.087 0	+0.260 +0.120	28.0		17.4		2.00	2.50
440～500	100×50	100						30.0		19.4			

注：1. 导向平键的轴槽与轮毂槽用较松键连接的公差。

2. 除轴伸外，在保证传递所需扭矩条件下，允许用较小截面的键，但 t_1 和 t_2 的数值必要时应重新计算，使键侧与轮毂槽接触高度各为 $h/2$。

3. 平键轴槽长度公差用 H14。

4. 键槽的对称度公差，为便于装配，轴槽及轮毂槽对轴及轮毂轴心的对称度公差根据不同要求，一般可按 GB/T1184—1996 中附表对称度公差7～9级选取。键槽（轴槽及轮毂槽）的对称度公差的公称尺寸是指键宽 b。

5. 表中（$d-t_1$）和（$d+t_2$）两组组合尺寸的极限偏差按相应的 t_1 和 t_2 的极限偏差选取，但（$d-t_1$）的极限偏差值应取负号。

6. 表中"轴的公称直径 d"是沿用旧标准（1979 年）的数据，仅供设计者初选时参考，然后根据工况验算确定键的规格

B2　圆柱销——不淬硬钢和奥氏体不锈钢

表 B2-1　圆柱销（GB/T 119.1—2000）　　　　　　　mm

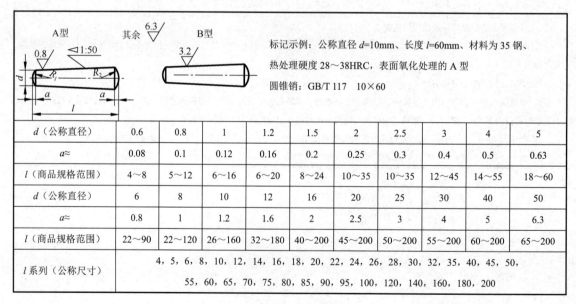

标记示例：

公称直径 d=6mm、长度 l=30mm、公差为 m6、材料为钢、不经淬火、不经表面处理的圆柱销：GB/T 119.1　6m6×30

公称直径 d（m6/h8）	0.6	0.8	1	1.2	1.5	2	2.5	3	4	5
$c\approx$	0.12	0.16	0.20	0.25	0.30	0.35	0.40	0.50	0.63	0.80
l（商品规格范围）	2～6	2～8	4～10	4～12	4～16	6～20	6～24	8～30	8～40	10～50
公称直径 d（m6/h8）	6	8	10	12	16	20	25	30	40	50
$c\approx$	1.2	1.6	2.0	2.5	3.0	3.5	4.0	5.0	6.3	8.0
l（商品规格范围）	12～60	14～80	18～95	22～140	26～180	35～200	50～200	60～200	80～200	95～200
l系列	2，3，4，5，6，8，10，12，14，16，18，20，22，24，26，28，30，32，35，40，45，50，55，60，65，70，75，80，85，90，95，100，120，140，160，180，200									

B3　圆锥销

表 B3-1　圆锥销（摘自 GB/T 117—2000）　　　　　　　mm

标记示例：公称直径 d=10mm、长度 l=60mm、材料为 35 钢、热处理硬度 28～38HRC，表面氧化处理的 A 型

圆锥销：GB/T 117　10×60

d（公称直径）	0.6	0.8	1	1.2	1.5	2	2.5	3	4	5
$a\approx$	0.08	0.1	0.12	0.16	0.2	0.25	0.3	0.4	0.5	0.63
l（商品规格范围）	4～8	5～12	6～16	6～20	8～24	10～35	10～35	12～45	14～55	18～60
d（公称直径）	6	8	10	12	16	20	25	30	40	50
$a\approx$	0.8	1	1.2	1.6	2	2.5	3	4	5	6.3
l（商品规格范围）	22～90	22～120	26～160	32～180	40～200	45～200	50～200	55～200	60～200	65～200
l系列（公称尺寸）	4，5，6，8，10，12，14，16，18，20，22，24，26，28，30，32，35，40，45，50，55，60，65，70，75，80，85，90，95，100，120，140，160，180，200									

B4 开口销

表 B4-1　开口销（GB/T 91—2000）　　　　　　　　　　mm

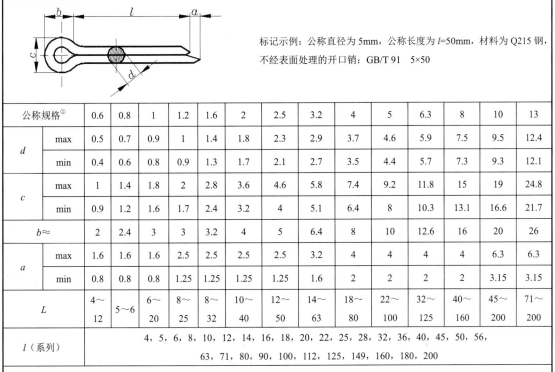

标记示例：公称直径为 5mm，公称长度为 *l*=50mm，材料为 Q215 钢，不经表面处理的开口销：GB/T 91　5×50

公称规格①		0.6	0.8	1	1.2	1.6	2	2.5	3.2	4	5	6.3	8	10	13
d	max	0.5	0.7	0.9	1	1.4	1.8	2.3	2.9	3.7	4.6	5.9	7.5	9.5	12.4
	min	0.4	0.6	0.8	0.9	1.3	1.7	2.1	2.7	3.5	4.4	5.7	7.3	9.3	12.1
c	max	1	1.4	1.8	2	2.8	3.6	4.6	5.8	7.4	9.2	11.8	15	19	24.8
	min	0.9	1.2	1.6	1.7	2.4	3.2	4	5.1	6.4	8	10.3	13.1	16.6	21.7
b≈		2	2.4	3	3	3.2	4	5	6.4	8	10	12.6	16	20	26
a	max	1.6	1.6	1.6	2.5	2.5	2.5	2.5	3.2	4	4	4	4	6.3	6.3
	min	0.8	0.8	0.8	1.25	1.25	1.25	1.25	1.6	2	2	2	2	3.15	3.15
L		4~12	5~6	6~20	8~25	8~32	10~40	12~50	14~63	18~80	22~100	32~125	40~160	45~200	71~200
l（系列）		4，5，6，8，10，12，14，16，18，20，22，25，28，32，36，40，45，50，56，63，71，80，90，100，112，125，149，160，180，200													
① 公称规格等于开口销孔的直径。															

附录 C 滚动轴承

C1 深沟球轴承

表 C1-1 深沟球轴承（GB/T 276—1994）

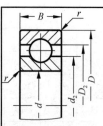

标记示例：

类型代号6、内径 d 为 60mm、尺寸系列代号（0）2 的深沟球轴承：

滚动轴承 6212 GB/T 276

基本尺寸			其他尺寸			基本额定载荷		极限转速		质 量	轴承代号
d	D	B	$d_2 \approx$	$D_2 \approx$	r min	C_r	C_{or}	脂	油	$W \approx$	60000 型
mm			mm			kN		r/min		kg	—
10	22	6	13.5	18.5	0.3	2.70	1.30	25000	32000	0.008	61900
	30	9	17.4	23.8	0.6	5.10	2.38	20000	26000	0.032	6200
	35	11	19.4	27.6	0.6	7.65	3.48	18000	24000	0.053	6300
12	24	6	15.5	20.6	0.3	2.90	1.50	22000	28000	0.008	61901
	32	10	18.3	26.1	0.6	6.82	3.05	19000	24000	0.035	6201
	37	12	19.3	29.7	1	9.72	5.08	17000	22000	0.051	6301
15	28	7	18.3	24.7	0.3	4.30	2.30	20000	26000	0.012	61902
	35	11	21.6	29.4	0.6	7.65	3.72	18000	22000	0.045	6202
	42	13	24.3	34.7	1	11.5	5.42	16000	20000	0.080	6302
17	30	7	20.3	26.7	0.3	4.60	2.60	19000	24000	0.014	61903
	40	12	24.6	33.4	0.6	9.58	4.78	16000	20000	0.064	6203
	47	14	26.8	38.2	1	13.5	6.58	15000	18000	0.109	6303
20	37	9	25.2	31.8	0.3	6.40	3.70	17000	22000	0.031	61904
	47	14	29.3	39.7	1	12.8	6.65	14000	18000	0.103	6204
	52	15	29.8	42.2	1.1	15.8	7.88	13000	16000	0.142	6304
25	42	9	30.2	36.8	0.3	7.0	4.50	14000	18000	0.038	61905
	52	15	33.8	44.2	1	14.0	7.88	12000	15000	0.127	6205
	62	17	36.0	51.0	1.1	22.2	11.5	10000	14000	0.219	6305
30	47	9	35.2	41.8	0.3	7.2	5.0	12000	16000	0.043	61906
	62	16	40.8	52.2	1	19.5	11.5	9500	13000	0.200	6206
	72	19	44.8	59.2	1.1	27.0	15.2	9000	11000	0.349	6306

基本尺寸			其他尺寸			基本额定载荷		极限转速		质　量	轴承代号
d	D	B	$d_2 \approx$	$D_2 \approx$	r min	C_r	C_{or}	脂	油	$W \approx$	60000 型
mm			mm			kN		r/min		kg	—
35	55	10	41.1	48.9	0.6	9.50	6.80	10000	13000	0.078	61907
	72	17	46.8	60.2	1.1	25.5	15.2	8500	11000	0.288	6207
	80	21	50.4	66.6	1.5	33.4	19.2	8000	9500	0.455	6307
40	62	12	46.3	55.7	0.6	13.7	9.90	9500	12000	0.103	61908
	80	18	52.8	67.2	1.1	29.5	18.0	8000	10000	0.368	6208
	90	23	56.5	74.6	1.5	40.8	24.0	7000	8500	0.639	6308
45	68	12	51.8	61.2	0.6	14.1	10.9	8500	11000	0.123	61909
	85	19	58.8	73.2	1.1	31.5	20.5	7000	9000	0.416	6209
	100	25	63.0	84.0	1.5	52.8	31.8	6300	7500	0.837	6309
50	72	12	56.3	65.7	0.6	14.5	11.7	8000	9500	0.122	61910
	90	20	62.4	77.6	1.1	35.0	23.2	6700	8500	0.463	6210
	110	27	69.1	91.9	2	61.8	38.0	6000	7000	1.082	6310
60	85	13	67.9	77.2	1	16.4	14.2	6700	8000	0.181	61912
	110	22	76.0	94.1	1.5	47.8	32.8	5600	7000	0.789	6212
	130	31	81.7	108.4	2.1	81.8	51.8	5000	6000	1.710	6312
65	90	13	72.9	82.2	1	17.4	16.0	6300	7500	0.196	61913
	120	23	82.5	102.5	1.5	57.2	40.0	5000	6300	0.990	6213
	140	33	88.1	116.9	2.1	93.8	60.5	4500	5300	2.100	6313
70	100	16	79.3	90.7	1	23.7	21.1	6000	7000	0.336	61914
	125	24	89.0	109.0	1.5	60.8	45.0	4800	6000	1.084	6214
	150	35	94.8	125.3	2.1	105	68.0	4300	5000	2.550	6314
75	105	16	84.3	95.7	1	24.3	22.5	5600	6700	0.355	61915
	130	25	94.0	115.0	1.5	66.0	49.5	4500	5600	1.171	6215
	160	37	101.3	133.7	2.1	113	76.8	4000	4800	3.050	6315
80	110	16	89.3	100.7	1	24.9	23.9	5300	6300	0.375	61916
	140	26	100.0	122.0	2	71.5	54.2	4300	5300	1.448	6216
	170	39	107.9	142.2	2.1	123	86.5	3800	4500	3.610	6316
85	120	18	95.8	109.2	1.1	31.9	29.7	4800	6000	0.507	61917
	150	28	107.1	130.9	2	83.2	63.8	4000	5000	1.803	6217
	180	41	114.4	150.6	3	132	96.5	3600	4300	4.284	6317

注：原轴承型号为"0"

C2　推力球轴承

表 C2-1　推力球轴承（GB/T 301—1995）

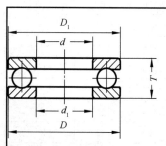

标记示例：

类型代号 5、内径 d 为 40mm、尺寸系列代号 13 的推力球轴承，标记为：

滚动轴承　51308 GB/T 301

轴承代号	尺寸/mm				轴承代号	尺寸/mm			
	d	d_1	D	T		d	d_1	D	T
尺寸系列代号 11					尺寸系列代号 12				
51112	60	62	85	17	51214	70	72	105	27
51113	65	67	90	18	51215	75	77	110	27
51114	70	72	95	18	51216	80	82	115	28
51204	20	22	40	14	51304	20	22	47	18
51205	25	27	47	15	51305	25	27	52	18
51206	30	32	52	16	51306	30	32	60	21
51207	35	37	62	18	51307	35	37	68	24
51208	40	42	68	19	51308	40	42	78	26
51209	45	47	73	20	尺寸系列代号 14				
51210	50	52	78	22	51405	25	27	60	24
51211	55	57	90	25	51406	30	32	70	28
51212	60	62	95	26	51407	35	37	80	32

注：原轴承型号为"8"。

附录 D　极限与配合

D1　优先和常用配合（GB/T 1801—1999）

表 D1-1　基孔制、基轴制优先、常用配合

配合	基准制															
间隙配合	基孔制	$\frac{H6}{f5}$	$\frac{H6}{g5}$	$\frac{H6}{h5}$	$\frac{H7}{f6}$	▼$\frac{H7}{g6}$	▼$\frac{H7}{h6}$	$\frac{H8}{e7}$	▼$\frac{H8}{f7}$	$\frac{H8}{g7}$	▼$\frac{H8}{h7}$	$\frac{H8}{d8}$	$\frac{H8}{e8}$	$\frac{H8}{f8}$	$\frac{H8}{h8}$	$\frac{H9}{c9}$
	基轴制	$\frac{F6}{h5}$	$\frac{G6}{h5}$	$\frac{H6}{h5}$	$\frac{F7}{h6}$	▼$\frac{G7}{h6}$	▼$\frac{H7}{h6}$	$\frac{E8}{h7}$	▼$\frac{F8}{h7}$		▼$\frac{H8}{h7}$	$\frac{D8}{H7}$	$\frac{E8}{h8}$	$\frac{F8}{h8}$	$\frac{H8}{h8}$	
	基孔制	▼$\frac{H9}{d9}$	$\frac{H9}{e9}$	$\frac{H9}{f9}$	▼$\frac{H9}{h9}$	$\frac{H10}{c10}$	$\frac{H10}{d10}$	$\frac{H10}{h10}$	$\frac{H11}{a11}$	$\frac{H11}{b11}$	▼$\frac{H11}{c11}$	$\frac{H11}{d11}$	▼$\frac{H11}{h11}$	$\frac{H12}{b12}$	$\frac{H12}{h12}$	
	基轴制	▼$\frac{D9}{h9}$	$\frac{E9}{h9}$	$\frac{F9}{h9}$	▼$\frac{H9}{h9}$		$\frac{D10}{h10}$	$\frac{H10}{h10}$	$\frac{H11}{a11}$	$\frac{H11}{b11}$	▼$\frac{C11}{h11}$	$\frac{D11}{h11}$	▼$\frac{H11}{h11}$	$\frac{B12}{h12}$	$\frac{H12}{h12}$	
过渡配合	基孔制	$\frac{H6}{js5}$		$\frac{H6}{k5}$		$\frac{H6}{m5}$		$\frac{H7}{js6}$		▼$\frac{H7}{k6}$		$\frac{H7}{m6}$		▼$\frac{H7}{n6}$		$\frac{H8}{js7}$
	基轴制		$\frac{Js6}{h5}$		$\frac{K6}{h5}$	$\frac{M6}{h5}$		$\frac{Js7}{h6}$		▼$\frac{K7}{h6}$		$\frac{M7}{h6}$		▼$\frac{N7}{h6}$		
	基孔制		$\frac{H8}{k7}$		$\frac{H8}{m7}$	$\frac{H8}{n7}$		$\frac{H8}{p7}$								
	基轴制	$\frac{Js8}{h7}$		$\frac{K8}{h7}$		$\frac{M8}{h7}$		$\frac{N8}{h7}$								
过盈配合	基孔制	$\frac{H6}{n5}$		$\frac{H6}{p5}$		$\frac{H6}{r5}$		$\frac{H6}{s5}$		$\frac{H6}{t5}$	▼$\frac{H7}{p6}$		$\frac{H7}{r6}$		▼$\frac{H7}{s6}$
	基轴制		$\frac{N6}{h5}$		$\frac{P6}{h5}$		$\frac{R6}{h5}$	$\frac{S6}{h5}$		$\frac{T6}{h5}$	▼$\frac{P7}{h6}$		$\frac{R7}{h6}$		▼$\frac{S7}{h6}$	
	基孔制	$\frac{H7}{t6}$	▼$\frac{H7}{u6}$		$\frac{H7}{v6}$	$\frac{H7}{x6}$	$\frac{H7}{y6}$	$\frac{H7}{z6}$	$\frac{H8}{r7}$	$\frac{H8}{s7}$	$\frac{H8}{t7}$	$\frac{H8}{u7}$				
	基轴制	$\frac{T7}{h6}$		▼$\frac{U7}{h6}$												

注：1. $\frac{H6}{n5}$、$\frac{H7}{p6}$ 在基本尺寸≤3mm 和 $\frac{H8}{r7}$ 在≤100 时，为过渡配合。

2. 标注 ▼ 的配合为优先配合。

表 D1-2　优先配合选用说明

基 孔 制	基 轴 制	优先配合特性及说明
$\dfrac{H11}{c11}$	$\dfrac{C11}{h11}$	间隙非常大，用于很松的，转动很慢的动配合；要求大公差与大间隙的外露组件；要求装配方便的很松的配合
$\dfrac{H9}{d9}$	$\dfrac{D9}{h9}$	间隙很大的自由转动配合，用于精度非主要要求时，或有大的温度变动、高转速或大的轴颈压力时
$\dfrac{H8}{f7}$	$\dfrac{F8}{h7}$	间隙不大的转动配合，用于中等转速与中等轴颈压力的精确转动；也用于装配较易的中等定位配合
$\dfrac{H7}{g6}$	$\dfrac{G7}{h6}$	间隙很小的滑动配合，用于不希望自由转动、但可自由移动和滑动并精密定位时，也可用于要求明确的定位配合
$\dfrac{H7}{h6}$ $\dfrac{H8}{h7}$ $\dfrac{H9}{h9}$ $\dfrac{H11}{h11}$	$\dfrac{H7}{h6}$ $\dfrac{H8}{h7}$ $\dfrac{H9}{h9}$ $\dfrac{H11}{h11}$	均为间隙定位配合，零件可自由装拆，而工作时一般相对静止不动。在最大实体条件下的间隙为零，在最小实体条件下的间隙由公差等级决定
$\dfrac{H7}{k6}$	$\dfrac{K7}{h6}$	过渡配合，用于精密定位
$\dfrac{H7}{n6}$	$\dfrac{N7}{h6}$	过渡配合，允许有较大过盈的更精密定位
$\dfrac{H7^{*}}{p6}$	$\dfrac{P7}{h6}$	过盈定位配合，即小过盈配合，用于定位精度特别重要时，能以最好的定位精度达到部件的刚性及对中性要求，而对内孔承受压力无特殊要求，不依靠配合的紧固性传递摩擦负荷
$\dfrac{H7}{s6}$	$\dfrac{S7}{h6}$	中等压入配合，适用于一般钢件；或用于薄壁件的冷缩配合、用于铸铁件可得到最紧配合
$\dfrac{H7}{u6}$	$\dfrac{U7}{h6}$	压入配合，适用于可以承受大压入力的零件或不宜承受大压入力的冷缩配合

注：*小于或等于 3mm 为过渡配合。

D2 标准公差数据

表 D2-1 标准公差数值（GB/T 1800.3—1998）

基本尺寸/mm		公 差 等 级																		
大于	至	IT1	IT2	IT3	IT4	IT5	IT6	IT7	IT8	IT9	IT10	IT11	IT12	IT13	IT14	IT15	IT16	IT17	IT18
		μm											mm						
—	3	0.8	1.2	2	3	4	6	10	14	25	40	60	0.10	0.14	0.25	0.40	0.60	1.0	1.4
3	6	1	1.5	2.5	4	5	8	12	18	30	48	75	0.12	0.18	0.30	0.48	0.75	1.2	1.8
6	10	1	1.5	2.5	4	6	9	15	22	36	58	90	0.15	0.22	0.36	0.58	0.90	1.5	2.2
10	18	1.2	2	3	5	8	11	18	27	43	70	110	0.18	0.27	0.43	0.70	1.10	1.8	2.7
18	30	1.5	2.5	4	6	9	13	21	33	52	84	130	0.21	0.33	0.52	0.84	1.30	2.1	3.3
30	50	1.5	2.5	4	7	11	16	25	39	62	100	160	0.25	0.39	0.62	1.00	1.60	2.5	3.9
50	80	2	3	5	8	13	19	30	46	74	120	190	0.30	0.46	0.74	1.20	1.90	3.0	4.6
80	120	2.5	4	6	10	15	22	35	54	87	140	220	0.35	0.54	0.87	1.40	2.20	3.5	5.4
120	180	3.5	5	8	12	18	25	40	63	100	160	250	0.40	0.63	1.00	1.60	2.50	4.0	6.3
180	250	4.5	7	10	14	20	29	46	72	115	185	290	0.46	0.72	1.15	1.85	2.90	4.6	7.2
250	315	6	8	12	16	23	32	52	81	130	210	320	0.52	0.81	1.30	2.10	3.20	5.2	8.1
315	400	7	9	13	18	25	36	57	89	140	230	360	0.57	0.89	1.40	2.30	3.60	5.7	8.9
400	500	8	10	15	20	27	40	63	97	155	250	400	0.63	0.97	1.55	2.50	4.00	6.3	9.7
500	630	9	11	16	22	32	44	70	110	175	280	440	0.70	1.10	1.75	2.8	4.4	7.0	11.0
630	800	10	13	18	25	36	50	80	125	200	320	500	0.80	1.25	2.00	3.2	5.0	8.0	12.5
800	1000	11	15	21	28	40	56	90	140	230	360	560	0.90	1.40	2.30	3.6	5.6	9.0	14.0
1000	1250	13	18	24	33	47	66	105	165	260	420	660	1.05	1.65	2.60	4.2	6.6	10.5	16.5
1250	1600	15	21	29	39	55	78	125	195	310	500	780	1.25	1.95	3.10	5.0	7.8	12.5	19.5
1600	2000	18	25	35	46	65	92	150	230	370	600	920	1.50	2.30	3.70	6.0	9.2	15.0	23.0
2000	2500	22	30	41	55	78	110	175	280	440	700	1100	1.75	2.80	4.40	7.0	11.0	17.5	28.0
2500	3150	26	36	50	68	96	135	210	330	540	860	1350	2.10	3.30	5.40	8.6	13.5	21.0	33.0

D3 轴与孔的极限偏差

表 D3-1 轴的极限偏差

代　　号		a	b	c	d	e	f	g	h					
基本尺寸/mm		公　　差												
大于	至	11	11	*11	*9	8	*7	*6	5	*6	*7	8	*9	10
—	3	−270 −330	−140 −200	−60 −120	−20 −45	−14 −28	−6 −16	−2 −8	0 −4	0 −6	0 −10	0 −14	0 −25	0 −40
3	6	−270 −345	−140 −215	−70 −145	−30 −60	−20 −38	−10 −22	−4 −12	0 −5	0 −8	0 −12	0 −18	0 −30	0 −48
6	10	−280 −370	−150 −240	−80 −170	−40 −76	−25 −47	−13 −28	−5 −14	0 −6	0 −9	0 −15	0 −22	0 −36	0 −58
10	14	−290 −400	−50 −260	−95 −205	−50 −93	−32 −59	−16 −34	−6 −17	0 −8	0 −11	0 −18	0 −27	0 −43	0 −70
14	18													
18	24	−300 −430	−160 −290	−110 −240	−65 −117	−40 −73	−20 −41	−7 −20	0 −9	0 −13	0 −21	0 −33	0 −52	0 −84
24	30													
30	40	−310 −470	−170 −330	−120 −280	−80 −142	−50 −89	−25 −50	−9 −25	0 −11	0 −16	0 −25	0 −39	0 −62	0 −100
40	50	−320 −480	−180 −340	−130 −290										
50	65	−340 −530	−190 −380	−140 −330	−100 −174	−60 −106	−30 −60	−10 −29	0 −13	0 −19	0 −30	0 −46	0 −74	0 −120
65	80	−360 −550	−200 −390	−150 −340										
80	100	−380 −600	−220 −440	−170 −390	−120 −207	−72 −126	−36 −71	−12 −34	0 −15	0 −22	0 −35	0 −54	0 −87	0 −140
100	120	−410 −630	−240 −460	−180 −400										
120	140	−460 −710	−260 −510	−200 −450	−145 −245	−85 −148	−43 −83	−14 −39	0 −18	0 −25	0 −40	0 −63	0 −100	0 −160
140	160	−520 −770	−280 −530	−210 −460										
160	180	−580 −830	−310 −560	−230 −480										
180	200	−660 −950	−340 −630	−240 −530	−170 −285	−100 −172	−50 −96	−15 −44	0 −20	0 −29	0 −46	0 −72	0 −115	0 −185

续表

代　号	a	b	c	d	e	f	g	h					
基本尺寸/mm					公　差								
大于　至	11	11	*11	*9	8	*7	*6	5	*6	*7	8	*9	10
200～225	−740 / −1030	−380 / −670	−260 / −550										
225～250	−820 / −1110	−420 / −710	−280 / −570										
250～280	−920 / −1240	−480 / −800	−300 / −620	−190 / −320	−110 / −191	−56 / −108	−17 / −49	0 / −23	0 / −32	0 / −52	0 / −81	0 / −130	0 / −210
280～315	−1050 / −1370	−540 / −860	−330 / −650										
315～355	−1200 / −1560	−600 / −960	−360 / −720	−210 / −350	−125 / −214	−62 / −119	−18 / −54	0 / −25	0 / −36	0 / −57	0 / −89	0 / −140	0 / −230
355～400	−1350 / −1710	−680 / −1040	−400 / −760										
400～450	−1500 / −1900	−760 / −1160	−440 / −840	−230 / −385	−135 / −232	−68 / −131	−20 / −60	0 / −27	0 / −40	0 / −63	0 / −97	0 / −155	0 / −250
450～500	−1650 / −2050	−840 / −1240	−480 / −880										

注：带"*"者为优先选用。

（GB/T 1800.4—1999）　　　　　　　　　　　　　　　　　　　　　　　μm

		js	k	m	n	p	r	s	t	u	v	x	y	z
							等　级							
*11	12	6	*6	6	*6	*6	6	*6	6	*6	6	6	6	6
0 / −60	0 / −100	±3	+6 / 0	+8 / +2	+10 / +4	+12 / +6	+16 / +10	+20 / +14	—	+24 / +18	—	+26 / +20	—	+32 / +26
0 / −75	0 / −120	±4	+9 / +1	+12 / +4	+16 / +8	+20 / +12	+23 / +15	+27 / +19	—	+31 / +23	—	+36 / +28	—	+42 / +35
0 / −90	0 / −150	±4.5	+10 / +1	+15 / +6	+19 / +10	+24 / +15	+28 / +19	+32 / +23	—	+37 / +28	—	+43 / +34	—	+51 / +42
0 / −110	0 / −180	±5.5	+12 / +1	+18 / +7	+23 / +12	+29 / +18	+34 / +23	+39 / +28	— / —	+44 / +33	— / +50 / +39	+51 / +40 ; +56 / +45	— / —	+61 / +50 ; +71 / +60
0 / −130	0 / −210	±6.5	+15 / +2	+21 / +8	+28 / +15	+35 / +22	+41 / +28	+48 / +35	— / +54 / +41	+54 / +41 ; +61 / +48	+60 / +47 ; +68 / +55	+67 / +54 ; +77 / +64	+76 / +63 ; +88 / +75	+86 / +73 ; +101 / +88

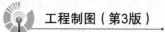
		js	k	m	n	p	r	s	t	u	v	x	y	z
						等	级							
*11	12	6	*6	6	*6	*6	6	*6	6	*6	6	6	6	6
									+64	+76	+84	+96	+110	+128
0	0	±8	+18	+25	+33	+42	+50	+59	+48	+60	+68	+80	+94	+112
-160	-250		+2	+9	+17	+26	+34	+43	+70	+86	+97	+113	+130	+152
									+54	+70	+81	+97	+114	+136
							+60	+72	+85	+106	+121	+141	+163	+191
0	0	±9.5	+21	+30	+39	+51	+41	+53	+66	+87	+102	+122	+144	+172
-190	-300		+2	+11	+20	+32	+62	+78	+94	+121	+139	+165	+193	+229
							+43	+59	+75	+102	+120	+146	+174	+210
							+73	+93	+113	+146	+168	+200	+236	+280
0	0	±11	+25	+35	+45	+59	+51	+71	+91	+124	+146	+178	+214	+258
-220	-350		+3	+13	+23	+37	+76	+101	+126	+166	+194	+232	+276	+332
							+54	+79	+104	+144	+172	+210	+254	+310
							+88	+117	+147	+195	+227	+273	+325	+390
							+63	+92	+122	+170	+202	+248	+300	+365
0	0	±12.5	+28	+40	+52	+68	+90	+125	+159	+215	+253	+305	+365	+440
-250	-400		+3	+15	+27	+43	+65	+100	+134	+190	+228	+280	+340	+415
							+93	+133	+171	+235	+277	+335	+405	+490
							+68	+108	+146	+210	+252	+310	+380	+465
							+106	+151	+195	+265	+313	+379	+454	+549
							+77	+122	+166	+236	+284	+350	+425	+520
0	0	±14.5	+33	+46	+60	+79	109	+159	+209	+287	+339	+414	+499	+604
290	-460		+4	+17	+31	+50	+80	+130	+180	+258	+310	+385	+470	+575
							+113	+169	+225	+313	+369	+454	+549	+669
							+84	+140	+196	+284	+340	+425	+520	+640
							+126	+190	+250	+347	+417	+507	+612	+742
							+94	+158	+218	+315	+385	+475	+580	+710
0	0	±16	+36	+52	+66	+88	+130	+202	+272	+382	+457	+557	+682	+822
-320	-520		+4	+20	+34	+56	+98	+170	+240	+350	+425	+525	+650	+790
							+144	+226	+304	+426	+511	+626	+766	+936
							+108	+190	+268	+390	+475	+590	+730	+900
0	0	±18	+40	+57	+73	+98	+150	+244	+330	+471	+566	+696	+856	+1036
-360	-570		+4	+21	+37	+62	+114	+208	+294	+435	+530	+660	+820	+1000
							+166	+272	+370	+530	+635	+780	+960	+1140
							+126	+232	+330	+490	+595	+740	+920	+1100
0	0	±20	+45	+63	+80	+108	+172	+292	+400	+580	+700	+860	+1040	+1290
-400	-630		+5	+23	+40	+68	+132	+252	+360	+540	+660	+820	+1000	+1250

表D3-2　孔的极限偏差

代　号		A	B	C	D	E	F	G	H					
基本尺寸/mm		公　差												
大于	至	11	11	*11	*9	8	*8	*7	6	*7	*8	*8	10	*11
—	3	+330 / +270	+200 / +140	+120 / +60	+45 / +20	+28 / +14	+20 / +6	+12 / +2	+6 / 0	+10 / 0	+14 / 0	+25 / 0	+40 / 0	+60 / 0
3	6	+345 / +270	+215 / +140	+145 / +70	+60 / +30	+38 / +20	+28 / +10	+16 / +4	+8 / 0	+12 / 0	+18 / 0	+30 / 0	+48 / 0	+75 / 0
6	10	+370 / +280	+240 / +150	+170 / +80	+76 / +40	+47 / +25	+35 / +13	+20 / +5	+9 / 0	+15 / 0	+22 / 0	+36 / 0	+58 / 0	+90 / 0
10	14	+400 / +290	+260 / +150	205 / +95	+93 / +50	+59 / +32	+43 / +16	+24 / +6	+11 / 0	+18 / 0	+27 / 0	+43 / 0	+70 / 0	+110 / 0
14	18													
18	24	+430 / +300	+290 / +160	+240 / +110	+117 / +65	+73 / +40	+53 / +20	+28 / +7	+13 / 0	+21 / 0	+33 / 0	+52 / 0	+84 / 0	+130 / 0
24	30													
30	40	+470 / +310	+330 / +170	+280 / +120	+142 / +80	+89 / +50	+64 / +25	+34 / +9	+16 / 0	+25 / 0	+39 / 0	+62 / 0	+100 / 0	+160 / 0
40	50	+480 / +320	+340 / +180	+290 / +130										
50	65	+530 / +340	+380 / +190	+330 / +140	+174 / +100	+106 / +60	+76 / +30	+40 / +10	+19 / 0	+30 / 0	+46 / 0	+74 / 0	+120 / 0	+190 / 0
65	80	+550 / +360	+390 / +200	+340 / +150										
80	100	+600 / +380	+440 / +220	+390 / +170	+207 / +120	+125 / +72	+90 / +36	+47 / +12	+22 / 0	+35 / 0	+54 / 0	+87 / 0	+140 / 0	+220 / 0
100	120	+630 / +410	+460 / +240	+400 / +180										
120	140	+710 / +460	+510 / +260	+450 / +200	+245 / +145	+148 / +85	+106 / +43	+54 / +14	+25 / 0	+40 / 0	+63 / 0	+100 / 0	+160 / 0	+250 / 0
140	160	+770 / +520	+530 / +280	+460 / +210										
160	180	+830 / +580	+560 / +310	+480 / +230										
180	200	+950 / +660	+630 / +340	+530 / +240	+285 / +170	+172 / +100	+122 / +50	+61 / +15	+29 / 0	+46 / 0	+72 / 0	+115 / 0	+185 / 0	+290 / 0
200	225	+1030 / +740	+670 / +380	+550 / +260										

续表

代　号	A	B	C	D	E	F	G	H					
基本尺寸/mm	公　差												
大于 / 至	11	11	*11	*9	8	*8	*7	6	*7	*8	*8	10	*11
225 / 250	+1110 / +820	+710 / +420	+570 / +280										
250 / 280	+1240 / +920	+800 / +480	+620 / +300	+320 / +190	+191 / +110	+137 / +56	+69 / +17	+32 / 0	+52 / 0	+81 / 0	+130 / 0	+210 / 0	+320 / 0
280 / 315	+1370 / +1050	+860 / +540	+650 / +330										
315 / 355	+1560 / +1200	+960 / +600	+720 / +360	+350 / +210	+214 / +125	+151 / +62	+75 / +18	+36 / 0	+57 / 0	+89 / 0	+140 / 0	+230 / 0	+360 / 0
355 / 400	+1710 / +1350	+1040 / +680	+760 / +400										
400 / 450	+1900 / +1500	+1160 / +760	+840 / +440	+385 / +230	+232 / +135	+165 / +68	+83 / +20	+40 / 0	+63 / 0	+97 / 0	+155 / 0	+250 / 0	+400 / 0
450 / 500	+2050 / +1650	+1240 / +840	+880 / +480										

注：带"*"者为优先选用。

（GB/T1800.4—1999）　　　　　　　　　　　　　　　μm

	JS		K			M	N		P		R	S	T	U
	等　级													
12	6	7	6	*7	8	7	6	*7	6	*7	7	*7	7	*7
+100 / 0	±3	±5	0 / -6	0 / -10	0 / -14	-2 / -12	-4 / -10	-4 / -14	-6 / -12	-6 / -16	-10 / -20	-14 / -24	—	-18 / -28
+120 / 0	±4	±6	+2 / -6	+3 / -9	+5 / -13	0 / -12	-5 / -13	-4 / -16	-9 / -17	-8 / -20	-11 / -23	-15 / -27	—	-19 / -31
+150 / 0	±4.5	±7	+2 / -7	+5 / -10	+6 / -16	0 / -15	-7 / -16	-4 / -19	-12 / -21	-9 / -24	-13 / -28	-17 / -32	—	-22 / -37
+180 / 0	±5.5	±9	+2 / -9	+6 / -12	+8 / -19	0 / -18	-9 / -20	-5 / -23	-15 / -26	-11 / -29	-16 / -34	-21 / -39	—	-26 / -44
+210 / 0	±6.5	±10	+2 / -11	+6 / -15	+10 / -23	0 / -21	-11 / -24	-7 / -28	-18 / -31	-14 / -35	-20 / -41	-27 / -48	— ; -33 / -54	-33 / -54 ; -40 / -61
+250 / 0	±8	±12	+3 / -13	+7 / -18	+12 / -27	0 / -25	-12 / -28	-8 / -33	-21 / -37	-17 / -42	-25 / -50	-34 / -59	-39 / -64	-51 / -76

续表

12	JS 6	JS 7	K 6	K *7	K 8	M 7	N 6	N *7	P 6	P *7	R 7	S *7	T 7	U *7
													-45 / -70	-61 / -86
+300 / 0	±9.5	±15	+4 / -15	+9 / -21	+14 / -32	0 / -30	-14 / -33	-9 / -39	-26 / -45	-21 / -51	-30 / -60	-42 / -72	-55 / -85	-76 / -106
											-32 / -62	-48 / -78	-65 / -94	-91 / -121
+350 / 0	±11	±17	+4 / -18	+10 / -25	+16 / -38	0 / -35	-16 / -38	-10 / -45	-30 / -52	-24 / -59	-38 / -73	-58 / -93	-78 / -113	-111 / -146
											-41 / -76	-66 / -101	-91 / -126	-131 / -166
+400 / 0	±12.5	±20	+4 / -21	+12 / -28	+20 / -43	0 / -40	-20 / -45	-12 / -52	-36 / -61	-28 / -68	-48 / -88	-77 / 117	-107 / -147	-155 / -195
											-50 / -90	-85 / 125	-119 / -159	-175 / -215
											-53 / -93	-93 / -133	-131 / -171	-195 / -235
+460 / 0	±14.5	±23	+5 / -24	+13 / -33	+22 / -50	0 / -46	-22 / -51	-14 / -60	-41 / -70	-33 / -79	-60 / -106	-105 / -151	-149 / -195	-219 / -265
											-63 / -109	-113 / -159	-163 / -209	-241 / -287
											-67 / -113	-123 / -169	-179 / -225	-267 / -313
+520 / 0	±16	±26	+5 / -27	+16 / -36	+25 / -56	0 / -52	-25 / -57	-14 / -66	-47 / -79	-36 / -88	-74 / 126	-138 / -190	-198 / -250	-295 / -347
											-78 / 130	-150 / -202	-220 / -272	-330 / -382
+570 / 0	±18	±28	+7 / -29	+17 / -40	+28 / -61	0 / -57	-26 / -62	-16 / -73	-51 / -87	-41 / -98	-87 / -144	-169 / -226	-247 / -304	-369 / -426
											-93 / -150	-187 / -244	-273 / -330	-414 / -471
+630 / 0	±20	±31	+8 / -32	+18 / -45	+29 / -68	0 / -63	-27 / -67	-17 / -80	-55 / -95	-45 / -108	-103 / -166	-209 / -272	-307 / -370	-467 / -530
											-109 / -172	-229 / -292	-337 / -400	-517 / -580

附录 E 　零件工艺结构要素

表 E1-1　零件倒角与圆角（GB/T 6403.4—1986）　　　　　　mm

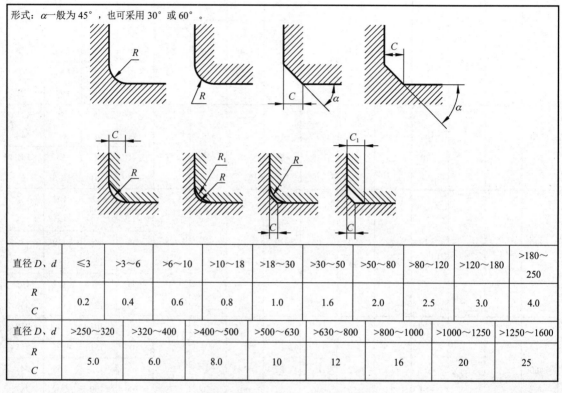

形式：α 一般为 45°，也可采用 30° 或 60°。

直径 D、d	≤3	>3~6	>6~10	>10~18	>18~30	>30~50	>50~80	>80~120	>120~180	>180~250
R C	0.2	0.4	0.6	0.8	1.0	1.6	2.0	2.5	3.0	4.0

直径 D、d	>250~320	>320~400	>400~500	>500~630	>630~800	>800~1000	>1000~1250	>1250~1600
R C	5.0	6.0	8.0	10	12	16	20	25

表 E2-1　砂轮越程槽（GB/T 6403.5—1986）　　　　　　mm

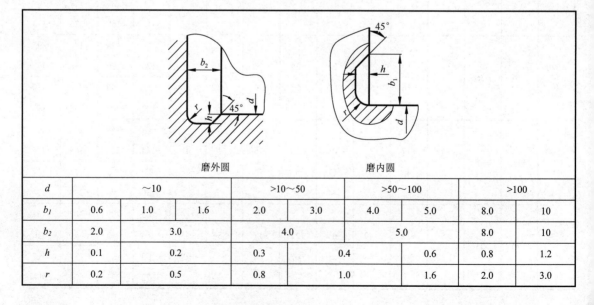

磨外圆　　　　　　　　　　磨内圆

d	~10			>10~50		>50~100		>100	
b_1	0.6	1.0	1.6	2.0	3.0	4.0	5.0	8.0	10
b_2	2.0	3.0		4.0		5.0		8.0	10
h	0.1	0.2		0.3		0.4		0.6	0.8	1.2
r	0.2	0.5		0.8		1.0		1.6	2.0	3.0